变电站直流系统运维技术

主 编 潘 科 李策策
副主编 吴杰清 王 强

中国水利水电出版社
www.waterpub.com.cn
·北京·

内 容 提 要

本书共十一章，包括直流系统概述、蓄电池组、充电装置、监控装置、绝缘监测装置、其他辅助设备、国网公司相关反措条款、直流系统运行和检修要点、直流系统各类型现场作业流程及注意事项、直流系统典型缺陷及故障处理、直流系统典型缺陷处理案例。结合一线班组的缺陷处理经历，对常规工作项目进行总结，对常见故障和典型事故案例进行归纳分析，从理论到实践步步深入。

本书将为直流系统检修工作提供有力的参考依据，可供相关专业技术人员学习使用。

图书在版编目（CIP）数据

变电站直流系统运维技术 / 潘科，李策策主编.
北京 : 中国水利水电出版社，2025.4. -- ISBN 978-7-5226-3124-0
Ⅰ.TM63
中国国家版本馆CIP数据核字第2025V2P791号

书　　名	**变电站直流系统运维技术** BIANDIANZHAN ZHILIU XITONG YUNWEI JISHU
作　　者	主　编　潘　科　李策策 副主编　吴杰清　王　强
出版发行	中国水利水电出版社 （北京市海淀区玉渊潭南路1号D座　100038） 网址：www.waterpub.com.cn E-mail：sales@mwr.gov.cn 电话：（010）68545888（营销中心）
经　　售	北京科水图书销售有限公司 电话：（010）68545874、63202643 全国各地新华书店和相关出版物销售网点
排　　版	中国水利水电出版社微机排版中心
印　　刷	清淞永业（天津）印刷有限公司
规　　格	184mm×260mm　16开本　13.25印张　322千字
版　　次	2025年4月第1版　2025年4月第1次印刷
印　　数	0001—1000册
定　　价	**68.00元**

凡购买我社图书，如有缺页、倒页、脱页的，本社营销中心负责调换

版权所有·侵权必究

本书编委会

主　　编　潘　科　李策策

副 主 编　吴杰清　王　强

参编人员　杜　羿　陈　亢　洪　欢　楼　坚　王翊之
　　　　　　徐阳建　陈廉政　陈　全　仇京伦　王文斌
　　　　　　蒋宇翔　郑　聪　金慧波　蒋黎明　李　阳
　　　　　　张佳铭　林　峰　金　鑫　陆　展　王加鹏

前言

直流电源系统作为变电站二次设备的"心脏",能够在站内交流电源中断的情况下,由蓄电池组继续提供直流电源,保障变电站设备的正常运行,对整个电力系统的电能供给和电力传输起到重要促进作用。但目前存在一线人员直流专业基础知识薄弱、相关运行和检修基础技能缺失的问题,直流专业面临着人员青黄不接的困境。为切实提高一线人员直流系统运行检修技术技能水平,提升直流专业人员的整体专业素养,确保变电站直流系统运行检修工作规范、扎实、有效开展,特编写本书。

《变电站直流系统运维技术》依据国家、行业、国家电网有限公司(以下简称"国网公司")所颁布的有关规程规定、反事故措施、厂家技术说明等文件,结合国网浙江省电力有限公司金华供电公司变电站直流系统装置设备状况、运行维护策略、常规检修和缺陷处理等实际工作,对变电站直流系统基础理论知识展开详细论述,对直流系统运行与检修项目进行总结,对常规工作和典型缺陷处理进行归纳分析,从理论到实践步步深入,帮助员工提升现场作业、分析问题和解决问题的能力,规范直流系统检修作业流程,同时为员工开展直流系统学习提供有力的参考依据。

本书共 11 章,第 1 章直流系统概述,对直流系统的组成、相关名词术语和技术要求等内容展开论述;第 2~第 6 章针对直流系统中的主要部件展开介绍,分别为蓄电池组、充电装置、监控装置、绝缘监测装置和其他辅助设备,其中第 2 章对目前常用的阀控式密封铅酸蓄电池展开详细论述,包括内部结构原理、充电方式及安装工艺等;第 3 章对目前主流的高频开关电源模块结构、工作原理、选型、安装和母线电压调节装置等展开论述,第 4 章和第 5 章分别对监控装置和绝缘监测装置的技术要求、工作原理及功能进行了论述,第 6 章主要介绍了断路器、防雷保护装置等其他辅助设备;第 7 章对国网公司提出的直流系统反事故措施进行了介绍和解读;第 8 章对直流系统运行和检修要点进行分析,同时对直流系统验收项目进行了归纳;第 9 章对直流系统各类型现场作业流程及注意事项进行了总结;第 10 章为直流系统典型缺陷及故障处理,主要从故障现象和处理原则展开说明；第 11 章为直流系统典型缺陷处理案例，案例中详细介绍了处理各类型常见直流缺陷的思路、方法及防范措施。附录给出了直流系统部分工作的模板。

本书在编写过程中得到了许多领导和同事的支持与帮助，同时参考了相关专业书籍和标准，使内容有了较大改进，在此表示衷心感谢。

由于作者水平有限，书中难免有不妥或疏漏之处，敬请专家和读者批评指正。

编者

2024 年 9 月

目 录

前言

第1章 直流系统概述 ·· 1
1.1 直流系统组成 ··· 1
1.2 直流系统的作用与优点 ··· 2
1.3 名词术语 ··· 3
1.4 使用条件 ··· 6
1.5 通用技术要求 ··· 6
1.6 主要技术参数要求 ··· 8
1.7 接线方式 ··· 8

第2章 蓄电池组 ··· 13
2.1 阀控式密封铅酸蓄电池 ··· 13
2.2 蓄电池充电方式 ·· 18
2.3 蓄电池安装运行环境 ·· 23
2.4 蓄电池巡检装置 ·· 26

第3章 充电装置 ··· 28
3.1 充电装置概述 ··· 28
3.2 高频开关电源模块结构及工作原理 ··· 29
3.3 充电装置的选型与安装 ··· 40
3.4 母线电压调节装置结构及原理 ··· 48

第4章 监控装置 ··· 50
4.1 监控装置概述 ··· 50
4.2 监控装置技术要求 ··· 52
4.3 监控装置工作原理及功能 ·· 54

第5章 绝缘监测装置 ··· 61
5.1 绝缘监测装置概述 ··· 61
5.2 绝缘监测装置技术要求 ··· 62
5.3 绝缘监测工作原理及功能 ·· 65

第6章 其他辅助设备 ··· 73

6.1	交流进线单元	73
6.2	降压硅装置	74
6.3	空气断路器	79
6.4	熔断器	83
6.5	防雷保护装置	86

第7章 国网公司相关反措条款 88
7.1	相关反措条款及案例	88
7.2	浙江省公司反措	94

第8章 直流系统运行和检修要点 99
8.1	运行规定	99
8.2	巡视维护要点	100
8.3	检修要点	103
8.4	验收要点	108

第9章 直流系统各类型现场作业流程及注意事项 114
9.1	单组阀控式蓄电池核对性充放电	114
9.2	两组阀控式蓄电池核对性充放电	115
9.3	蓄电池内阻测试	117
9.4	蓄电池单体缺陷处理	118
9.5	蓄电池组整体更换	119
9.6	蓄电池组巡检装置更换	121
9.7	蓄电池单体内阻测试	122
9.8	直流充电屏更换	123
9.9	直流系统改造	126
9.10	馈电屏指示灯更换	128
9.11	直流系统定值整定、修改	129
9.12	充电装置双电源定期切换试验	130
9.13	馈电低压断路器电流互感器故障处理	131

第10章 直流系统典型缺陷及故障处理 132
10.1	蓄电池电压偏低	132
10.2	蓄电池内阻偏大	132
10.3	蓄电池容量不合格	133
10.4	蓄电池漏液	133
10.5	蓄电池壳体鼓胀（热失控）	133
10.6	蓄电池组熔断器熔断或直流断路器跳闸	134
10.7	蓄电池组自燃或爆炸、开路	134
10.8	直流母线电压异常	134
10.9	直流母线电压调整装置故障	135

10.10	充电装置通信中断故障	135
10.11	充电装置各模块均流故障	135
10.12	充电装置内部短路故障	136
10.13	充电装置交流电源故障	136
10.14	监控装置无显示	136
10.15	监控装置显示值与实测值不一致	137
10.16	监控装置死机	137
10.17	监控装置与后台监控系统（上位机）通信失败	137
10.18	绝缘监测装置异常	137
10.19	绝缘监测装置误报直流接地	138
10.20	交流窜入直流	138
10.21	直流接地	139
10.22	直流屏屏内开关故障	140
10.23	直流屏屏内某一运行灯不亮	140
10.24	直流电源消失	141
10.25	直流电源系统全停	141

第11章 直流系统典型缺陷处理案例 143

11.1	案例一：110kV××变直流系统蓄电池鼓包	143
11.2	案例二：110kV××变直流系统蓄电池电压异常	144
11.3	案例三：220kV××变直流系统蓄电池频繁均充	145
11.4	案例四：220kV××变直流系统蓄电池电压异常	147
11.5	案例五：220kV××变直流系统母线电压异常	149
11.6	案例六：220kV××变直流系统蓄电池组电压异常	149
11.7	案例七：110kV××变直流系统控母模块保护动作	151
11.8	案例八：220kV××变直流系统蓄电池巡检模块通信中断	152
11.9	案例九：220kV××变直流系统充电模块通信中断	153
11.10	案例十：110kV××变直流系统充电模块通信中断	154
11.11	案例十一：110kV××变直流系统充电模块通信故障频发	155
11.12	案例十二：220kV××变直流系统绝缘故障频发	156
11.13	案例十三：220kV××变直流系统母线绝缘降低	158
11.14	案例十四：220kV××变直流系统母线电压不平衡	160
11.15	案例十五：220kV××变直流系统直流母线绝缘降低	161
11.16	案例十六：220kV××变直流系统母线电压不平衡	163
11.17	案例十七：220kV××变直流系统接地故障	166

附录 170

附录A 直流系统台账编制模板 170
附录B 直流系统年检记录卡 171

附录 C　直流系统故障处理分析报告 ································· 177
　附录 D　直流系统蓄电池带载试验操作卡 ····························· 178
　附录 E　直流系统检修标准作业卡 ··································· 181
　附录 F　直流系统竣工（预）验收及整改记录 ························· 185

习题 ··· 186
　试卷一 ··· 186
　试卷二 ··· 190
　试卷三 ··· 194

参考答案 ··· 198
　试卷一 ··· 198
　试卷二 ··· 199
　试卷三 ··· 200

参考文献 ··· 201

第1章 直流系统概述

1.1 直流系统组成

直流系统通常由直流充电屏（柜）、直流馈电（线）屏（柜）、蓄电池屏（室）等组成，主要有蓄电池组、充电装置、监控单元（含监控装置、绝缘监测装置）、其他辅助设备（含交流进线单元、降压装置、空气断路器、熔断器、防雷保护装置）等设备，如图1-1、图1-2所示。

图1-1 直流系统基本组成

1.1.1 蓄电池组

蓄电池能够在交流停电情况下保证直流系统继续提供满足要求的直流电源。蓄电池平时处在满容量浮充电状态，能够保证在大电流冲击条件下，直流系统输出电压保持基本稳定。目前在变电站直流系统中，阀控式密封铅酸蓄电池的应用占了绝大多数，主要是因为这种电池性价比高，运行维护量小，质量稳定。蓄电池组通常安装在蓄电池屏或独立蓄电池室内。

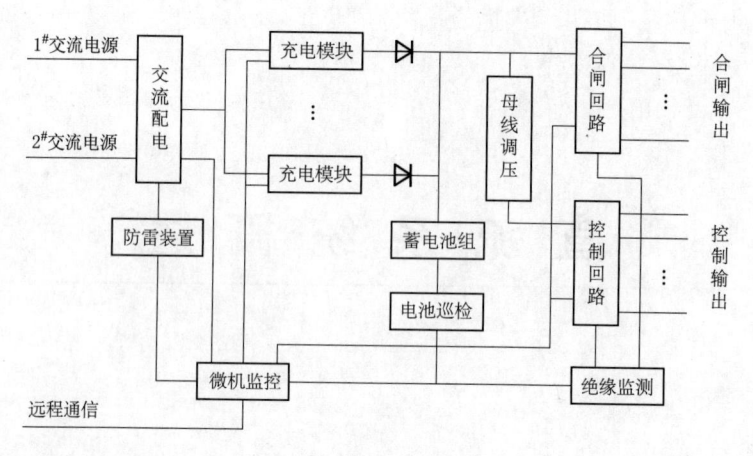

图 1-2 直流系统工作框图

1.1.2 充电装置

直流系统充电装置的主要功能是将交流电源转换成直流电源（AC-DC），保证输出的直流电压在要求的范围内，并对充电装置进行必要的保护，保证直流电源的技术性能指标满足运行要求，为日常的直流负荷、蓄电池组的（浮）充电提供安全可靠的直流电源。

目前，在电力系统中有磁放大型、相控型和高频开关电源型充电装置。磁放大型已很少应用，相控型在小部分变电站还有运行，先进的高频开关电源型充电装置正在推广使用。

1.1.3 监控单元

监控单元主要包含监控装置和绝缘监测装置。监控装置主要通过系统中各种运行参数和状态对系统进行控制，实现直流系统的全自动管理，保证其工作的连续性、可靠性和安全性。绝缘监测装置是一种监测直流系统绝缘情况的装置，可实时监测直流系统正负极对地电阻，当任一极对地电阻降低至设定值时，该装置能够发出告警信号。

1.1.4 其他辅助设备

其他辅助设备一般包含交流进线单元、降压装置、空气断路器、熔断器、防雷保护装置等，主要通过对电压、电流的控制实现对直流系统的稳定管理。

1.2 直流系统的作用与优点

正常情况下，直流系统能够为控制信号、继电保护、自动装置、断路器分合闸操作回路等提供可靠的直流电源；发生交流电源消失事故时，可以为事故照明、交流不停电电源和事故润滑油泵等提供直流电源。

（1）电压稳定性好，不受电网运行方式和电网故障的影响，单极接地仍可运行。

(2) 单套直流系统一般有两路交流输入（自动切换），另有一套蓄电池组，相当于有三个电源供电，供电可靠高。

(3) 直流继电器由于无电磁振动、没有交流阻抗，损耗小，可小型化，便于集成。

(4) 如用交流电源，当系统发生短路故障时，电压会因短路而降低，使二次控制电压也降低，严重时会因电压低而使断路器跳不开。

1.3　名词术语

1. 直流母线

直流屏内的正、负极主母线。

2. 合闸母线

直流屏内提供断路器电磁合闸机构等动力负荷的直流母线。

3. 控制母线

直流屏内提供控制、保护、信号等负荷的直流母线。

4. 直流馈线

直流馈线（电）屏至直流小母线和直流分电屏的直流电源电缆。

5. 标称电压

系统的指定电压，变电站直流电源系统的标称电压为110V和220V。

6. 电气设备额定电压

根据规定的电气设备工作条件，通常由制造厂确定的电压。

7. 初充电

新的蓄电池在交付使用前，为完全达到荷电状态所进行的第一次充电。初充电的工作程序应参照制造厂家说明书进行。

8. 恒流充电

充电电流在充电电压范围内维持在恒定值的充电。

9. 恒压充电

充电电压在充电电流范围内维持在恒定值的充电。

10. 恒流限压充电

先以恒流方式进行充电，当蓄电池组端电压上升到限压值时，充电装置自动转换为恒压充电，直到充电完毕。

11. 浮充电

在充电装置的直流输出端始终并接着蓄电池和负载，以恒压充电方式工作。正常运行时充电装置在承担经常性负荷的同时向蓄电池补充充电，以补偿蓄电池的自放电，使蓄电池组处于满容量状态。

12. 均衡充电

为补偿蓄电池在使用过程中产生的电压不均匀现象，使其恢复到规定的范围内而进行的充电，通称为均衡充电。

13. 补充充电

为补偿蓄电池在存放中由于自放电产生的容量减少或大容量放电后的充电称为补充充电。

14. 蓄电池组容量试验

新安装的蓄电池组，将蓄电池组充满容量后，按规定的恒定电流进行放电，当其中一个蓄电池放至终止电压时为止，其容量为

$$C = I_f t \qquad (1-1)$$

式中　C——蓄电池组容量，A·h；

　　　I_f——恒定放电电流，A；

　　　t——放电时间，h。

15. 蓄电池容量符号

C_{10}，即10h率放电额定容量，单位A·h。

16. 放电电流符号

I_{10}，即10h率放电电流，数值$C_{10}/10$，单位A。

17. 恒流放电

蓄电池在放电过程中，放电电流值始终保持恒定不变，直至规定的终止电压为止。

18. 核对性放电

在正常运行中的蓄电池组，为了检验其实际容量，以规定的放电电流进行恒流放电，当其中一个单体电池达到了规定的放电终止电压，即停止放电，然后根据放电电流和放电时间，计算出蓄电池组的实际容量，称为核对性放电。

19. 终止电压

蓄电池容量选择计算中，终止电压是指直流电源系统的用电负荷，在指定放电时间内要求蓄电池必须保持的最低放电电压。对蓄电池本身而言，终止电压是指蓄电池在不同放电时间内及不同放电率放电条件下允许的最低放电电压，一般情况下，前者要求比后者要高。

20. 稳流精度

充电装置在充电（稳流）状态下，交流输入电压在323～456V范围内变化，输出电压在充电电压调节范围内变化，输出电流在其额定值20%～100%范围内任一数值上保持稳定时其输出电流稳定程度，即有

$$\delta_I = \frac{I_M - I_Z}{I_Z} \times 100\% \qquad (1-2)$$

式中　δ_I——稳流精度；

　　　I_M——输出电流波动极限值；

　　　I_Z——输出电流整定值。

21. 稳压精度

充电装置在浮充电（稳压）状态下，交流输入电压在323～456V范围内变化，输出

电流在其额定值的 0～100% 范围内变化，输出电压在其浮充电电压调节范围内任一数值上保持稳定时其输出电压稳定程度，有

$$\delta_U = \frac{U_M - U_Z}{U_Z} \times 100\% \tag{1-3}$$

式中　δ_U——稳压精度；
　　　U_M——输出电压波动极限值；
　　　U_Z——输出电压整定值。

22. 纹波系数

充电装置在浮充电（稳压）状态下，交流输入电压在 323～456V 范围内变化，输出电流在其额定值的 0～100% 范围内变化，输出电压在其浮充电电压调节范围内任一数值上，测得电阻性负载两端脉动量峰值与谷值之差的一半，与直流输出电压平均值之比，即

$$\delta = \frac{U_f - U_g}{2U_p} \times 100\% \tag{1-4}$$

式中　δ——纹波系数；
　　　U_f——直流电压中脉动峰值；
　　　U_g——直流电压中脉动谷值；
　　　U_p——直流电压平均值。

23. 效率

充电装置的直流输出功率与交流输入有功功率之比，即

$$\eta = \frac{W_D}{W_A} \times 100\% \tag{1-5}$$

式中　η——效率；
　　　W_D——直流输出功率；
　　　W_A——交流输入有功功率。

24. 均流及均流不平衡度

采用同型号同参数的高频开关电源模块，以 $N+1$ 或 $N+2$ 多块并联方式运行，为使每一个模块都能均匀地承担总的负荷电流，称为均流。模块间负荷电流的差异，称均流不平衡度，在总输出 30%～100% 额定电流条件下，有

$$\beta = \frac{I - I_P}{I_N} \times 100\% \tag{1-6}$$

式中　β——均流不平衡度；
　　　I——实测模块输出电流的极限值；
　　　I_P——N 个工作模块输出电流的平均值；
　　　I_N——模块的额定电流值。

25. 平衡桥电阻

绝缘监测装置中由 4 个电阻对直流系统进行接地检测，其中有 2 只固定与地进行连接的电阻称为平衡桥电阻。

26. 不平衡桥电阻

绝缘监测装置中由 4 个电阻对直流系统进行接地检测，其中有 2 只交替与地进行连接的电阻称为不平衡桥电阻。

27. 支路漏电流

指同一条支路的正极与负极之间的电流差。

1.4 使用条件

1.4.1 正常使用的环境条件

（1）大气压力 80~110kPa（海拔 2000.00m 及以下）。

（2）设备运行期间周围空气温度不高于 40℃，不低于-10℃。

（3）设备在 5%~95%湿度运行时，产品内部既不应凝露也不应结冰。

（4）安装使用地点无强烈振动和冲击，无强烈电磁干扰，空气中无爆炸危险及导电介质，不含有腐蚀金属和破坏绝缘的有害气体等存在。

（5）安装垂直倾斜度不超过 5%。

1.4.2 交流输入电气条件

（1）频率变化范围不超过±2%。

（2）交流输入电压波动范围为 323~456V。

（3）交流输入电压不对称不超过 5%。

（4）交流输入电压应为正弦波，非正弦含量不超过额定值的 10%。

1.5 通用技术要求

1.5.1 直流电源系统配置原则

（1）可靠性原则。直流系统应配置两套独立的电源（如两组蓄电池或一组蓄电池加一路外部电源），确保在一套电源故障时，另一套电源能够无缝切换，保证供电连续性。关键设备（如充电模块、监控单元）应采用冗余配置，避免单点故障导致系统失效。

（2）容量充足原则。根据变电站的规模、设备数量和运行需求，精确计算直流系统的负荷需求，包括控制、保护、通信、断路器操作等设备的用电量。蓄电池组的容量应满足全站直流负荷在交流电源失电后至少运行 2h（通常为 2~4h），并考虑一定的裕量。

（3）电压等级选择。直流系统通常采用 110V 或 220V 电压等级。220V 系统适用于大型变电站，110V 系统适用于中小型变电站。直流系统应配备稳压装置，确保输出电压在允许范围内波动，避免对设备造成损害。

（4）分段供电原则。直流系统应按负荷重要性进行分段供电，通常分为控制保护段、断路器操作段、通信段等，避免单一故障影响全站设备。各分段之间应配置分段开关，便于故障隔离和检修。

(5) 监控与保护原则。直流系统应配备监控单元,实时监测电压、电流、蓄电池状态、绝缘状态等参数,并具备故障报警功能。配置过压、欠压、过流、短路等保护装置,确保系统安全运行。直流系统应配备绝缘监测装置,实时监测系统对地绝缘状况,及时发现并处理接地故障。

(6) 蓄电池配置原则。通常采用阀控式铅酸蓄电池或磷酸铁锂电池,后者具有更高的能量密度和更长的使用寿命。配置智能充电装置,实现蓄电池的恒流、恒压充电,避免过充或欠充。蓄电池组应便于维护和更换,配置在线监测装置,实时监控蓄电池的健康状态。

(7) 接地方式选择。直流系统通常采用绝缘运行方式,避免单点接地导致系统故障。配置接地监测装置,实时监测系统绝缘状况,及时发现接地故障。

(8) 环境适应性。蓄电池室应配备温度控制设备,确保蓄电池在适宜温度下运行(通常为20~25 ℃)。直流系统设备应安装在防尘、防潮的环境中,避免环境因素影响设备运行。

(9) 扩展性与兼容性。直流系统设计应预留一定的扩展容量,以适应变电站未来扩建或设备增加的需求。直流系统设备应与变电站其他设备(如保护装置、通信设备等)兼容,确保系统整体协调运行。

(10) 经济性原则。在满足技术要求的前提下,选择性价比高的设备,避免过度配置造成资源浪费。考虑设备的初期投资、运行维护成本和使用寿命,选择综合成本最优的方案。

1.5.2 直流电源系统电气接线

(1) 两组蓄电池两套充电装置的直流电源系统应采用二段单母线接线,两段直流母线之间应设联络电器。每组蓄电池组和充电装置应分别接入不同母线。

(2) 采用直流主馈屏和分电屏时,每面直流主馈电屏和分电屏上宜只设一段直流母线。

(3) 蓄电池出口回路应装设熔断器和隔离开关(如刀开关),也可装设熔断器和刀开关合一的刀熔开关。

(4) 充电装置直流侧出口和蓄电池试验放电等回路均应装设直流断路器或熔断器,装设熔断器时应同时装设隔离开关,如刀开关。

(5) 直流馈线回路应装设直流断路器。

(6) 在进行切换操作时,蓄电池组不得脱离直流母线,在切换过程中允许两组蓄电池短时并列运行。

(7) 充电装置交流输入应设两个回路,两路交流电源应分别取自站用电不同段交流母线。当充电装置两路交流输入采用切换方式时,切换装置应稳定可靠;当充电装置两路交流输入不采用切换方式时,每路交流输入应尽量均分充电模块的数量。

(8) 直流电源系统根据需要可保留硅降压回路,但应有防止硅元件开路的措施。

(9) 直流电源系统采用二段单母线接线时,每段母线宜配置独立的绝缘监测装置。绝缘监测装置的测量接地点应能方便投退。

(10) 直流电源系统应采用不接地方式。

1.6 主要技术参数要求

直流电源系统的主要技术参数要求见表 1-1。

表 1-1 直流电源系统的主要技术参数要求

技 术 指 标	要　　求
交流输入电压	323～456V
交流输入频率	49～51Hz
交流输入电压不对称度	≤5%
功率因数	＞0.9
输入 2～19 次各次谐波电流含有率	＜30%
直流电源系统标称电压	110V（220V）
充电电压调整范围	（90%～125%）U_n
直流控制母线电压范围	（85%～112.5%）U_n
直流合闸母线电压范围	（87.5%～117.5%）U_n
稳流精度	≤±1%（在 20%～100% 输出额定电流时）
稳压精度	≤±0.5%（在 0～100% 输出额定电流时）
均流不平衡度	≤5%
纹波系数	≤0.5%（30%～100% 额定电流条件下）
效率	＞90%
噪声	≤55dB（距装置 1m 处）
冷却方式	采用自然冷却或强迫风冷
对时接口	IRIG-B（DC）码、PPS 对时
通信接口	RS485 通信接口及双以太网通信接口
通信规约	MODBUS、103、DL/T 329 规约
电磁兼容	充电模块、监控单元、绝缘监测装置、蓄电池电压巡检装置等的电磁兼容符合相关要求
高低温性能	充电模块、监控单元、绝缘监测装置、蓄电池电压巡检装置等的高低温性能符合相关要求
运行寿命	不少于 12 年，平均无故障时间不少于 50000h

1.7 接线方式

1.7.1 直流系统划分

1.7.1.1 110V 直流系统

110V 直流系统主要用于保护、自动装置、信号、断路器的分合闸控制等。110V 蓄电池组个数少，占地面积小，安装和维护工作简单，电压较低，对比220V直流系统绝缘的裕度大，能减少接地故障发生概率，干扰电压幅值小，可一定程度提高直流可靠性。

1.7.1.2 220V直流系统

220V直流系统对变电站的事故照明供电比较有利，接线简单。因照明电压一般采用220V，如使用110V直流系统时，需要采用逆变装置或其他办法来解决事故照明的供电问题，较为复杂。

1.7.2 接线方式配置原则

直流电源系统作为变电站控制负荷和部分重要直流动力负荷的电源，其容量选取和接线方式应满足安全可靠运行的需要。

直流负荷包括电气的控制、信号、测量和继电保护、自动装置、操作机构直流电动机、断路器电磁操动的分合闸机构、站内交流不停电源系统、远动装置电源和事故照明等负荷。事故照明宜采用手动切换方式。交流不停电电源系统应仅在变电站交流失压时使用直流电源的蓄电池组供电。变电站遥视系统、门禁系统不得接入直流电源系统，视其供电可靠性需要可接入站内交流不停电电源系统。各类隔离开关的电动操动机构电机和断路器的储能机构电机应尽可能采用交流供电，以减轻站内直流负荷及简化直流供电网络。

蓄电池应选用阀控式密封铅酸蓄电池。每组蓄电池带全站直流负荷事故放电时间应不小于2h。110kV、220kV、500kV变电站每组蓄电池容量可分别按300A·h（110V）、500A·h（110V）、800A·h（110V）或200A·h（220V）、300A·h（220V）、500A·h（220V）选取，以上容量不考虑通信负荷。对于3C绿色变电站蓄电池的容量按实际情况进行考虑。

500kV变电站设有继电保护装置小室时，宜在主控制室设主馈电屏，各继保小室设分电屏；也可按电压等级或供电区域分散设置蓄电池组，且分别按两组蓄电池考虑（容量按每组蓄电池所带负荷选择）。

1.7.3 常见接线方式

直流系统电源接线应根据电力工程的规模和电源系统的容量确定。按照各类容量的发电厂和各种电压等级的变电所的要求，直流系统主要有以下几种接线方式。

1.7.3.1 一组充电装置一组蓄电池单母线接线

1. 特点

接线简单、清晰、可靠。一套充电装置接至直流母线上，所以蓄电池浮充电、均衡充电以及核对性放电都必须通过直流母线进行，当蓄电池要求定期进行核对性充放电或均衡充电而充电电压较高，无法满足直流负荷要求时，不能采用这种接线。

2. 适用范围

适用于110kV及以下小型变（配）电所和小容量发电厂，以及大容量发电厂中某些辅助车间。

3. 接线示意图

一组充电装置一组蓄电池单母线接线如图1-3所示。

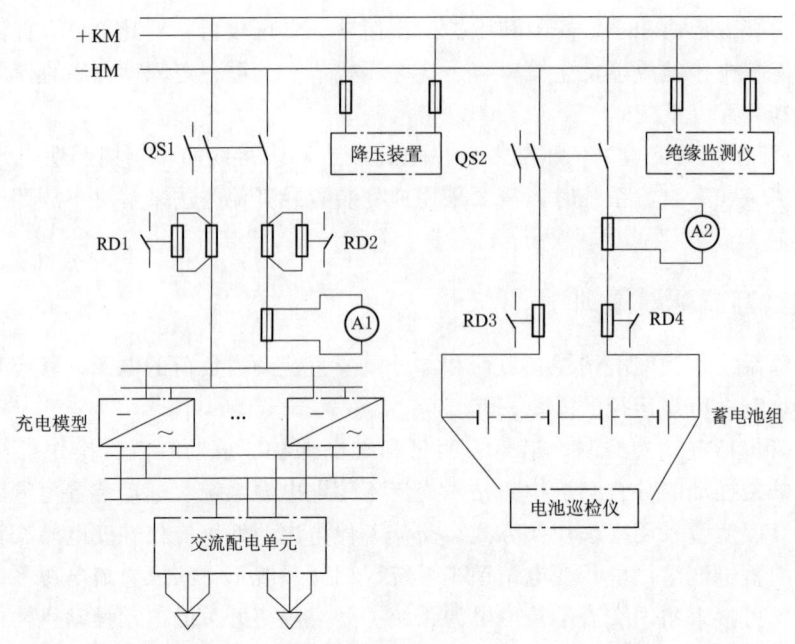

图 1-3 一组充电装置一组蓄电池单母线接线

1.7.3.2 一组充电装置一组蓄电池双母线接线

1. 特点

单电池组双母线直流系统是一组蓄电池和开关电源模块组成的单母线分段直流系统。单母线分段结构简单、灵活，重要负荷可以从两段母线上分别输出，充电装置和蓄电池分别接在两段母线上。正常运行时联络开关处于合闸位置，充电装置在对负荷进行供电的同时也对蓄电池进行浮充。

分段开关在直流接地时也可以短时分开，利于缩小查找直流接地范围。联络开关没有熔丝，所以蓄电池始终挂在两段直流母线上，没有中间环节，直流电源的可靠性较高。

2. 适用范围

适用于 110kV 及以下变电所。

3. 接线示意图

一组充电装置一组蓄电池双母线接线如图 1-4 所示。

1.7.3.3 两组充电装置两组蓄电池双母线接线

1. 特点

整个系统由两套单电源配置和单母线接线组成，两段母线间设分段隔离开关，正常两套电源各自独立运行，安全可靠性高。与一组电池配置不同，充电装置采用浮充、均充以及核对性充放电的双向接线，运行灵活性高。

2. 适用范围

适用于 500kV 以下大中型变电所和大中型容量发电厂。负荷对直流母线电压的要求和对运行方式的要求不受限制。目前，220kV 电压等级变电站均采用此接线方式。

3. 接线示意图

两组充电装置两组蓄电池双母线接线如图 1-5 所示。正常运行时，母联开关断开，

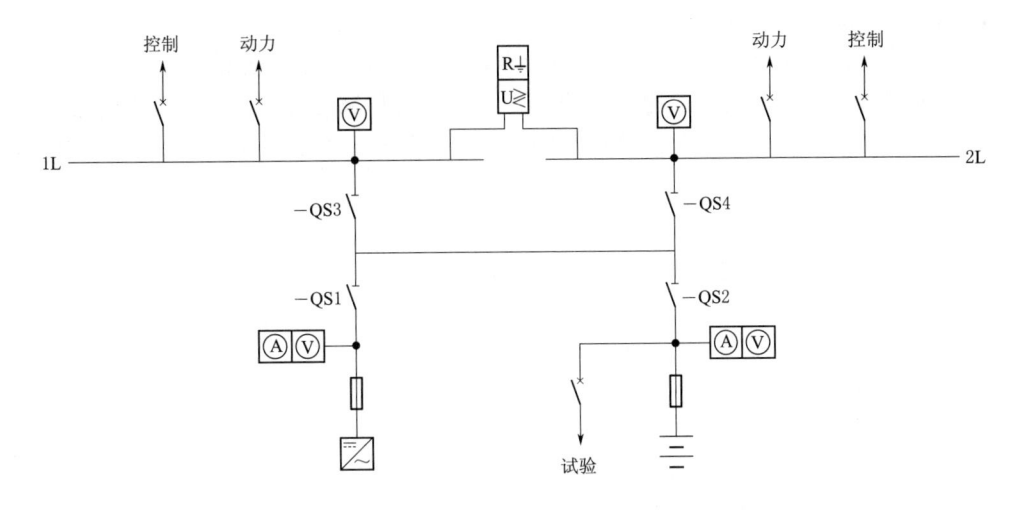

图1-4 一组充电装置一组蓄电池双母线接线

各母线段的充电装置经直流母线对蓄电池充电,同时提供经常负荷电流。蓄电池的浮充或均充电压即为直流母线正常的输出电压。

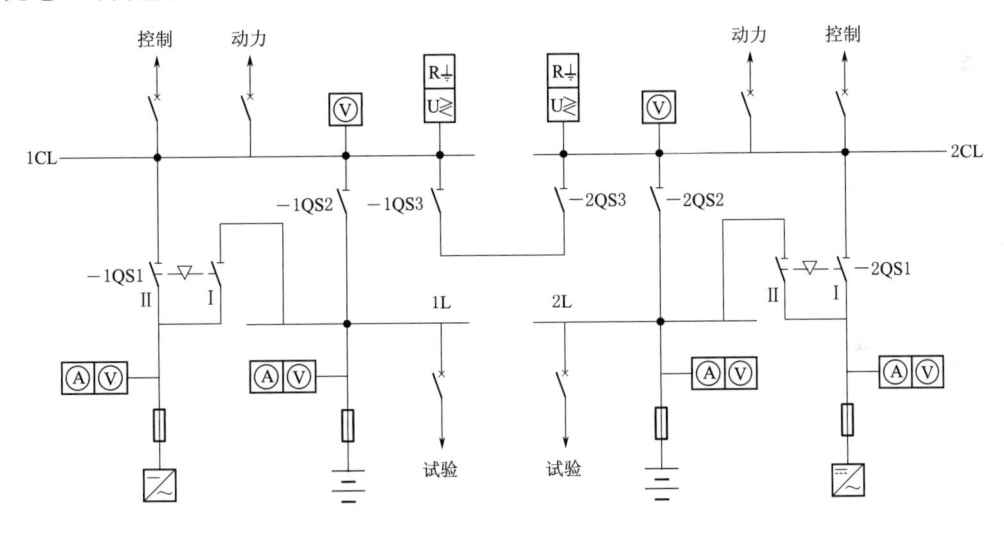

图1-5 两组充电装置两组蓄电池双母线接线

1.7.3.4 三组充电装置两组蓄电池双母线接线

1. 特点

备用充电装置采用均充、浮充兼备的接线,运行方式灵活,可靠性高。正常运行时充电装置与蓄电池在母线并联运行,直流母线电源切换时不停电,提高了直流母线供电的可靠性。

2. 适用范围

适用于500kV大型变电所和大容量发电厂。适用于对直流母线电压有任何要求的负荷和任何类型的蓄电池,可以满足蓄电池各种工况运行的需要。

3. 第三台充电装置使用方法

500kV变电站直流系统，应满足两组蓄电池、两台高频开关电源或三台相控充电装置的配置要求，每组蓄电池和充电装置应分别接于一段直流母线上，第三台充电装置（如果有备用充电装置）可在两段母线之间切换，任一工作充电装置退出运行时，手动投入第三台充电装置。

4. 接线示意图

三组充电装置两组蓄电池双母线接线如图1-6所示。正常运行时，母联开关断开，各母线段的充电装置经直流母线对蓄电池充电，同时提供经常负荷电流。蓄电池的浮充或均充电压即为直流母线正常的输出电压。

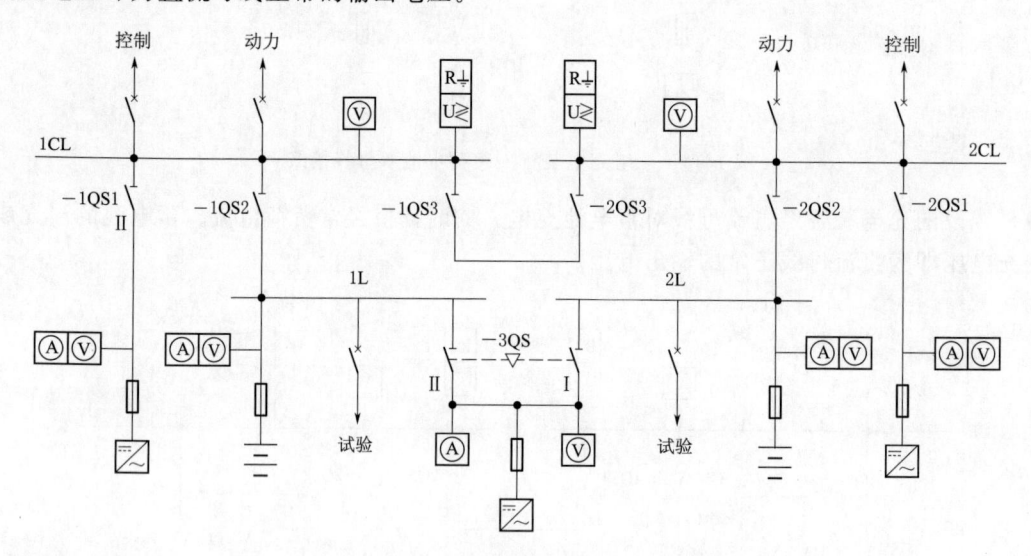

图1-6 三组充电装置两组蓄电池双母线接线

第 2 章

蓄 电 池 组

2.1 阀控式密封铅酸蓄电池

电力系统变电站直流电源设备使用的固定型铅酸蓄电池主要有防酸隔爆式、消氢式及阀控式密封铅酸蓄电池。老式开口铅酸蓄电池已被淘汰。

阀控式密封铅酸蓄电池主要分为两类：一类为贫液式，即阴极吸收式超细玻璃纤维隔膜电池；另一类为胶体电池。

本书主要介绍阀控式密封铅酸蓄电池。

2.1.1 基本原理

铅酸蓄电池的电解液为硫酸溶液，充电时，正极板上的硫酸铅生成有效物质二氧化铅（PbO_2），负极板上的硫酸铅生成有效物质海绵状铅（Pb）。两极板在电解液中发生化学反应，正极板缺少电子，负极板多余电子，正、负极板间便产生电位差，就是蓄电池的电动势。

充电过程的电化反应如下：

在正极板，有

$$PbSO_4 + 2H_2O \longrightarrow 2H_2SO_4 + 2H^+ + 2e^- \tag{2-1}$$

$$H_2O \longrightarrow 2H^+ + \frac{1}{2}O_2 + 2e^- \tag{2-2}$$

在负极板，有

$$PbSO_4 + 2H^+ \longrightarrow Pb + H_2SO_4 \tag{2-3}$$

$$2H^+ + 2e^- \longrightarrow H_2 \tag{2-4}$$

同时还伴随着海绵状铅（纯铅）的氧化反应，即

$$Pb + \frac{1}{2}O_2 \longrightarrow PbO \tag{2-5}$$

$$H_2SO_4 + PbO \longrightarrow PbSO_4 + H_2O \tag{2-6}$$

由于正、负极发生的电化学反应各具特点，所以正、负极板的充电接受能力存在差别。当正极板充电到70%时，开始析O_2。而负极板充电到90%时，开始析H_2。

普通铅酸蓄电池实现密封的难点就是充电后期水的电解,阀控式密封铅酸蓄电池采取了以下几项重要措施,从而实现了密封性能:

(1) 阀控式密封铅酸蓄电池的极板采用铅钙板栅合金,提高了气体释放电位。即普通蓄电池板栅合金在 2.30V/单体(25℃)以上时释放气体,采用铅钙板栅合金后,在 2.35V/单体(25℃)以上时释放气体,从而减少了气体释放量,同时使自放电率降低。

(2) 让负极有多余的容量,即比正极多出 10% 的容量。充电后期正极释放的氧气与负极接触,发生反应,重新生成水,即 $O_2 + 2Pb \longrightarrow 2PbO + 2H_2SO_4 \longrightarrow H_2O + 2PbSO_4$,使负极由于氧气的作用处于欠充电状态,因而不产生氢气。这种正极的氧气被负极的铅吸收,再进一步化合成水的过程,就是阴极吸收反应。阀控式密封铅酸蓄电池的阴极吸收氧气,重新生成了水,抑制了水的减少而无需补水。

(3) 为了让正极释放的氧气尽快流通到负极,阀控式密封铅酸蓄电池极板之间不再采用普通铅酸蓄电池所采用的微孔橡胶隔板,而是用新型超细玻璃纤维作为隔板,电解液全部吸附在隔板和极板中,阀控式密封铅酸蓄电池内部不再有游离的电解液。超细玻璃纤维隔板孔率由橡胶隔板的 50% 提高到 90% 以上,从而使氧气流通到负极,再化合成水。另外,超细玻璃纤维隔板具有将硫酸电解液吸附的功能,因此,即使阀控式密封铅酸蓄电池倾倒,也无电解液溢出。由于采用特殊的设计,因此可控制气体的产生。正常使用时,阀控式密封铅酸蓄电池内部不产生氢气,只产生少量的氧气,且产生的氧气可在蓄电池内部自行复合。

(4) 阀控式密封铅酸蓄电池采用了过量的负极活性物质设计,以保证蓄电池充电时,正极充足 100% 后,负极尚未充到 90%,这样电池内只有正极上优先析出的氧气,而负极上不产生难以复合的氢气。

(5) 阀控式密封铅酸蓄电池采用密封式阀控滤酸结构,电解液不会泄漏,使酸雾不能逸出,达到安全环保的目的。

综上所述,从正极板产生的氧气在充电时很快与负极板的活性物质起反应并恢复成水,因此,阀控式密封铅酸蓄电池可免除补加水维护,这也是阀控式密封铅酸蓄电池被称为"免维护"蓄电池的原因。但是,"免维护"的含义并不是任何维护都不作,恰恰相反,为了提高阀控式密封铅酸蓄电池的使用寿命,阀控式密封铅酸蓄电池除了免除补加水,其他方面的维护和普通铅酸蓄电池是相同的。只有使用得当,维护方法正确,阀控式密封铅酸蓄电池才能达到预期的使用寿命。

2.1.2 结构

阀控式密封铅酸蓄电池由电极、隔板、电解液、电池槽及安全阀等组成。

蓄电池结构如图 2-1 和图 2-2 所示。电池外壳及盖采用 ABS 合成树脂或阻燃塑料制作,正负极板采用特殊铅钙合金板栅的涂膏式极板,隔板采用优质超细玻璃纤维棉(毡)制作,设有安全可靠的安全阀,实行高压排气。

2.1.2.1 电极

铅酸蓄电池负极活性物质为海绵状铅,正极活性物质为二氧化铅。

正电极采用管式正极板或涂膏式正极板,通常移动型电池采用涂膏式正极板,固定型电池采用管式正极板。负极板通常采用涂膏式极板。

极板是在板栅上敷涂由活性物质和添加剂制造的铅膏,经过固化、化成等手续处理而制成。板栅由于支撑疏松的活性物质,又用作导电体,故要求其硬度、机械强度和电性能质量较好,它是保证蓄电池质量的重要因素。

板栅结构包括垂直板栅和放射状板栅,要求电流分布均匀。板栅厚度要保证机械强度和耐腐条件较好,但板栅太厚时其内阻较大,影响大电流放电性能。一般阀控式密封铅酸蓄电池的板栅厚度取 $6mm$,由于正极板二氧化铅的电化当量为 $4.46g/(A \cdot h)$,负极活性物质为海绵状铅的电化当量为 $3.87g/(A \cdot h)$,正、负极活性物质当量比为 $1:1.08 \sim 1:1.2$,故正极板略厚于负极板。

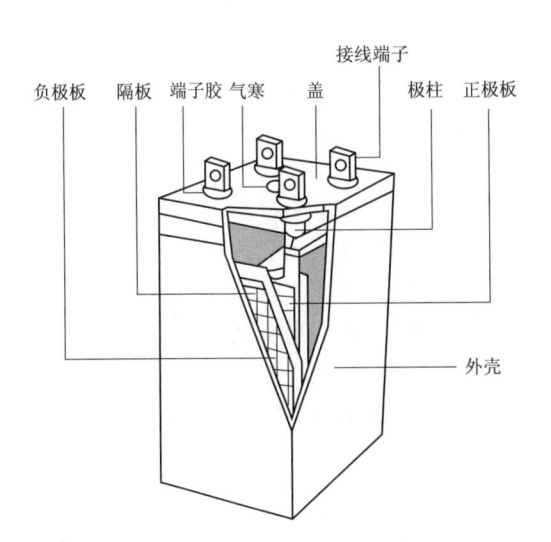

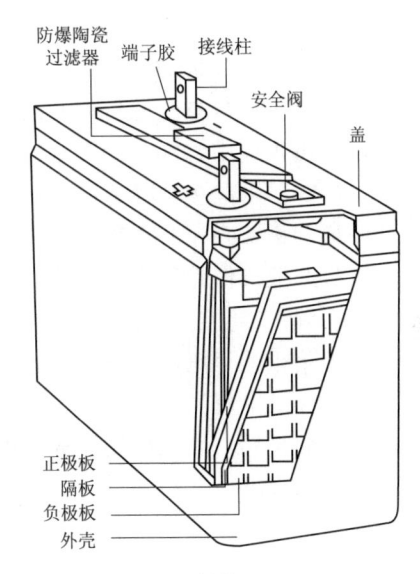

图 2-1 单体蓄电池结构(2V、200A·h 以上)　图 2-2 组合式蓄电池结构(12V、100A·h 以下)

阀控式密封铅酸蓄电池的板栅材料,尤其是正极板的板栅材料的要求非常严格,要求其硬度、机械强度、耐腐蚀性能和导电性能好。板栅材料采用铅合金;为了改善阀控式密封铅酸蓄电池的性能,生产厂家已将阀控式密封铅酸蓄电池的板栅材料由传统的铅钙合金、铅钙锡合金、铅梯镉合金改为镀铅铜板栅,将极柱材料由铅芯改为铅衬铜芯。采用镀铅铜板栅及极柱材料为铅衬铜芯的阀控式密封铅酸蓄电池具有以下优点:

(1) 由于铜的电导比铅高,从而减少了欧姆化电动势,使电极内电流分布均匀,提高了活性物质使用率,因此,镀铅铜板栅适用于放电电流大的蓄电池。

(2) 在大容量阀控式密封铅酸蓄电池中,由于铜较铅的密度小,使板栅变薄,减轻了蓄电池的质量。

(3) 由铅合金制作的板栅密度较大,在阀控式密封铅酸蓄电池的运行中,容易造成爬酸故障,影响蓄电池的密封和使用性能。采用镀铅铜板栅及极柱材料为铅衬铜芯的阀控式密封铅酸蓄电池在运行中则不会产生这一故障现象。

阀控式密封铅酸蓄电池负极板的活性物质中还添加其他物质,一种是阻化剂,用于抑制氢气发生和防止制造过程及储存过程的氧化,另一种是用来提高容量和延长寿命的膨胀剂。阻化剂常用松香、甘油等，膨胀剂分无机和有机膨胀剂两种。

铅膏是将海绵状铅与添加剂混匀，加入稀硫酸溶液，再用搅拌机搅拌均匀而成。

正极板的活性物质利用率较低，以小电流放电时只有50%～60%，以大电流放电时，为了提高正极活性物质利用率，延长其使用寿命，除要求正极板的活性物质结构合理外，还必须用添加剂来降低活性物质的密度，增加其表面积的孔率，同时提高活性物质的比导率。

有些正极铅膏中加入无机盐硫酸锌，易于溶入水，可以用来增加正极活性物质孔率，以利于电解液的扩散。

2.1.2.2 隔板

隔板的作用是防止正负极板短路，但要允许导电离子畅通，同时要阻挡有害杂质在正、负极间窜通。对隔板的要求是：

（1）隔板材料应具有绝缘良好和耐酸的性能，在结构上应具有一定孔率。

（2）由于正极板中含锑、砷等物质，容易溶解于电解液，如扩散到负极上将会发生严重的析氢反应，要求隔板孔径适当，起到隔离作用。

（3）隔板和极板采用紧密装配，要求机械强度好、耐氧化、耐高温、化学特性稳定。

（4）隔板起酸液储存器作用，使电解液大部分被吸引在隔板中，并均匀分布，同时可以压缩，并在湿态和干态条件下保持弹性，以保持导电和适当支撑性物质作用。

阀控式密封铅酸蓄电池的隔板普遍采用超细玻璃纤维隔板和混合式隔板两种。

超细玻璃纤维由直径在$3\mu m$以下的玻璃纤维隔板压缩成型以卷式出厂，制造厂根据极板尺寸切割后再用粘胶压粘制而成。由于超细玻璃纤维直径小、难以制作、价格昂贵，所以电池厂用超细玻璃（AGM）代替。

混合式隔板是以玻璃纤维为主，混入适量成分的玻璃纤维板，或以合成纤维（聚酯、聚乙烯、聚丙烯纤维等）为主，加入小量玻璃纤维的合成纤维板。

2.1.2.3 电解液

贫电液电池电解液密度约为1.30kg/L，胶体电池电解液密度约为1.240kg/L。配制蓄电池电解液的用水有严格的要求，配制蓄电池电解液的纯水制取方法有蒸馏法、阴阳树脂交换法、电阻法、离子交换法等。因水中的杂质是盐类离子，所以水的纯度可用电阻率来表示。国内制造厂主要用离子交换法制取蓄电池电解液的用水，其总含盐量小于1mg/L，水电阻率为$(800～1000)\times 10^4 \Omega \cdot mm$（25℃）。同时，配制蓄电池电解液的纯水中的杂质铁、铵、氯等对蓄电池危害较大，制造厂也有严格要求。

配制蓄电池电解液的硫酸为分析纯硫酸，其密度为1.840kg/L，浓硫酸加入水稀释，会发生体积收缩，故混合体积值应适当增大。

2.1.2.4 电池槽

1. 对电池槽的要求

（1）耐酸腐蚀，抗氧指标高。

（2）密封性能好，要求水汽蒸发泄漏小，氧气扩散渗透小。

（3）机械强度好，耐振动、耐冲击、耐挤压、耐颠簸。

（4）蠕动变形小，阻燃，电池槽硬度大。

2. 电池槽材料

阀控式密封铅酸蓄电池电池槽的外壳以前多用 SAN，目前主要采用 ABS、PP、PVC 等材料。

3. 电池槽结构特点

（1）电池槽的外壳要采用强度大而不易产生变形的树脂材料制成。

（2）电池槽有矮形和高形之分。矮形电池槽结构电池的电解液分层现象不明显，容量特性优于高形电池槽结构电池。此外，在电池内部氧对于负极复合作用方面，矮形比高形电池槽结构电池性能优越。

（3）电池内槽装设筋条措施。加筋条后可以改变电池内部氧循环性能及负极负荷能力。

（4）阀控式密封铅酸蓄电池正常为密封状态，散热较差。在浮充状态下，电池内部为负压，所以壁要加厚，但厚度愈厚，热容量愈大，愈难散热，将影响电池的电气性能。

（5）大容量电池在电池槽底部装设电池槽靴，以防止极板变形。

（6）电池槽与电池盖必须严格密封。为保证密封不发生液和气的泄漏，新工艺利用超声波封口，之后再用环氧树脂材料密封。

（7）引出极柱与极柱在槽盖上的密封。极柱端子用于每个单格间极群连接条及单体外部接线端子，极性结构影响电池的放电特性及电池内液和气的泄漏，通常极柱材料由铅芯改为铅衬铜芯，同时加大极柱截面。

（8）电池槽制成后要严格检测，确保电池的密封。

2.1.2.5　安全阀

阀控式密封铅酸蓄电池安全阀的作用如下：

（1）在正常浮充状态，安全阀的排气孔能逸散微量气体，防止电池的气体聚集。

（2）电池过充等原因产生气体使阀到达开启值时，打开阀门，及时排出盈余气体，以减少电池内压。

（3）气压超过定值时放出气体，减压后自动关闭，不允许空气中的气体进入电池内，以免加速电池的自放电，故要求安全阀为单向节流型。

单向节流安全阀主要由安全阀门、排气通道、幅罩、气液分离器等部件组成。安全阀与盖之间装设防爆过滤片装置，过滤片采用陶瓷或其他特殊材料，既能过滤，又能防爆。过滤片具有一定的厚度和粒度，当有火靠近时，能隔断和引爆电池内部的气体。

安全阀开阀压力和闭阀压力有严格要求，根据气体压力条件确定。开阀压力太高，易使电池内气体超过极限，导致电池外壳膨胀或炸裂，影响电池安全；开阀压力太低，气体和水蒸气严重损失，电池可能因失水过多而失效。闭阀压力可防止外部气体进入电池内部，由于气体会破坏性能，故要及时关闭阀门。安全阀的开闭阀压力规定为：开阀压力应在 10~49kPa 范围内，闭阀压力应在 1~10kPa 范围内，使内部压力保持在大约 40kPa。

一般认为开阀压力稍低些好，而闭阀压力接近开阀压力好。

2.1.3　阀控式密封铅酸蓄电池的型号及字母含义

根据 JB/T 2599—2012《铅酸蓄电池名称、型号编制与命名方法》规定，国内铅酸蓄电池型号含义分为3段表示,如图2-3所示。对单体蓄电池,电池数为1,第一段可忽略。第二段表示蓄电池的类型和特征,代号用汉语拼音第一个字母表示,国产常用铅酸蓄电池汉语拼音字母含义见表2-1。第三段表示额定容量。

表2-1 国产常用铅酸蓄电池汉语拼音字母含义

汉语拼音字母		含　义
表示电池用途的字母	Q	启动型
	G	固定型
表示电池特征的字母	A	干式荷电
	F	阀控式
	D	管式极板结构
	M	密封设计

```
6-G F-100
    │ │ │
    │ │ └── 10小时率额定容量,A·h
    │ └──── 阀控式
    │       固定型
    └────── 串联单体蓄电池个数(1只单体蓄电池省略)
```

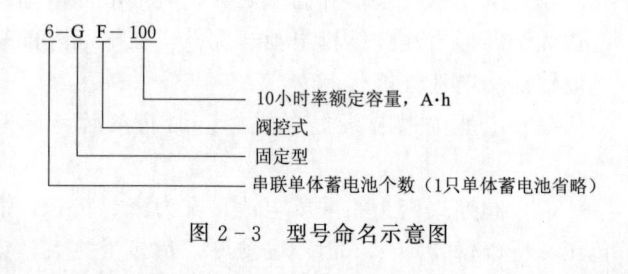

图2-3 型号命名示意图

2.2 蓄电池充电方式

2.2.1 浮充电

2.2.1.1 浮充电的作用及主要参数

正常运行时,充电装置承担经常负荷电流,同时向蓄电池组补充电,以补充蓄电池的自放电,使蓄电池以满容量的状态处于备用状态。

单体阀控式密封铅酸蓄电池的浮充电压为2.23~2.28V,通常取2.25V(25℃)。浮充电流一般为1~3mA/(A·h)。

1. 浮充电压

当环境温度变化时,蓄电池的浮充电压应随之调整(图2-3),调整幅度计算公式为

$$U_f = U_{25} + [1 + \Delta U(25 - X)] \tag{2-7}$$

式中 U_f——需要的单体浮充电压,V;

　　U_{25}——25℃时的单体浮充电压,V;

　　ΔU——环境每变化1℃需要调整浮充电压的变化值,V;

　　X——当前环境温度,℃。

浮充电运行方式下的阀控式密封铅酸蓄电池组,其浮充电压不应低于或高于规定的浮充电压,并需要严格监视,否则蓄电池容量会减小,使用寿命会缩短,如图2-4所示。

2. 浮充电流

阀控式密封铅酸蓄电池浮充电流的作用有:①补充蓄电池自放电的损失;②向日常性负载提供电流;③浮充电流足以维持电池内氧循环。

在系统正常运行时,充电装置承担经常负荷,同时向蓄电池组补充充电,以补充蓄电池的自放电,使蓄电池以满容量的状态处于备用状态。

阀控式密封铅酸蓄电池由于本身的结构,极间与极间和极间对地绝缘状况较好,蓄电

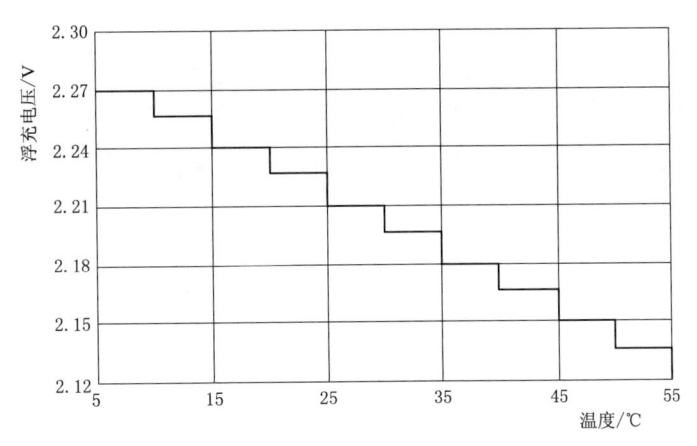

图 2-4 浮充电压与温度函数关系

池的自放电率较小。据测试，在环境温度 20℃ 时储存，蓄电池自放电所造成的容量损失每月约为 4%，浮充电流小于 $2mA/(A·h)$。运行中的浮充电压、浮充电流一定要遵照厂家的规定，严格防止过充电发生，并且要选用性能优良的浮充电设备。

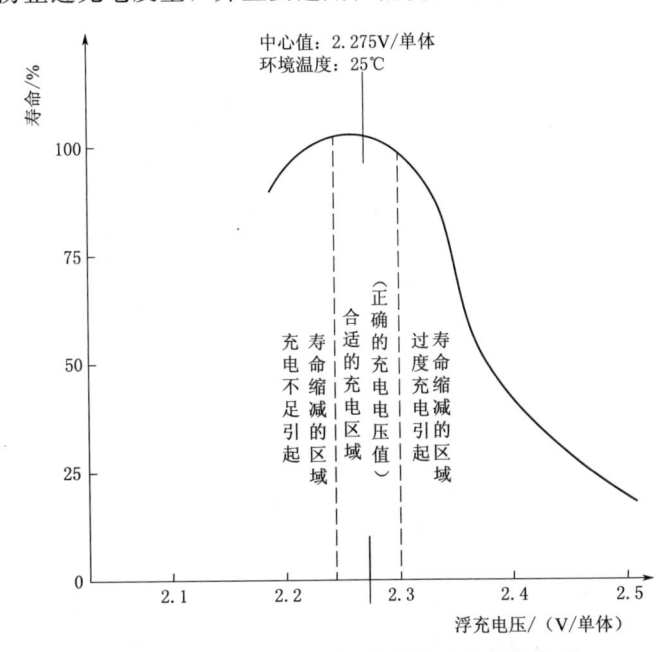

图 2-5 浮充电压与浮充使用寿命之间的关系

2.2.1.2 浮充电的充放电特性

1. 充电特性

阀控式密封铅酸蓄电池的充电性能一般以其充电特性曲线（图 2-6）表示，充电时间取决于放电深度、充电初始电流及环境温度。FM 系列阀控式密封铅酸蓄电池放电特性曲线如图 2-7 所示。

2. 放电特性

阀控式密封铅酸蓄电池电解液的密度大，浮充电压高，所以开路电压和初始放电电流

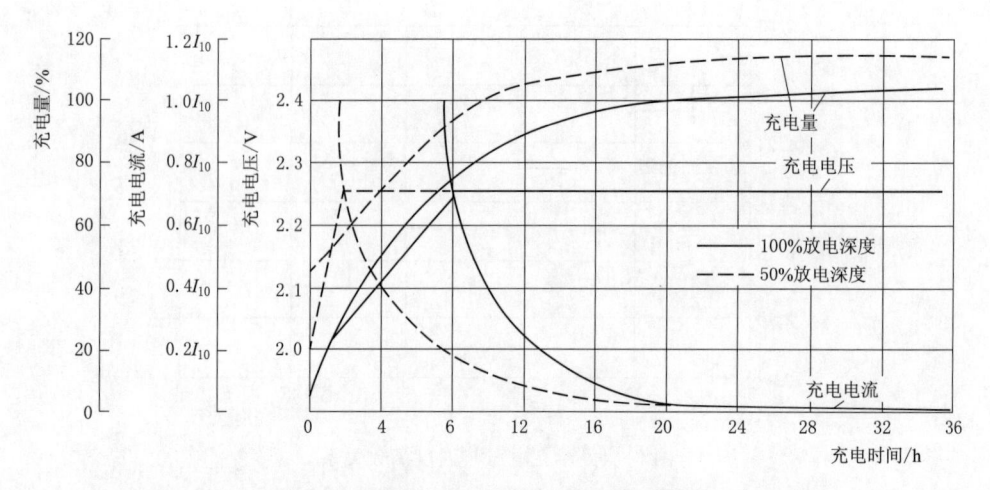

图 2-6 阀控式密封铅酸蓄电池的充电特性

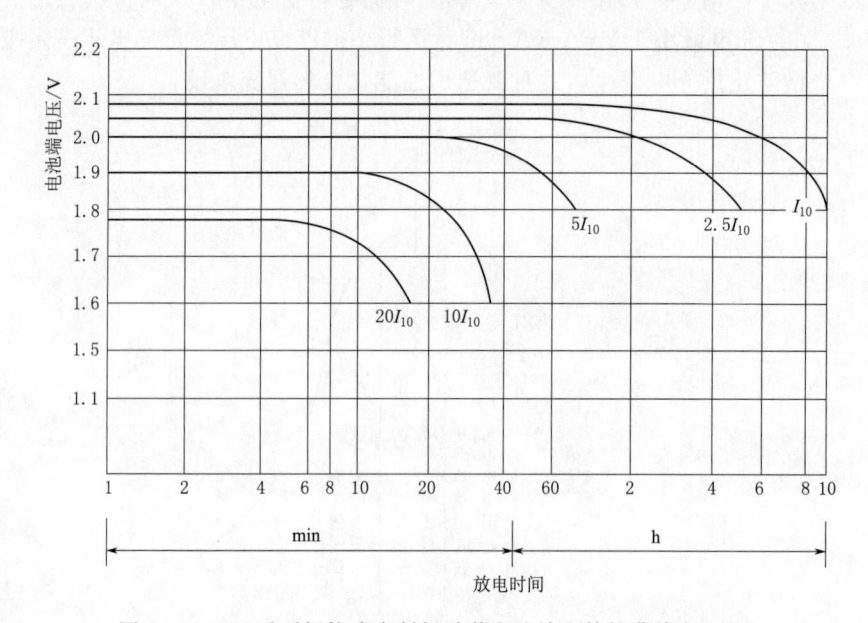

图 2-7 FM 系列阀控式密封铅酸蓄电池放电特性曲线（25℃）

与 GF 型、GFD 型铅酸蓄电池相比相对要大些。另外，阀控式密封铅酸蓄电池是贫电解液蓄电池，随着放电时间的增长，蓄电池的内阻增大较快，端电压下降也较大。

阀控式密封铅酸蓄电池的放电电压不能低于生产厂家规定的放电终止电压，否则会导致过放电。如果蓄电池反复过放电，即使再充电，也难以恢复容量，使用寿命会缩短。

阀控式密封铅酸蓄电池的放电容量和 GF 型、GFD 型铅酸蓄电池一样，由初始放电阶段放电电流、放电终止电压、放电时间等参数来确定。

2.2.2 均衡充电

在正常浮充电条件下运行，阀控式密封铅酸蓄电池一般可以不进行均衡充电。这是因为阀控式密封铅酸蓄电池自放电率小，运行中容量损失小。

阀控式密封铅酸蓄电池出现下列情况之一者，需要进行均衡充电：
(1) 蓄电池已放电到极限电压后。
(2) 以最大电流放电，超过了限度。
(3) 蓄电池放电后，停放了1～2个昼夜而没有及时充电。
(4) 个别电池极板硫化，充电时密度不易上升。
(5) 静止时间超过6个月。
(6) 浮充电状态持续时间超过6个月。

均衡充电采用定电流、恒电压的两阶段充电方式。充电电流为1～2.5倍10h率电流；充电电压为2.35～2.40V，一般选用10h率电流、2.35V电压；充电时间最长不超过24h。当充电装置均衡充电电力在3h内不再变化时，可以终止均衡充电状态自动转入浮充电状态，具体操作按照厂家要求。阀控式密封铅酸蓄电池均衡充电条件、时间与退出条件见表2-2。

表2-2　　　　阀控式密封铅酸蓄电池均衡充电条件、时间与退出条件

	均衡充电条件	均衡充电时间	退出均衡充电条件
1	蓄电池安装调试结束后，投入使用前	1～10h，具体时间根据退出均衡充电条件	电池组均衡充电电流小于10mA/(A·h)时，自动转入浮充［并联时≤10mA/(A·h)×电池组并联数］
2	停电后蓄电池充电电流≥50mA/(A·h)［并联时≥50mA/(A·h)×电池组并联数］		
3	蓄电池容量检测前和容量检测后进行均衡充电		
4	蓄电池在使用过程中单体浮充电压低于2.18V时应进行均衡充电	10h	均衡充电时间达到10h后转入浮充
5	基站电池一般为3个月进行一次定期均衡充电		

2.2.3 核对性充放电

2.2.3.1 原理及目的

1. 原理

蓄电池组在大修后和新电池在投入运行前，应进行核对性充放电，以检查其容量是否达到要求；对达到运行年限的蓄电池组进行定期充放电以确定其实际容量。

核对性放电就是将已充满的蓄电池组按规定的I_{10}电流放电，放电过程中定时记录蓄电池组的端电压、单体蓄电池电压、蓄电池组环境温度和放电电流等数据。当单体蓄电池电压降到终止电压（表2-3）时立即停止放电，并计算蓄电池组容量。

蓄电池组放电后应以补充电的方式按规定的充电电流I_{10}将蓄电池组充满。

表2-3　　　　　　单体蓄电池的放电终止电压值　　　　　　单位：V

蓄电池标称电压	2	6	12
放电终止电压值	1.8	5.4	10.8

2. 测试目的

新安装或长期处于限压限流浮充电运行方式的蓄电池组，无法判断其实际容量或运行

后蓄电池组内部是否失水、干枯。通过核对性放电，即可鉴定新安装或长期浮充电的蓄电池组的实际容量。

2.2.3.2 操作流程

1. 测试前准备

(1) 仔细阅读蓄电池组说明书。

(2) 准备高内阻万用表一块。

(3) 准备放电设备一台，并检查其规格、容量是否合适。

(4) 准备合适的工具，包括绝缘扳手、螺丝刀和绝缘胶带。

(5) 确定蓄电池组已充满。

2. 充放电测试步骤及要求

(1) 将蓄电池输出电缆接入准备好的放电设备，并检查极性是否正确。

(2) 按照充电标准（以 I_{10} 或按厂方提供的说明书进行）调整好充电电流，将蓄电池组充满电。

(3) 按照放电标准要求 I_{10} 调整好放电电流，并启动放电设备。

(4) 用高内阻万用表再次校验放电参数是否正确：如果正确，则将测试数据记录在测试记录表格中（规定记录初始放电数据），之后每隔 1h 记录一次数据；如果放电设备数据不正确，应停止放电，校准后再进行放电。

(5) 当蓄电池单体电压降至 1.9V 后，如电池电压下降速度加快，应缩短记录间隔时间。

(6) 当单体蓄电池电压降到 1.8V 终止电压时停止放电，计算蓄电池组容量。

(7) 断开蓄电池组与放电装置的连线，将蓄电池组接入充电装置，将放电后的蓄电池组进行完全充电。

3. 测试结果分析

整理测试结果并计算蓄电池容量，计算公式为

$$C_{10}=I_{10}XT[1+0.008(25-t)] \tag{2-8}$$

式中　C_{10}——放电容量，A·h；

　　　I_{10}——10h 率放电电流，A；

　　　X——放电时间，h；

　　　T——蓄电池环境温度，℃。

当蓄电池组第一次核对性放电就放出了额定容量则不再放电，充满容量后便可投入运行；若蓄电池充放电 3 次循环之内，仍达不到额定容量的 100%，则此组电池不合格，应更换不合格电池。某些蓄电池组在新安装后的第一次放电可以放出额定容量的 110%，属正常范围。

4. 测试注意事项

(1) 要了解蓄电池放电设备的正确接线方式和使用方法。

(2) 注意放电设备与电池组极性的正确连接。

(3) 蓄电池放电设备应保证通风良好，避免过热。

（4）在进行放电测试过程中，工作人员不得离开现场，以便及时有效地处理可能发生的故障。

2.3 蓄电池安装运行环境

2.3.1 安装及运行环境要求

（1）阀控式密封铅酸蓄电池容量超过 200A·h 时应安装在专用的室内，200A·h 以下的蓄电池组一般可安装在通风良好的专用柜内。蓄电池室的墙壁、天花板、门窗、室内备用电池的母线和支架以及管路等设备，均须涂以耐酸瓷漆，以免被酸侵蚀。蓄电池间距不小于 15mm，蓄电池与上层隔板之间不小于 150mm。绝缘电阻值的规定是：电压为 220V 的蓄电池组不小于 200kΩ，电压为 110V 的蓄电池组不小于 100kΩ，电压为 48V 的蓄电池组不小于 50kΩ。门与柜体之间应采用截面积不小于 $4mm^2$ 的多股软铜线可靠连接。

（2）蓄电池室的门窗玻璃应是半透光的，或者使用毛玻璃、窗帘等，以免阳光直射电池槽，增加蓄电池的自放电。如果使用透明玻璃，则涂以白色或浅蓝色的耐酸瓷漆。为防止灰尘进入室内，其门窗结合处必须严密。蓄电池室的门上须标明"蓄电池室""严禁烟火"等字样。

（3）为了便于维护，蓄电池室内应留有一定宽度的过道。单侧安装的电池架，其过道宽应不少于 0.8m。两侧安装的电池架，其过道宽应不小于 1m。蓄电池室的总面积应根据设计需要来决定。

（4）蓄电池室应设有上下水道。为排出污水，其地面应有 2%～3% 的坡度，以便排除积水。室内地面应用耐酸水泥或瓷砖铺设。用瓷砖铺设时，相邻的瓷砖之间应留有 5mm 的间隙，用水平仪检查地面是否合乎要求。

（5）相邻导线或导线对地距离均不得小于 50mm，母线支持点之间的距离不应大于 2m。阀控式密封铅酸蓄电池受震歪倒损坏较少，但为了最大限度地防止因地震等外力破坏而造成蓄电池组无法将电能提供给重要负荷，蓄电池组必须有专用的蓄电池组防震支架。防震支架一般是用两块塑料板将蓄电池组列夹在中间，以免倾倒。其他材料也可以使用，但必须满足绝缘要求。

（6）阀控式密封铅酸蓄电池在充放电过程中，由于其密封性，排出的氢、氧气体较防酸蓄电池少之又少。因此在蓄电池室安装 1 只防尘、防雨、防爆功能的排风扇即可。不能将蓄电池置于大量放射性、红外线辐射、有机溶剂和腐蚀性气体环境中。

（7）阀控式密封铅酸蓄电池室应保持一定的温度。阀控式密封铅酸蓄电池的运行特性与使用寿命和环境温度直接有关，冬季不应低于 10℃，夏季不应高于 30℃，有条件的一般将蓄电池室及蓄电池屏温度控制在 25℃±5℃。蓄电池的各部温差不应超过 3℃，蓄电池室的空调通风孔及取暖器不应直接对着蓄电池。安装阀控式密封铅酸蓄电池的场所应避免阳光照射，远离热源。

（8）蓄电池室的照明采用防爆白炽灯或新型防爆节能灯。应至少有一套事故照明灯，室内照明线宜暗线布置或用防酸绝缘导线。在室内不得装设开关、插座和熔断器等。地面最低照度30lx，事故照明最低照度3lx。

（9）蓄电池应通过连接端子板与电缆连接，而不应采取电缆直接与蓄电池接线柱连接。

（10）多组阀控式密封铅酸蓄电池宜分别安装在不同的蓄电池室内。若安装在一个蓄电池室内，则应在不同蓄电池组间采取有效防火隔爆措施。

2.3.2　安装工艺要求

2.3.2.1　蓄电池在安装前的储存条件

（1）应存放在0～35℃干燥、通风、清洁的仓库内。

（2）应不受阳光直射，距离热源（暖气设备）不得少于2m。

（3）应避免与任何有毒气体和有机溶剂接触。

（4）不得倒置，不得撞击。

（5）蓄电池储存期不应超过6个月。储在期超过6个月的蓄电池应进行补充电维护。

（6）外壳不应开裂、裂纹导致漏酸。清洁用布应柔软干净，避免使用易产生静电的布类（如化纤类织物）擦拭蓄电池。

（7）蓄电池是成品出厂，蓄电池内有酸液并已充电，在运输和安装过程中须特别小心，谨防短路。由于整组蓄电池电压较高，在安装和使用过程中应使用绝缘工具并戴绝缘手套，以防电击。

（8）蓄电池安装时，切勿搬动极柱和安全阀，应托住蓄电池底部抬起，放入蓄电池台架，以防损伤极柱、安全阀，而造成蓄电池发生漏液故障。

（9）不得拆卸和组装蓄电池，若因机械损伤蓄电池，致使硫酸接触到皮肤或衣服，应立即用水清洗。若溅入眼中，应用大量清水冲洗，并去医院治疗。

（10）蓄电池上禁止放钳子、扳手等金属工具。否则，有导致短路造成烧伤、蓄电池破损的危险。

（11）在蓄电池的端子部分、连接导体及螺栓、螺母处正确安装绝缘盖，否则有触电的危险。另外，如不正确安装，发生短路时，可能引发烧伤、蓄电池受损及引起爆炸。

（12）不能将蓄电池抛入火中，以防发生爆炸。电池室着火时，应使用四氯化碳或干燥沙子灭火，不能使用二氧化碳灭火器灭火。

（13）蓄电池与充电装置、放电装置和负载连接时，电路开关应断开，并保证连接正确，即蓄电池正极与充电装置正极连接，负极与负极连接。

2.3.2.2　阀控式密封铅酸蓄电池安装工艺

（1）安装前应核实连接片、连接螺栓等附件是否足够。检查安全排气阀是否完好，极性标志是否正确，电池壳体是否有变形、破损和电解液泄漏现象。

（2）用砂纸将蓄电池的极柱及连接片的氧化膜清除，并在连接部位涂电力复合脂以降低接触电阻，避免发热。蓄电池与蓄电池、蓄电池与充电设备及直流屏间的连接应紧固可靠，紧固螺栓的扭矩值应达到11.3N·m。扭矩值过大，可能造成连接端子受损；扭矩值过小，可能造成连接端子接触不良，而使接头发热。

（3）为了增大蓄电池的使用容量，可将蓄电池垂直并联或横向并联使用。垂直并联是将各分组蓄电池的首、尾分别连接起来,然后再将各分组并联起来。横向并联是每层的电池分组并联起来,然后再从上层到下层把分组串联起来。无论是垂直并联,还是横向并联,电池的每个端子上只允许接两根连线。

(4) 同一层或同一台上的蓄电池间宜采用绝缘的或有护套的连接条连接,不同层或不同蓄电池间采用电缆连接,连接电缆的截面积和长度应符合设计要求,力求电压降尽量小。

(5) 不能把不同容量、不同性能或新旧不同的蓄电池连接在一起使用。混用容量不同的蓄电池、混用新旧不同的蓄电池时,由于其特性值不同,有可能对蓄电池造成损坏。另外,规格不同的蓄电池(例如 FC 和 GFM)不能混用。

(6) 蓄电池的安装排列不能过于拥挤,各单体电池之间应当留有一定的空隙(不小于15mm),以便于散热。安装阀控式密封铅酸蓄电池的电池柜不能密闭过严,通风应良好。

(7) 蓄电池组安装完毕后应再次检查蓄电池与蓄电池之间、蓄电池组与充电设备之间的正、负极的连接是否正确,单个蓄电池及蓄电池组的电压是否正常。

2.3.3 温度与蓄电池容量

1. 温度影响电池使用容量

通常,电池在低温环境下放电时,其正、负极板活性物质利用率都会随温度的下降而降低,而负极板活性物质利用率随温度下降而降低的速率比正极板活性物质随温度下降而降低的速率要大得多。如在 -10℃ 环境温度下放电时,负极板容量仅达到额定容量的 35%,而正极板容量可达到 75%。因为在低温工作条件下,负极板上的海绵状铅极易变成细小的晶粒,其小孔易被冻结和堵塞,从而减小活性物质的利用率。若电池处于大电流、高浓度、低温恶劣环境下放电,负极板活性物质中的小孔将被严重地堵塞,负极板上的海绵状物可能就变成致密的 $PbSO_4$ 层,使电池终止放电,导致极板钝化。

2. 温度影响电池充电效率

倘若在低温下对阀控式密封铅酸蓄电池充电,其正、负极板上活性物质向外界扩散的速度因低温而显著下降,也就是扩散电流密度显著减小,而交换电流密度减小不多,致使浓差极化加剧,导致充电效率降低。另外,放电后正、负极板上所生成的 $PbSO_4$ 在低温下溶解速率小,溶解度也很小,在 $PbSO_4$ 的微细小孔中,很难使电解液维持最小的饱和度,从而使电池内活性物质电化反应阻力增加,进一步降低了充电效率。

3. 温度影响电池自放电速率

阀控式密封铅酸蓄电池的自放电不仅与板栅材料、电池活性物质中的杂质和电解液浓度有密切关系,还与环境温度有很大关系。

阀控式密封铅酸蓄电池自放电速率与温度成正比,温度越高,其自放电速率就越大。在高温环境下,电池正、负极板自放电速率会明显高于常温下的自放电速率。在常温下,阀控式密封铅酸蓄电池自放电速率是很小的,每天自放电量平均为其额定容量的 0.1% 左右。温度越低,自放电速率越小,因此低温条件下有利于电池储存。

4. 温度影响电池极板使用寿命

温度对电池极板使用寿命影响很大,尤其当阀控式密封铅酸蓄电池在高温下使用时,电化反应越剧烈，其自放电现象越严重，这样会导致正极板的使用寿命被缩短。另外，阀控式密封铅酸蓄电池极板腐蚀速度及活性物质软化膨胀程度都随温度升高而增大。阀控式密封铅酸蓄电池平均温度与寿命降低率关系表见表2-4。

表 2-4　　　　　　　阀控式密封铅酸蓄电池平均温度与寿命降低率关系表

电池平均温度/℃	寿命降低率/%	电池平均温度/℃	寿命降低率/%
25	0	40	66
30	30	45	75
35	50	50	83

2.4　蓄电池巡检装置

2.4.1　装置介绍

蓄电池巡检装置是监测运行蓄电池组中单只蓄电池端电压的装置，也可测量环境温度和蓄电池电流。近几年来，新出现的先进技术手段还可以测量单只蓄电池内阻，并进一步向蓄电池在线状态监测方向发展；通过各种在线测量手段和测量数据综合统计、分析、判断监测蓄电池组运行的状态和可靠性。尽管在线监测的各种方法仍无法替代蓄电池核对性放电工作，但完善的在线监测装置如蓄电池巡检装置，还是获得了广泛的应用，它的一个重要功能是可以避免蓄电池极端状况的发生，如蓄电池开路、接触不良导致的放电电压降低等，从而保证了直流系统的安全性和可靠性。

2.4.2　模块及接线

1. 工作原理框图

蓄电池巡检装置对蓄电池进行采样，为防止采样短路造成对电池的伤害，串接熔断器进行保护。蓄电池巡检装置使用80~320V直流供电，通过辅助电源，产生系统所需要的各种低压电源。电池巡检模块可检测24节电池电压，通过对电池通道的控制，每次选通一节电池进行信号采集，采集单节电池电压的同时，检测一次电池组电流，通过处理器对模数转换后的数据进行读取。2路温度信号经运放等信号处理后，通过处理器直接进行数字转换采集，如图2-8所示。

2. 电流与温度数据采集单元

电流与温度数据采集单元对蓄电池室温度和蓄电池充放电电流数据进行采集。它由温度传感器、霍尔电流传感器作探头，将测得的信号送到电流/温度采集单元中，该单元由单片机系统组成，通过模拟开关和模数转换器将采集的数据处理后，经RS485通信接口与主控制单元进行数据交换。

通常采集速度为0.1s/次，霍尔传感器的电流一般选取较大，至少要能采集到最大的测量内阻的放电电流，一般为100A以上。霍尔元件的工作电压一般为±15V，输出电压为0~5V。安装霍尔元件时要注意电流方向，不能装反。

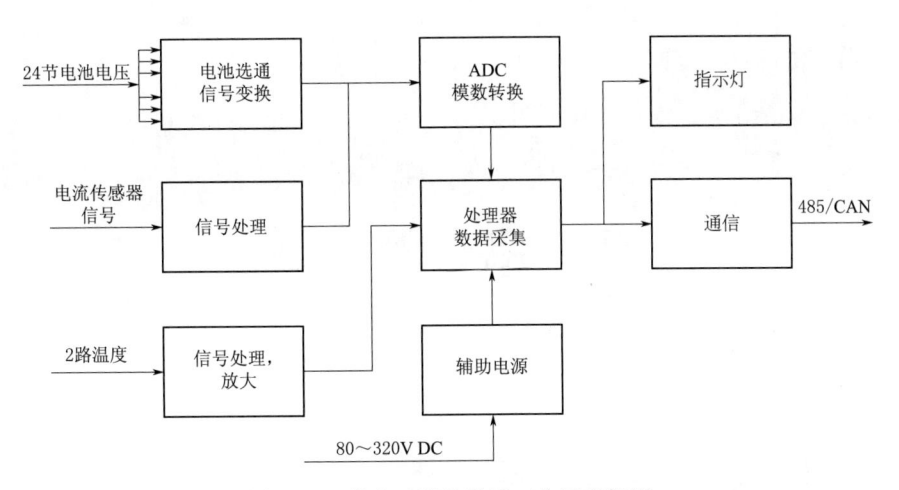

图 2-8　蓄电池巡检装置工作原理框图

第3章

充 电 装 置

3.1 充电装置概述

3.1.1 磁放大型

早期的直流电源是由交流电动机带动直流发电机产生的。20世纪中期,大功率二极管的出现使整流技术大量应用于直流电源上,并应用磁饱和控制技术调整直流输出电压。这种结构的充电装置在当时电力系统直流电源中占很大的比例,通常称之为磁放大充电装置。

3.1.2 相控电源型

随后出现的晶闸管器件使电压调整与整流由同一器件完成,控制晶闸管导通角,达到调整输出电压的目的,称之为相控电源。相控电源的自动控制回路在相控电源的发展过程中经历了较大的发展,目前还有相当一部分相控电源在运行中。

传统的相控电源缺点比较明显,主要表现为效率低、纹波系数大,在电磁辐射、热辐射较强、噪声污染较严重的环境中受到较大干扰。另外,随着二次回路中应用更加先进的仪表、控制和自动化设备,原本的监控系统就很难跟上其技术要求。另外,由于相控电源在浮充状态下电压容易产生波动,将会缩短蓄电池组的使用期限。综上所述,相控电源已远远不能满足变电站直流系统的需要。

3.1.3 高频开关电源型

近十年来,电力电子器件在大功率及高频化方面有了很大的发展,应用高频开关电源技术组成 AC-DC 模块结构的充电装置在直流系统中的应用日益普及,高频开关电源的模块冗余结构简化了充电装置结构,并提高了充电装置的可靠性。高频开关电源与相控电源不同,它是先将工频交流电加入,经整流滤波变成直流电,然后在功率变换器的变换下变成高频脉冲电压,最后通过高频变压器和整流滤波电路转为稳定的直流电压输出。高频开关电源采用了脉冲宽度调制电路来控制大功率开关器件的截止、导通时间。另外,高频开关电源还具备软开关技术和无源功率因数校正技术,可以大幅提高功率因数。综上所述，高频开关电源直流输出稳定、可靠性高、动态响应好，同时采用模块化结构，具备智能电池管理和"四遥"功能，所以在新建变电站中得到较好的应用。

高频开关电源的特点是：与相同功率的直流电源相比，体积大大减小，输出电流的技术性能指标与以前采用其他原理的充电装置相比提高了一个数量级。高频开关电源充电装置均使用监控装置，监控装置对充电装置各开关电源模块进行工作监控管理，完成充电装置输出电压和电流调整，由于监控装置内部计算机技术非常强大，监控装置可通过本身的通信接口完成信号采集。

高频开关电源在自动控制技术方面，大量应用计算机控制技术和计算机通信技术一起组成了一个自动化监视和控制程度更高的直流系统。这个系统使得人机界面更为友好，调试整定更方便，自动化程度更高，与站内综合自动化更容易配合。因此高频开关电源在当前的直流系统中应用很广泛。

3.2 高频开关电源模块结构及工作原理

开关电源离不开开关这一基本元件，如同日常生活中控制照明的开关，小小的开关可以控制很大功率的照明，而开关本身根本不会发热。单位时间内的开关次数就是开关频率，机械开关做不到很高的开关频率，但电子开关可以做到很高的开关频率。

变压器可以传送交流能量，且频率越高传送相同能量的变压器越小，因此高频变压器所需的体积急剧下降，其所绕线圈匝数仅是工频变压器的几十分之一，所以高频变压器铜损和铁损大大减少，传输效率大大提升。

将直流电源通过高速电子开关变成高频率的交流，通过变压器再经过整流输出另一种电压的直流电源，这就是高频开关电源的基本工作过程。高频开关电源具有体积小、质量轻、功率大、技术性能指标高、效率高的特点，因此高频开关电源的应用很广泛。

3.2.1 高频开关电源模块结构

高频开关电源模块通常由以下部分组成：①交流配电模块，对交流电源进行处理、保护、监控，并与整流模块接口；②整流模块，将交流电转变为直流电；③直流配电模块，负责向直流负荷供电；④集中监控模块，用于对交流输入电源、整流模块、输出电源及蓄电池组进行功能管理，并实现数据检测、定值设定、越限报警，还设置通信接口以实现遥测、遥信和遥控。高频开关电源模块如图 3-1 所示。

3.2.2 高频开关电源模块工作原理

3.2.2.1 高频开关电源基本参数

(1) 额定输入电压：单相额定输入电压为 220V，三相额定输入电压为 380V。

(2) 额定输入频率：50Hz。

(3) 标称输出电压：48V、110V、220V。

图 3-1 高频开关电源模块

(4) 额定输出电压：50V、115V、230V。

(5) 模块额定输出电流优选值：5A、10A、20A、30A、40A、50A、80A、100A。

(6) 负荷等级：一级（连续输出额定电流）。

3.2.2.2 高频开关电源模块型号

其中高频开关电源模块的型号如图 3-2 所示。

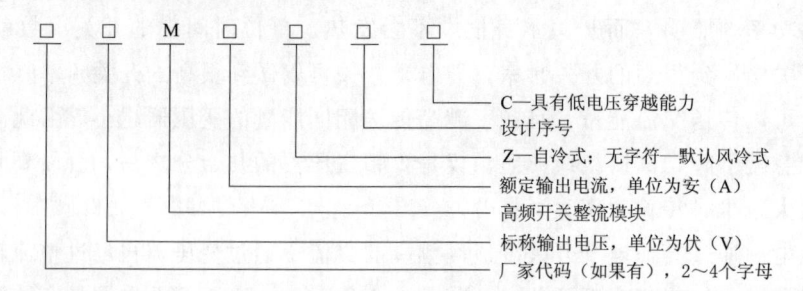

```
□ □ M □ □ □ □
              └── C—具有低电压穿越能力
            └──── 设计序号
          └────── Z—自冷式；无字符—默认风冷式
        └──────── 额定输出电流，单位为安（A）
      └────────── 高频开关整流模块
    └──────────── 标称输出电压，单位为伏（V）
 └─┴───────────── 厂家代码（如果有），2~4个字母
```

图 3-2 充电模块型号

3.2.2.3 高频开关电源模块内部结构

目前在电力系统应用的高频开关电源模块单体功率一般为 2~5kW，一方面是受到了电力电子开关元器件功率限制，另一方面是直流电源采用模块并联冗余方式，模块功率与目前直流电源容量相匹配，模块内部结构如图 3-3 所示：

开关电源的基本电路包括两部分：①主电路，指从交流电网输入到直流输出的电路，负责完成功率转换的功能；②控制电路，通过为主电路变换器提供的激励信号控制主电路工作，实现直流输出稳压、均流、故障检测等功能。

交流输入有两种：三相 380V 交流输入和单相 220V 交流输入。三相交流输入用在模块功率较大的场合，如一般 220V、20A 的模块均使用三相交流输入。小功率模块也有采用 220V 单相输入，优点是当输入交流缺相时仅仅减少三分之一模块（正常时所用模块分接在三相电源上），其余模块照常工作。但是也存在缺点，即单相整流后的直流纹波要远远大于三相整流，需要更大的直流滤波电容，但对 PWM 逆变后的直流基本没有影响。

在模块中交流输入首先通过 EMI（电磁干扰）滤波器滤波。EMI 滤波器是抑制电磁干扰的有效手段，它是由电感、电容组成的无源低通滤波器，让工频无阻碍地通过，抑制

3.2 高频开关电源模块结构及工作原理

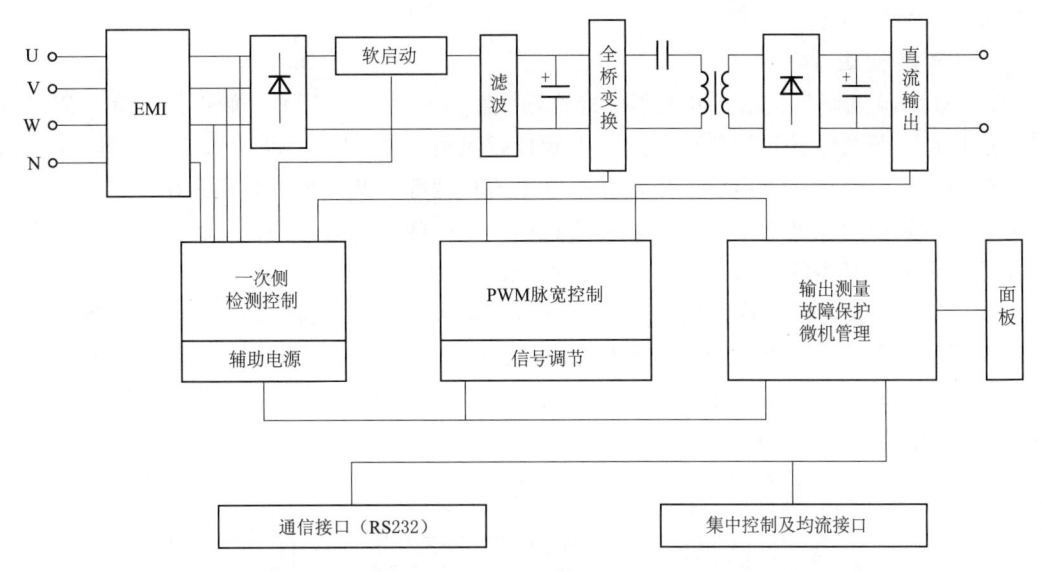

图 3-3 开关电源模块内部结构图

高频电磁干扰（可抑制干扰频段一般为 10kC～100MC）。EMI 滤波器主要功能是防止设备本身电磁干扰影响电网，也能防止电网的电磁干扰通过电源线路进入设备。EMI 滤波器是为满足电磁兼容条件而设置的。

通过 EMI 滤波器后的交流经过全桥整流变成直流脉动电压，经过电容器滤波，直流中的纹波大大降低，随即可供给全桥式逆变电路 PWM 使用，但是这个直流电压不稳定，会随着交流输入电压的波动而变化。中间的"软启动"能限制开机瞬间由滤波电容而产生的大冲击电流。

不稳定的直流电源经过 PWM "全桥变换" 转换成高频方波，经过高频隔离变压器变换及隔离输出，再经过高频整流后得到所需要的直流电压。调整直流输出电压高低由 PWM 脉宽控制调节。从"直流输出"端采样与设定电压相比后控制全控式开关导通时间，输出电压低于设定值时延长导通时间，输出电压高于设定值时缩短导通时间。通过这个过程，将不稳定的交流输入和负载变化引起的电压波动调整为稳定的直流电压输出。

由辅助电源提供整个模块内部的工作电源，一般为 5V、12V 等。一次侧检测控制是对输入交流电源的监测，当输入交流电压过压或是欠压时对电路进行保护，对软启动电路进行控制。此部分的所有信号和由直流输出的采集信号均送到输出测量故障保护微机系统，该单元微机是采用单片机技术组成的模块内部管理单元，对模块所有工作状态进行检测和控制，该单元同时还与充电装置的监控装置进行数据交换，接受上级监控装置对模块下达的各种指令，如命令模块进入均充或浮充状态、调整输出电压等，并将模块的工作状况及数据传送至充电装置的监控装置。

有的模块内部没有配置单片机管理系统，对模块输出电压及各种状态的控制是由监控装置直接输出控制电压进行调整的。运用这种控制方式，在设计上要考虑由于控制电压异常而造成模块输出电压失控的情况，在技术上采取措施，防止监控装置内部元件故障造成控制电压偏移而导致输出电压不正常。

3.2.2.4 PWM 原理

1. PWM 概述

PWM 即脉宽调制技术。开关器件的物理模型等效为一个开关,如果把一个直流电源输出端接在由开关器件控制的负载上,不断地控制开关通和断,得到的是一列脉冲电压,这个脉冲电压的幅值等于电源电压,脉冲电压的宽度等于开关导通时间。在一定的负载条件下,每一脉冲的宽度决定了输出功率的大小,调整脉宽也就是调整了输出功率。利用这个原理组成了最基本的开关式 DC-DC 变换电路,如图 3-4(a)所示。

DC-DC 变换电路又称为斩波器,应用在大功率变换时又称为逆变器或电能变换装置。在开关 S 合上时,直流输入电压 U_i 加到负载电阻 R 上,并持续 t_{on} 时间。当开关 S 切断时,负载上的电压为零,并持续 t_{off} 时间。$T = t_{on} + t_{off}$ 称为斩波器的工作周期。电路的输出波形如图 3-4(b)所示。

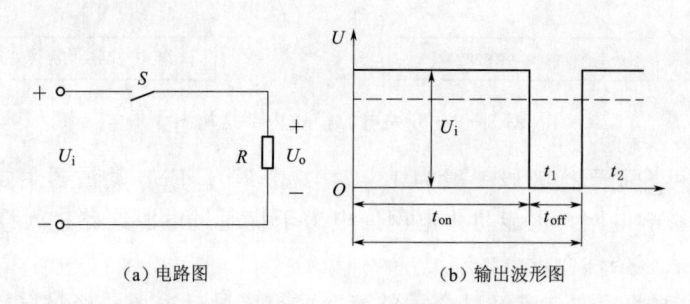

(a) 电路图　　　　(b) 输出波形图

图 3-4　开关式 DC-DC 变换电路

输出电压若定义斩波器占空比为 $D = t_{on}/T$,则由波形图可获得输出电压平均值为

$$U_o = \frac{1}{T}\int_0^{t_1} U_i \mathrm{d}t = \frac{t_{on}}{T} U_i = D U_i \tag{3-1}$$

由式(3-1)可知,当占空比 D 从 0 变化到 1 时,输出电压平均值 U_o 从 0 变化到 U_i。显然,通过调整占空比即可实现控制输出功率的目的。但是从输出结果看,这样的直流输出电压波形是无法实际应用的,还要经过电容器的滤波后才能得到波形比较好的直流电压,如图 3-5 所示。

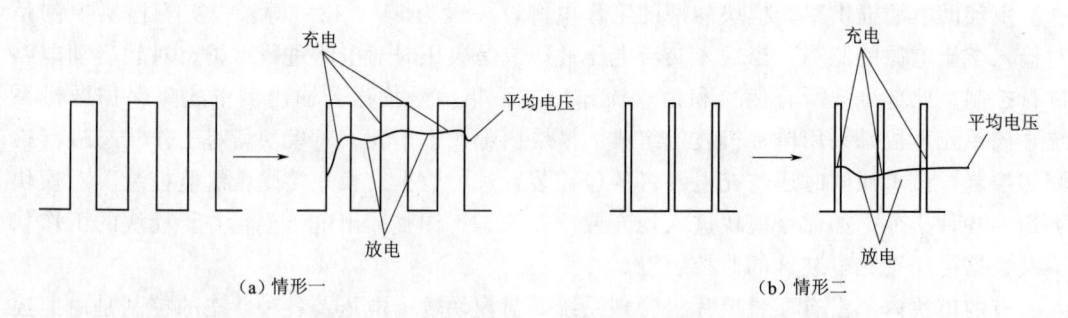

(a) 情形一　　　　(b) 情形二

图 3-5　不同脉宽加电容滤波后的输出电压大小及电压波形

如图 3-5 所示,在前后不同脉宽的作用下,经过电容器滤波后变成比较平滑的不同电压幅值的直流电压,输出电压范围为 $0 \sim U_i$。这就是 PWM 电路原理,即通过控制调整

脉宽而达到控制输出电压和功率的目的。

调整脉宽可以得到我们想要的电压，实际运用中充当开关作用的器件为全控型电力电子开关元件，理论上，开关器件工作在开和关两种状态，器件本身在调整脉宽过程中没有损耗，实际使用电力电子开关器件时，在导通状态下有一个很小的压降、导通时间和关断时间，使开关元件有一定损耗，但与开关器件传输变换的功率相比，其所占的比例很小。通常开关器件损耗所占转换功率的比值均在5%以下，且变化功率越大效率越高。

应用电力电子大功率开关元件极大地提高了电能变换频率，可以使用高频铁氧体磁性材料组成的磁体作变压器，降低了变压器的体积和质量，频率提高的同时又降低了安匝数，减少了铜材的损耗。因此高频开关直流模块电源相比工频直流电源，在同等功率容量的条件下有明显的三大优势，即体积小、耗铜铁材料少、效率高。

高频开关电源还有以下特点：变换频率越高，高频变压器的体积越小，但随着高频开关电源变换频率的提高，对大功率开关器件开关特性和整流二极管开关特性的要求也随之提高。即开关器件的导通和关闭时间短，开关损耗才可以降低，如果开关时间长就会导致元器件剧烈发热而不能正常工作或损坏。

2. PWM 电路形式

应用高频开关电源技术基本原理可以组成各种各样的电能变换电路结构，在大功率电能变换中分为半桥式、全桥式、推挽式三种，目前大功率变换几乎都采用全桥逆变电路。

全桥逆变电路如图 3-6 所示，它由两个半桥逆变电路构成。开关管工作时分别是对角导通，如在 T_1 和 T_4 导通时，加在负载上的电压为 $+U_d$，在 T_3 和 T_4 导通时，加在负载上的电压为 $-U_d$，相比半桥逆变电路在输入电压相同的条件下，其输出电压最大值是半桥逆变电路的 2 倍。

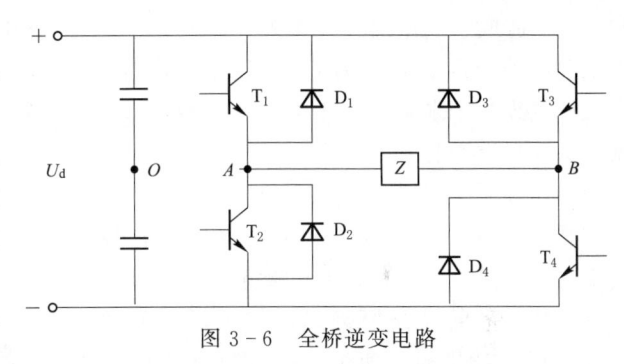

图 3-6 全桥逆变电路

如果输出功率相同，其输出电流和开关电流是半桥逆变电路的 1/2。实际上导通时的开关器件和输出回路均存在电阻分量，电流就减少一半，这部分的损耗将下降到原先的 1/4，因此全桥逆变电路大量运用在目前的高频开关电源模块上。模块使用 380V 或 220V 交流，前者的效率要高于后者；缺点就是元器件的工作耐压要求提高了。

全桥逆变电路与半桥逆变电路相比有以下优点：

(1) 电源电压的利用率提高。

(2) 开关电路的损耗降低。

缺点是多用了两只开关管，稍微增加了成本。随着元器件价格的下降，全桥逆变电路尽管要多用两个开关元件，但由于具有在相同的工作电压下输出功率大、便于控制等方面的优势，仍然具有较大优势。目前的大功率变换几乎都采用全桥逆变电路。

3. PWM 控制方式

全桥逆变器的主电路极有双极性控制方式、有限双极性控制方式、不对称控制方式和移相控制方式，GZDW 型高频开关直流电源模块采用移相控制方式。

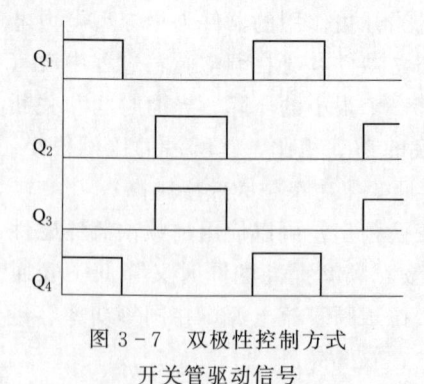

常规的 PWM 控制方式也称为双极性控制方式，其开关管驱动信号如图 3-7 所示，在这种控制方式中，斜对角功率开关管 Q_1、Q_4 为一组，同时导通或截止；Q_2、Q_3 为一组，也同时导通或截止。由开关管的驱动信号（图 3-7）可清楚地看到，两对开关管 Q_1、Q_4 和 Q_2、Q_3 由驱动电路以 PWM 方式控制交替开通和关断，开通时间均不超过半个周期，即开通角均小于 180°。当 Q_1、Q_4 导通时，Q_2、Q_3 上承受的电压为 U，反之亦然；当 Q_1、Q_2、Q_3、Q_4 都截止时，四个开关管上所承受的电压为 $U_{in}/2$。由高频变压器漏感与开关管结电容在开关过程中产生高频振荡所引起的电压尖峰 U_{max}，当 U_{max} 超过输入电压时，箝位二极管（$D_1 \sim D_4$）将导通，使开关管两端的电压被箝位在输入电压上。在这种控制方式下，功率变换是通过中断功率流和控制占空比的方法来实现的，工作频率稳定。开关器件通常工作在硬开关状态下，由于电路中各种杂散参数的影响，开关管在开关过程中的电流尖峰（容性开通）和电压尖峰会很高，一般需要很大的安全工作区并附加缓冲吸收电路。开关管的开关损耗很大，从而限制了开关频率的提高，同时过高的 du/dt 和 di/dt 造成了严重的开关噪声，并且通过开关米勒电容耦合到驱动电路，影响控制与驱动电路的稳定性。由于硬开关限制了变换器的输出功率等级及开关频率的提高，为了解决高频开关损耗问题，在二十世纪八十年代末，一种新型的开关变换器——移相 PWM 控制软开关变换器被提出来了。

图 3-7 双极性控制方式开关管驱动信号

移相控制方式是近年来在全桥逆变电路拓扑中广泛应用的一种软开关控制方式。这种控制方式实际上是谐振变换技术与常规 PWM 变换技术的结合，其基本的工作原理是：每个桥臂的两个开关管 180°互补导通，两个桥臂的导通之间相差一个相位 α，即为所谓的移相角，通过调节此移相角的大小来调节输出电压脉冲宽度，在变压器副边得到占空比 D 可调的正负半周对称的交流方波电压，从而达到调节相应的输出电压的目的。图 3-8 所示为移相控制方式时的开关管驱动信号图。

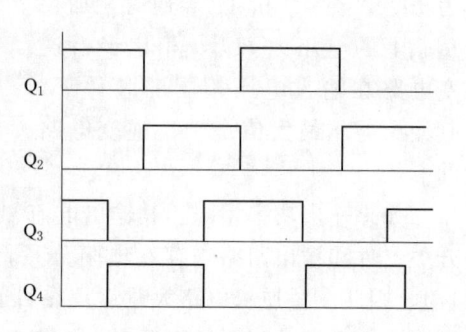

图 3-8 移相控制方式开关管驱动信号

移相 PWM 控制方式利用开关管的结电容和高频变压器的漏感作为谐振元件。利用高频变压器的漏感储存能量在功率开关管关断或导通时，让该能量对开关管内部的结电容进行充放电，从而在开关管动作前使开关管两端的电压自然降至零，使全桥变换器的四个开关管依次在零电压下导通，在缓冲电容的作用下零电压关断，从而有效地降低了电路的开关损耗和开关噪声，减小了器件开关过程中所产生的电磁干扰，为变换器装置提高开关频率、提高效率、降低尺寸及重量提供了良好的条件。要实现 PWM DC-DC 全桥变换器的软开关，必须引入超前桥臂和滞后桥臂的概念，定义斜对角两只开关管中先关断的开关管组成的桥臂为超前桥臂，后关断的开关管组成的桥臂为滞后桥臂。超前桥臂只能实现零电压开关 ZVS（zero‑voltage‑switching），并且很容易实现零电压开关，不能实现零电流开关 ZCS（zero‑current‑switching）。滞后桥臂可分别实现 ZVS 和 ZCS。但实现 ZVS 时较超前桥臂困难。

根据超前桥臂和滞后桥臂实现软开关方式的不同，可以将软开关 PWM 全桥逆变器分为两大类：一类是 ZVS PWM 全桥逆变器，其超前桥臂和滞后桥臂都可实现 ZVS，无论是超前桥臂还是滞后桥臂，为了实现 ZVS，有必要在开关管两端并联电容，或者利用开关管自身的输出电容；另一类是零电压零电流开关（ZVZCS）PWM 全桥逆变器，其超前桥臂实现 ZVS，滞后桥臂实现 ZCS，对于滞后桥臂，为了实现 ZCS，不能在开关管两端并联电容。它们均采用移相控制方式。

从实现变换装置小型化和轻量化的角度考虑，双极性控制方式和不对称方式不太适合中大功率应用场合。有限双极性控制方式和移相控制方式具有更多的优越性，更适合中大功率的场合，其拓扑结构及控制的方式一直是人们研究的热点方向。

3.2.2.5 模拟控制原理

高频开关电源模块输出电压的调整有内部控制和外部控制两种模式。

当监控装置与高频开关电源模块的控制线没有连接时，模块工作在内部设定的固有输出电压，例如：110V（220V）直流系统在没有降压硅情况下，蓄电池与直流母线直连时模块的固有输出电压一般设定在 117V（232V），并且所有模块的输出电压均设置为同样的定值。

当监控装置与高频开关电源模块相连时，模块内部输出电压控制自动转接到与监控装置所连的控制总线，该控制总线输出一个统一的控制电压。所有模块输出电压均以此为标准，随着电压调控而改变输出电压。同时，监控装置对模块的输出电压进行采样，将采样值与监控装置内部的设定值进行比较，并调整控制总线的电压，使直流输出电压保持在监控装置的设定值上。

这种通过控制总线电压的变化来调整所有模块输出电压的方式，称为模拟控制，其总线图如图 3-9 所示。

图 3-9 中控制总线的右侧是高频开关电源模块并机工作，输出电压经 R_1 和 R_2 分压，将 R_2 上的采样电压反馈到监控装置，与监控装置设定电压比较后调整控制总线上的电压控制，高频开关电源模块根据控制总线上的电压控制大小，调整高频开关电源模块输出电压。如果模块输出电压偏高，反馈到监控装置中的电压将增大，监控装置输出的控制电压下调，使模块输出电压降低，达到输出稳压和控制的目的。

控制总线中的均流控制使各模块间输出电流平衡，不受监控装置控制，即便监控装置退出运行，该均流控制仍起到作用。因此通过电压控制和均流控制，模块输出的电压稳定、各模块电流平均。

3.2.2.6 数字控制原理

当高频开关电源模块与监控装置通过数据通信线相连时，模块内部输出电压将通过数据通信方式接受监控装置发出的控制指令，调整模块的输出电压，模块对输出电压进行采样，与上级监控装置发出的设定值进行比较，控制输出电压达到设定值。数字控制原理框图如图 3-10 所示。

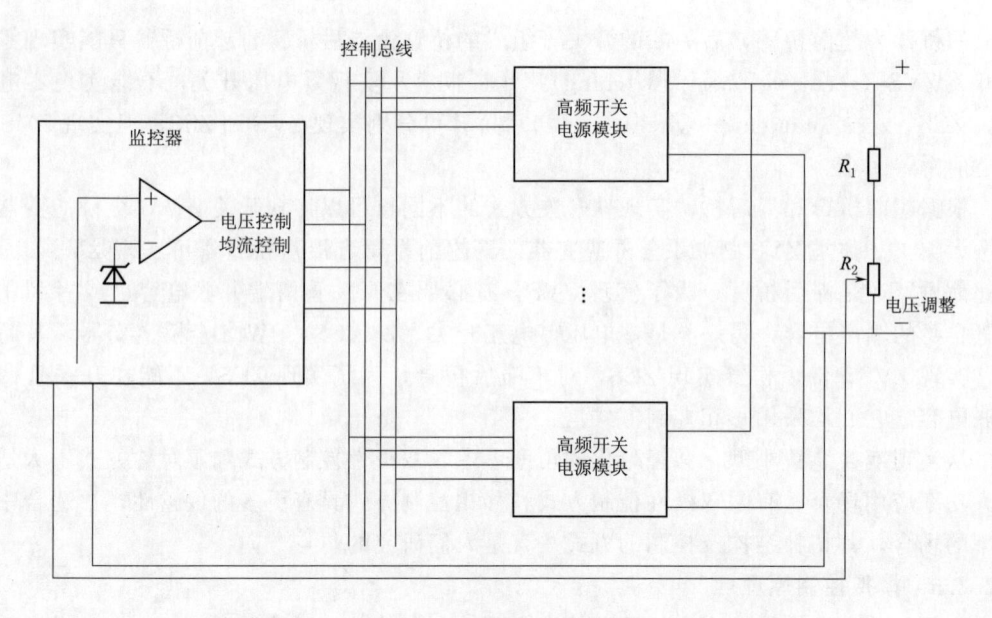

图 3-9 模拟控制总线图

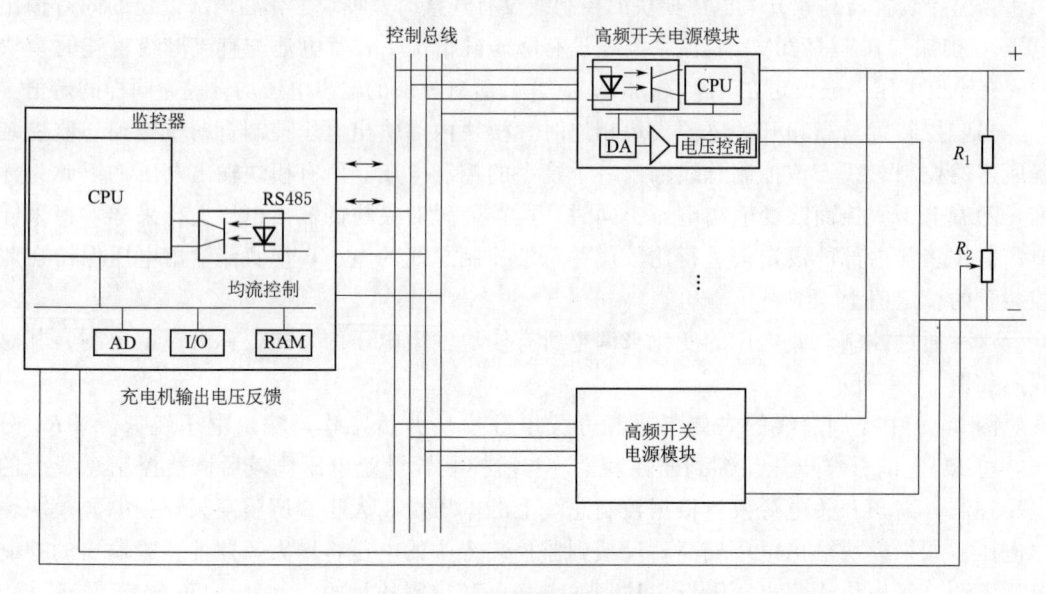

图 3-10 数字控制原理框图

图 3-10 中，监控装置通过 RS485 总线相连，组成监控装置和模块通信的主从结构，监控装置向模块发出模块电压设定值的数码指令，模块中内置 CPU 计算机系统接收后，通过数/模变换变成电压控制信号，控制模块输出电压。

当数据线发生故障时，模块 CPU 继续保持执行原来的电压控制指令，直到下一个调控指令才能改变输出电压。

如果模块接收到监控装置发出的错误指令，模块会自动判断这个指令的有效性，通过数据通信交换对该指令进行确认。超出均充电压的指令或超过 CPU 内部设定最低的电压控制信号将不予执行，保证输出电压的可靠性，通信控制中发生干扰对模块将不起作用，模块将等待下一次指令，通过 N 次确认后执行，保证输出电压的稳定性和可靠性。

3.2.2.7 保护功能

1. 输出过电压保护

输出电压过高会对用电设备造成灾难性事故，为杜绝此类情况发生，高频开关电源模块内有过电压保护电路，出现过电压后模块自动锁死，相应模块故障指示灯亮，故障模块自动退出工作而不影响整个系统正常运行。

2. 输出限流保护

每个模块的输出功率受到限制，输出电流不能无限增大，因此每个模块输出电流最大限制为额定输出电流的 1.05 倍，如果超负荷，模块自动调低输出电压以保护。

3. 短路保护

整流模块输出特性如图 3-11 所示，输出短路时模块在瞬间把输出电压拉低到零，限制短路电流在限流点之下，此时模块输出功率很小，以达到保护模块的目的。模块可长期工作在短路状态而不会损坏，排除故障后模块可自动恢复工作。

4. 并联保护

每个模块内部均有并联保护电路，绝对保证故障模块自动退出系统，而不影响其他正常模块工作。电源模块并机输出示意图如图 3-12 所示。

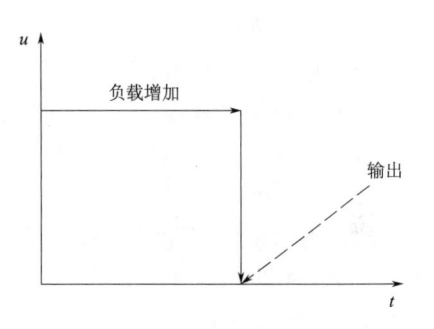

图 3-11 整流模块输出特性

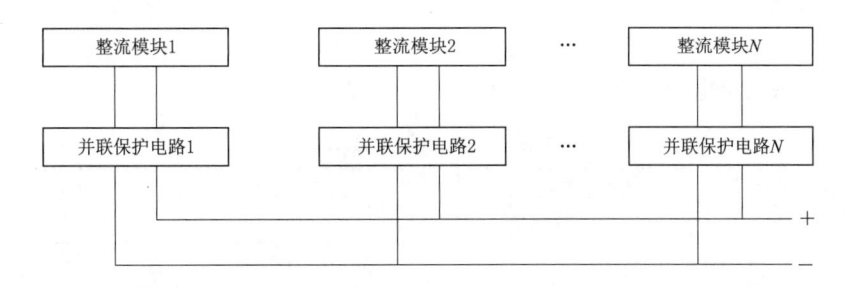

图 3-12 电源模块并机输出示意图

5. 过热保护

过热保护主要是保护大功率变流器件，这些器件的结温和电流过载能力均有安全极限值，正常工作情况下，系统设计留有足够裕量；在一些特殊环境下，如果环境温度过高、风机停转等情况下，模块检测散热器温度超过 90℃ 时自动关机保护，温度降低到 80℃ 时模块自动启动。

6. 过电流保护

过电流保护主要保护大功率变流器件，在变流的每一个周期，如果通过电流超过器件承受电流，关闭功率器件，达到保护功率器件的目的。过电流保护可自动恢复。

7. 测量功能

测量电源模块输出电压和电流以及模块的工作状态,并通过LCD显示,使用者可直观、方便地了解模块和系统工作状态。

8. 故障报警功能

在出现故障时模块会发出声光报警,同时LCD上显示故障信息,用户能方便地对模块故障进行定位,便于及时排除故障。

9. 设置功能

(1) 模块输出电压设置。根据设置的模块工作母线、充电状态、浮充电压、均充电压、控母输出电压等参数确定电源的输出电压。

(2) 无级限流。通过监控系统可在5%～105%额定电流内任意设置限流点,限流点通过了LCD和按键设置,根据设置的模块工作母线、合母限流、控母限流等参数确定模块输出限流。

10. 校准功能

(1) 电压测量校准。通过LCD和按键校准模块输出电压测量。

(2) 电流测量校准。通过LCD和按键校准模块输出电流测量。

(3) 输出电压控制校准。通过LCD和按键校准模块输出电压控制。

11. 通信功能

模块通过RS485和主监控之间通信,主监控通过通信实现模块参数设置,采集模块工作参数,控制模块工作状态。

3.2.2.8 技术要求

根据《电力用高频开关整流模块》(DL/T 781—2021),相关技术要求如下所示。

1. 绝缘电阻

模块交流输入回路对地、直流输出回路对地、交流输入与直流输出之间的绝缘电阻均应大于10MΩ,绝缘电阻测试仪的试验电压等级见表3-1。

表3-1　　　　　　　　　　绝缘试验的试验电压等级

额定绝缘电压 U_i /V	绝缘电阻测试仪的电压等级/V	工频试验电压 /kV	冲击试验电压 /kV
$U_i \leqslant 63$	250	0.5 (0.7)	1
$63 < U_i \leqslant 300$	500	2.0 (2.8)	5
$300 < U_i \leqslant 600$	1000	2.5 (3.5)	8

注　括号内数据为直流耐压试验值。

2. 电压和电流调节范围

交流输入电压波动范围不超过额定值的-15%～+20%,模块的输出电压值和输出稳流值调节范围应符合以下规定:

(1) 模块在稳压状态下,输出电流在额定值的0～100%范围内,其输出电压值调节范围不应低于标称输出电压的90%～130%。

(2) 模块在稳流状态下,输出电压在(1)所规定的范围内,其输出稳流值调节范围不应低于标称输出电压的20%～100%。

3. 稳流精度

输入电压波动范围不超过额定值的－15%～+20%、输出电压值调节范围不应低于标称输出电压的90%～130%、输出电流在额定值的0～100%范围内时，稳流精度不应超过±1%。

4. 稳压精度

输入电压波动范围不超过额定值的－15%～+20%、输出电流在额定值的2%～100%范围内、输出电压值调节范围不应低于标称输出电压的90%～130%，其稳压精度不应超过±0.5%（标称电压48V的模块，输出电流在额定值的5%～100%范围内，稳压精度不应超过±0.6%）。

5. 波纹系数

输入电压波动范围不超过额定值的－15%～+20%、输出电流在额定值的2%～100%范围内、输出电压值调节范围不应低于标称输出电压的90%～130%，其输出电压的波纹系数不应超过0.5%［标称电压48V的模块，输出电流在额定值的5%～100%范围内，其输出电压的纹波峰-峰值（峰-峰值杂音）不应超过200mV］。

6. 均流不平衡度

在额定输入电压和稳压输出条件下，多模块（模块数量不少于3）并联运行时，各模块应能均分负载电流。输出电流在额定电流的50%～100%范围内，均流不平衡度不应超过±5%

7. 效率与功率因数

输出功率1.5kW以上的模块，效率不应低于90%；输出功率1.5kW及以下的模块，效率不应低于85%。所有功率等级的模块，输入功率因数不应低于0.9。

8. 输出电压整定误差

整定误差不应超过±1.0%。

9. 谐波电流

模块在额定输入电压、额定输出电压和110%标称输出电压的条件下，其交流输入的各次谐波电流含有率不应超过30%。

10. 动态电压瞬变范围和瞬变响应恢复时间

由于负载突变引起的模块输出电压变化，其动态电压瞬变范围不应超过额定输出电压的±5%，瞬变响应恢复时间不应超过200μs。

11. 通信故障

当模块与监控装置通信中断的时间超过模块出厂设定值时，模块应自动转为浮充电状态。通信恢复正常后，应能按监控装置的指令运行。

12. 过温保护

当模块内部温度达到设定的保护值时，应能自动保护并发出报警信号，故障排除后，应能自动恢复原工作状态。

13. 过载和短路保护

当模块输出过载或短路时，应自动进入输出限流保护状态，故障排除后应能自动恢复到原工作状态。

3.3 充电装置的选型与安装

3.3.1 充电装置选型要求

充电装置选取高频开关电源模块应满足下列要求：

(1) $N+1$ 配置，并联运行方式，模块总数宜不小于 3 块。

(2) 监控单元发出指令时，按指令输出电压、电流，脱离监控单元，可输出恒定电压给电池浮充。

(3) 可带电拔插。

(4) 充电装置及各发热元器件的极限温升满足表 3-2 要求。

(5) 500kV 变电站及重要的 220kV 变电站。此类变电站直流系统应充分考虑设备检修时的冗余，应满足两组蓄电池、两组或三组充电装置的配置要求（500kV 变电站配置三组充电装置），每组蓄电池和充电装置应分别接于一段直流母线上，第三台充电装置可在两段母线之间切换，任一工作充电装置退出运行时，手动投入第三台充电装置且备用充电装置要按同容量配置，蓄电池事故放电时间应不少于 2h。

表 3-2 充电装置及各发热元器件的极限温升

部件或器件	极限温升/℃	部件或器件	极限温升/℃
整流管外壳	70	整流变压器、电抗器 B 级绝缘绕组	80
晶闸管外壳	55		
降压硅堆外壳	85	铁芯表面	不损伤相接触的绝缘零件
电阻发热元件	25		
与半导体器件的连接处	55	钢与钢接头	50
与半导体连接件的塑料绝缘线	25	钢搪锡和铜搪锡接头	60

(6) 220kV 变电站。220kV 变电站一般采用双母线接线，由两组充电装置、两组蓄电池、两段母线构成，互为备用。

(7) 110kV 及以下变电站。110kV 及以下变电站一般采用单母线接线，由一组充电装置、一组蓄电池、一段母线构成，结构简单。

3.3.2 并联运行均流控制方法

变电站直流系统采用高频开关降压型 DC-DC 变换器代替传统的硅链或硅堆来调节控制母线电压，实现对控制母线电压的自动、连续调节；采用 $N+1$ 冗余 IGBT 高频开关整流模块并联方式供电，系统的扩展性强。

1. 并联均流控制目的

在实际应用中，往往由于一台直流电源的输出参数（如电压、电流、功率）不能满足要求，而满足这种参数要求的直流电源存在重新开发、设计、生产的过程，势必加大电源的成本、延长交货时间、影响工程进度。因此在实用中往往采用模块化的构造方法，采用一定规格系列的模块式电源,按照一定的串联、并联方式,实现输出电压、输出电流、输出功率扩展。在设计中采用电源并联技术可达到以下目的:采用标准化设计,减少产品种类;每个电源变换模块只需处理较小的功率,降低电源模块功率器件的电流应力,提高系统可靠性;输出功率可以扩展,可实现大功率电源供电系统。通过 $N+1$、$N+2$ 冗余实现容错功能,带电热插拔,便于在不影响系统正常工作的情况下,对电源系统进行维护,实现供电系统的不间断供电。

并联均流控制技术的研究与应用是实现大功率分布式电源的关键。变电站采用的是 $N+1$ 冗余供电方式,所以对于并联均流控制的研究尤为重要。多个独立的模块单元并联工作,采用均流技术,所有模块共同分担负载电流,一旦其中某个模块失效,其他模块即平均分担负载电流。这样,不但提高了功率容量,在器件容量有限的情况下满足了大电流输出的要求,而且通过增加相对整个系统来说功率很小的冗余电源模块,极大地提高了系统可靠性,即使出现单模块故障,也不会影响系统的正常工作,同时为修复提供了充分的时间。

对若干个开关变换器模块并联的电源系统的基本要求是:

(1) 每个模块承受的电流必须能自动平衡,实现均流。

(2) 为了提高系统的可靠性,每个模块应尽可能地设计为具有独立的均流控制单元而不增加外部均流控制措施,以利于均流技术与其余技术相结合。

(3) 负载电流和电网电压变化时,输出电压要稳定,且均流的动态响应要好。

(4) 具有公共均流母线时,其带宽应小,以降低输出噪声。

并联均流控制的主要目的有:①当负载变化时,每台负载的输出电压变化相同;②使每台电源的输出电流按功率份额均摊。

2. 输出阻抗法

输出阻抗法通过调节开关变换器的外特性倾斜度(即调节输出阻抗)以达到并联模块接近均流的目的,国外文献中称为 Droop(下垂、倾斜)法,有的文献也称为电压调整率法。

图 3-13(a)表示一个开关变换器外特性(或称输出特性)$V_O=f(I_O)$,R 为开关变换器的输出阻抗,其中也包括这个开关变换器模块连接到负载的导线或电缆的电阻。空载时,模块输出电压为 V_{Omax}。可知,当电流变化量为 ΔI 时,负载电压变化量为 ΔV,故得 $V/\Delta I=R$,R 即为该模块的输出阻抗。实际上,$\Delta V/\Delta I$ 指的是模块电流增加了 ΔI 时,模块输出电压的降落 ΔV 大小,因此 $\Delta V/\Delta I$ 也代表开关电源的输出电压调整率。

由图 3-13(b)可见,开关变换器的负载电压 V_O 与负载电流 I_O 的关系可表示为

$$V_O = V_{Omax} - RI_O \tag{3-2}$$

对两台相同容量、具有相同参数的开关变换器相互并联的情况,则有

$$V_{O1} = V_{Omax} - R_1 I_{O1} \tag{3-3}$$

$$V_{O2} = V_{Omax} - R_2 I_{O2} \tag{3-4}$$

R_1、R_2 分别为模块 1 和模块 2 的输出阻抗,设 R_L 为负载电阻,可得

$$I_{O1} = \frac{[R_2 V_{O1} + (V_{O1} - V_{O2})R_L]}{R_X} \tag{3-5}$$

(a) 特性曲线　　　　　　　　　　　　　(b) 电路图

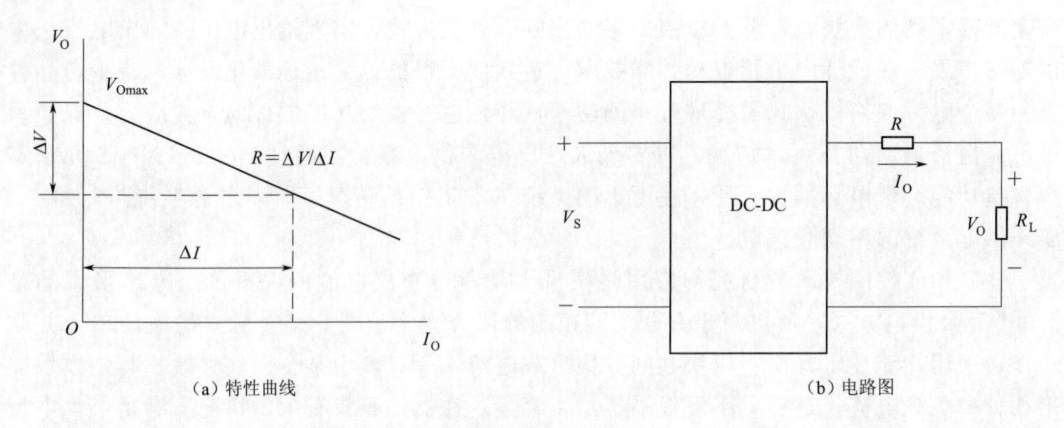

图 3-13　开关变换器的外特性 $V_O = f(I_O)$

$$I_{O2} = \frac{[R_1 V_{O2} + (V_{O2} - V_{O1})R_L]}{R_X} \tag{3-6}$$

由图 3-14 可以看出，当负载电流为 $I_L = I_{O1} + I_{O2}$ 时，负载电压为 V_{O1}，按两个模块的外特性倾斜率（也即电压调整率）来分配负载电流斜率 I_L 不相等，电流分配也不相等；当负载电流增大到 $I'_L = I'_{O1} + I'_{O2}$ 时，负载电压为 V_{O2}。显见，模块 1 外特性斜率小（输出阻抗小），分配电流的增长量比外特性斜率大的模块 2 增长量更大。如果能设法将模块 1 的外特性斜率调整得接近模块 2，则可使这两个模块的电流分配接近均匀。此种方法是最简单的实现均流的方法，本质上属于开环控制。

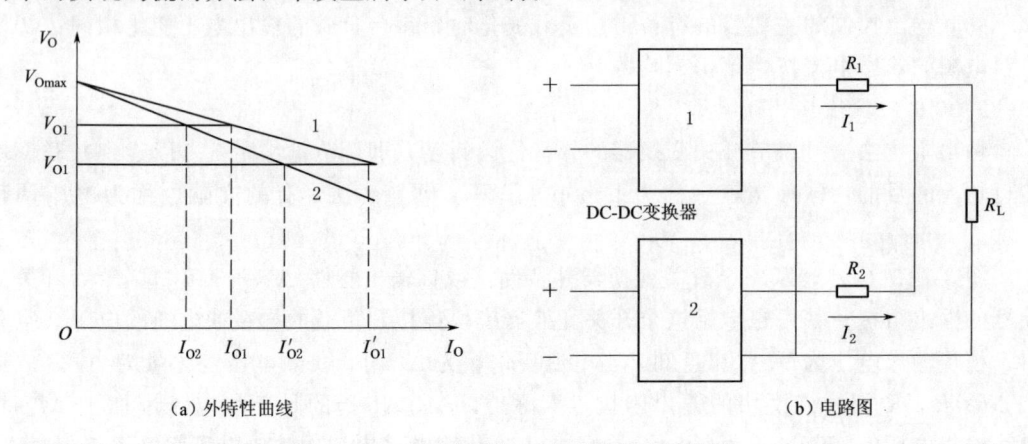

(a) 外特性曲线　　　　　　　　　　　　(b) 电路图

图 3-14　两台并联的开关变换器及外特性

其缺点是：电压调整率下降；为了达到均流，每个模块必须个别调整；对于不同额定功率的并联模块，难以实现均流。

由于输出阻抗法均流的系统电压调整率差，因此这一方法不可能用在对电压调整率要求很高（例如 3% 或小于 3%）的电源系统中。

3. 主从设置法

这一方法适用于电流型控制并联开关电源系统中。所谓电流型控制是指开关电源模块中有电压控制和电流控制，形成双闭环系统，电流环是内环，电压环是外环。主从控制法均流的精度很高，其存在的最大缺点是一旦主控电源出现故障，整个系统将完全失控。另外，由于系统在统一的误差电压控制下，任何非负载电流引起的误差电压的变化（譬如输出电压取样反馈回路感应的交调噪声等其他原因造成的误差电压变化），都会导致各并联电源电流的再分配，从而影响均流的实际精度。通常希望主控电源电压取样反馈回路的带宽不宜太宽，主、从电源间的连接应尽量简短。

主从设置法是并联的 n 个变换器模块中，人为指定其中一个为主模块（master module），而其余各模块跟随主模块分配电流，称为从模块（slave-modules）。图 3-15 给出 n 个 DC-DC 变换器模块并联的主从设置法均流控制原理示意图，其中每个模块都是双环控制系统。设模块 1 为主模块，按电压控制规律工作，其余的 $n-1$ 个模块按电流控制方式工作。V_r 为主模块的基准电压，V_f 为输出电压反馈信号。经过电压误差放大器，得到电压误差 V_e，它是主模块的电流基准，与 V_{11}（反映主模块电流 I_1 大小）比较后，产生控制电压 V_c，控制脉宽调制器和驱动器（图中未画出驱动器）工作。于是主模块电流将按电流基准 V_e 调制，即模块电流近似与 V_e 成正比。

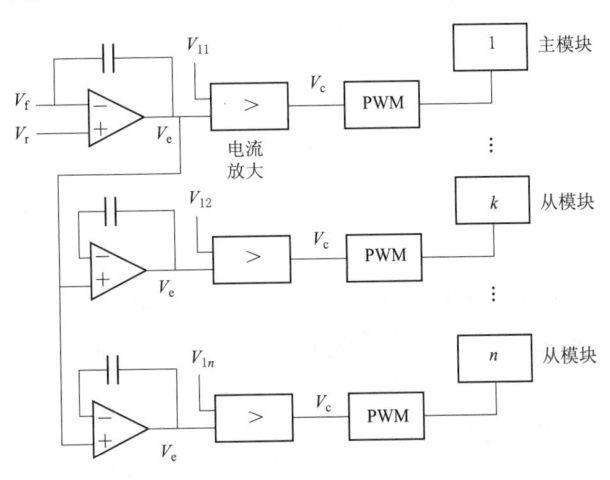

图 3-15 主从设置法均流控制原理示意图

各个从模块的电压误差放大器接成跟随器形式，主模块的电压误差 V_e 输入各跟随器，于是跟随器输出均为 V_e，即为从模块的电流基准，因此各个从模块的电流都按同一 V_e 值调制，与主模块电流基本一致，从而实现了均流。

这种均流方法的精度比较高，但它的缺陷是，一旦系统所选定的主模块失灵，则整个系统就瘫痪了，因此这个方法不适用于冗余并联系统。由于系统在同一个误差电压控制下，任何的非负载电流变化引起的误差电压变化，均能引起电流的重新分配，从而影响均流的实际精度，而且电压环的带宽大，容易受到外界噪声干扰。

4. 平均电流法

应用这一方法，要求并联各模块的电流放大器输出端（如图 3-16 的中点 a）通过一个电阻 R 接到一条公用母线上，称为均流母线（share bus），其带宽应较窄。

图 3-16 中电压放大器输入为 V_r' 和反馈电压 V_f，V_r' 是基准电压 V_r 和均流控制电压 V_c 的综合，它与 V_f 进行比较放大后，产生 V_e（电压误差），控制 PWM 给驱动器。V_1 为电流放大器的输出信号，和模块的负载电流成比例，V_b 为母线电压。现在讨论两个模块并联（$n=2$）的情况，V_{11} 及 V_{12} 分别为模块 1 和模块 2 的电压信号，都经过阻值相同的电阻 R 接到母线 b 点，因此，当流入母线的电流为零时，可得

$$(V_{11}-V_b)/R+(V_{12}-V_b)/R=0$$
$$\text{或 } V_b=V_{11}+V_{12} \tag{3-7}$$

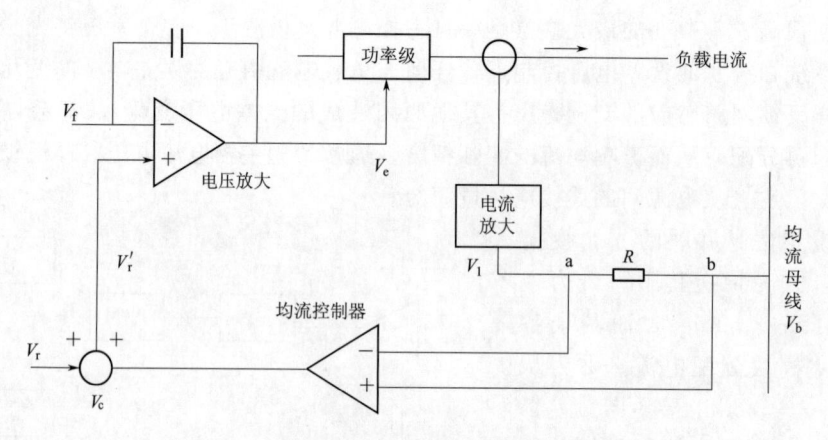

图 3-16　平均电流法自动均流控制电路原理图

即母线电压 V_b 是 V_{11} 和 V_{12} 的平均值，也代表了模块 1、模块 2 输出电流的平均值。V_1 和 V_b 之差代表均流误差，通过调整放大器（adjustment amplifer）输出一个调整用的电压 V_c。（V_b 可能大于 V_1、也可能小于 V_1，误差由 V_c 进行调整）。当 $V_1 = V_b$ 时，电阻 R 上的电压为零，$V_e = 0$，表明这时实现了均流。当 R 上有电压出现，说明模块间电流分配不均匀，V_1 不等于 V_b，这时基准电压将按 $V_r' = V_r \pm V_c$ 修正，相当于通过调整放大器改变 V_r'，以达到均流的目的。这就是按平均电流（即按 V_b）法实现自动均流的原理。

平均电流法可以精确地实现均流，当具体应用时，会出现一些特殊问题。例如，当均流母线发生短路和接在母线上的任一个模块不能工作时，母线电压下降，将促使各模块电压下调，甚至到达其下限，结果造成故障。而当某一模块的电流上升到其极限值时，该模块的 V_1 大幅度增大，也会使它的输出电压自动调节到下限。

5. 热应力自动均流法

这一均流方法按每个模块的电流和温度（即热应力）自动均流。图 3-17 给出热应力自动均流法控制电路原理图。

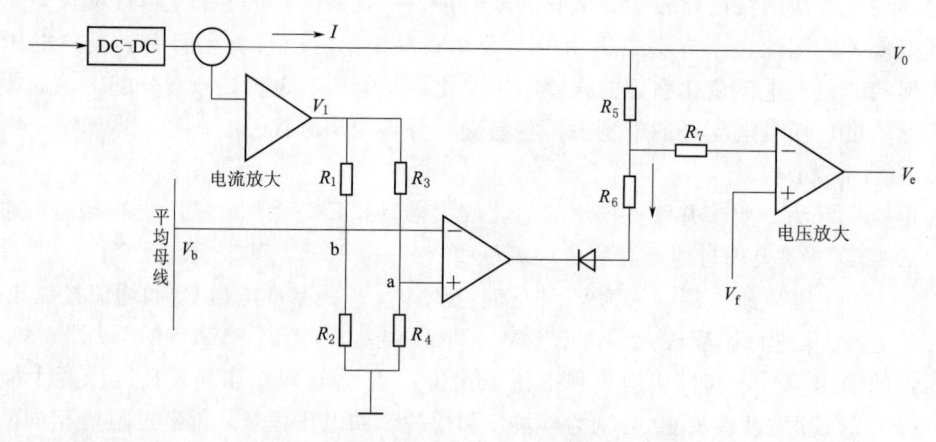

图 3-17　热应力自动均流法控制电路原理图

模块负载电流经检测、放大后，输出一个低带宽电压 V_1，即

$$V_1 = kIT^a \tag{3-8}$$

式中 k、a——常数;
$\quad\quad T$——与模块运行温度成正比;
$\quad\quad I$——模块平均输出电流。

因此,每个模块的电流和温度决定了模块间均流的程度。电压 V_r 与模块电流成正比,加到一个电阻电桥的输入端,电桥输出(a、b 两点)接一个放大器的输入端;同时 b 点接均流母线。电阻 R_1、R_2 起了加法和平均电路的作用。因此,母线电压 V_b 与 n 个模块平均电流成正比:

$$V_b = \frac{V_{l1} + V_{l2} + \cdots + V_{ln}}{n} \quad\quad (3-9)$$

每个模块的 V_l 值,经过 R_3、R_4 分压电路,在相应的均流控制器的 a 点产生电压 V_a,它反映了该模块的 IT^a 值。V_a 与 V_b 经过窄频带比较器比较,若 $V_a < V_b$,则 R_5 中电流增大,电压放大器输出电压 V_e 发生变化,该模块的输出电压上升从而输出更多电流,使 V_a 接近 V_b。当均流母线有故障时,电阻 R_5 限制了 V_a 偏离 V_b 的最大偏差,以保持系统的正常工作。

电源系统中各并联模块在电源柜中所处的位置不同,结果有的模块温度高,有的模块温度低。按热应力自动均流法,可以在设计电源柜时不必考虑各模块的布置情况。此外,由于回路频带窄,对噪声不敏感,设计时也无须考虑电源对噪声的屏蔽。

6. 外加均流控制器法

应用这个方法时,在每个模块的控制电流中都需要加一个特殊的均流控制器,用以检测并联各模块电流不平衡情况,调整控制信号 V_e,从而实现均流。图 3-18 为 n 个均流控制器的连接图。

图 3-19 中突出了均流控制器 SC,其输入为反映模块负载电流的信号 V_l,由电流放大器(图中未画出)供给,SC 输出 V_c,与基准电压 V_r 和反馈电压 V_f(由电压检测器提供)综合比较后,输出 V_e 经过电压放大器,控制 PWM 及驱动器。各均流控制器的另一端 b 接均流母线。

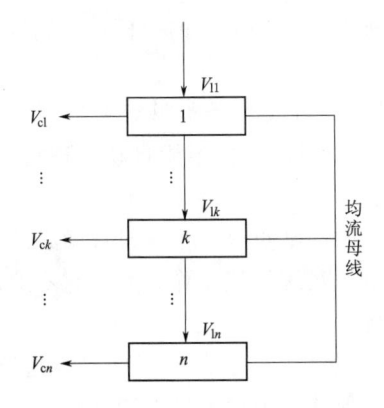

图 3-18 n 个均流控制器的连接图 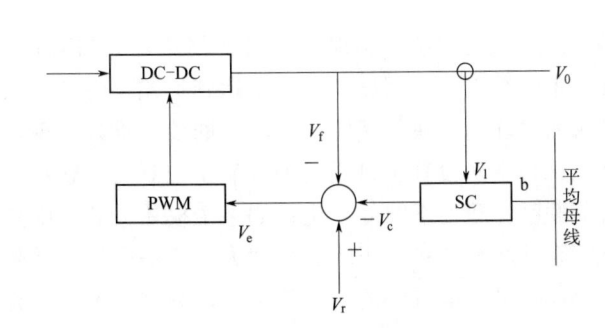　　图 3-19 外加均流控制器的均流控制电路原理图

设 n 个并联的模块输出功率相等，电流检测、放大电路等电路都一样。其中，n 个均流控制器的输入端分别接 V_{l1}、V_{l2}、…、V_{ln}，输出端分别为 V_{c1}、V_{c2}、…、V_{cn}，b 端则并联到均流母线上。

当 $n=2$ 时，均流控制器的工作原理可用图 3-20 来说明。

图中放大器 1 为加法器，放大器 2 为比较器，加法器输入端经开关 S_k（$k=1$，2）接到均流母线。当所有开关 S 都合上时，每个加法器的输出电压 $V_a=(V_{l1}+V_{l2})/2$，即它所反映的是两个并联模块的负载电流平均值。第 k 个均流控制器的 V_a 与 V_{ck} 通过第 k 个比较器比较，如果有差别，表示两个模块负载电流不均衡，该均流控制器若为比例控制，输出电压 V_{ck} 为

$$V_{ck}=-A(V_{lk}-V_a) \tag{3-10}$$

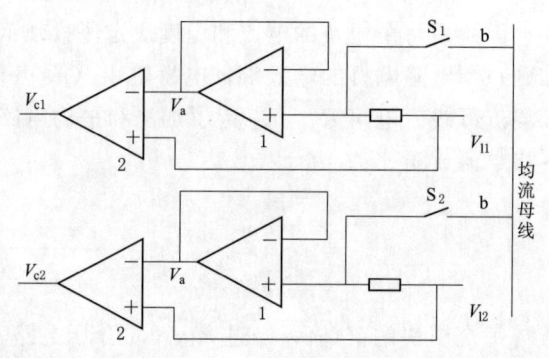

图 3-20　$n=2$ 时均流控制器的工作原理图

式中　A——比例系数，调节第 k 个模块的输出电压，使第 k 个模块电流跟随平均电流，从而实现均流。

对 n 个并联模块来说，如果第 k 个模块失效，则第 k 个均流控制器的开关 S_k 断开，第 k 个 SC 从均流母线上撤出，则这时 V_b 及 V_a 代表剩下的 $n-1$ 个模块的平均电流 $\sum I_m/(n-1)$，其中 $m=1, 2, \cdots, k-1, k+1, \cdots, n$。

根据上述原理，可实现 $n-1$ 个并联模块的均流。

应用这一方法实现自动均流，可使 n 个并联模块的电流不均衡度在 5% 以内。最后应当指出，均流控制器的引入将使并联电源系统的动态过程分析更加复杂，但如果不注意均流控制环的正确设计，将使系统不稳定，或者使系统动态性能变坏。

7. 最大电流法

通过对输出阻抗法、主从设置法、平均电流法这几种均流控制方法的分析，得到以下结论：

（1）输出阻抗法实现起来最为简单，只需要调整模块的外特性就能够容易地实现均流，但其缺点也是明显的：为了达到均流，每个模块必须个别调整，不能自动实现均流；如果所并联的模块的额定功率不同的话，难以实现均流。

（2）主从设置法只适用于电流型控制的并联系统中，它的缺点是：主从模块间必须有通信联系，致使系统复杂化；如果主模块失效，则整个电源系统不能工作，所以它不适用于冗余并联系统；电压环的带宽大，容易受外界噪声干扰。

（3）平均电流法的均流效果好，易实现准确均流，其缺点是：当均流母线发生短路、接在母线上的任一个模块不能工作时，母线电压下降，将促使各模块电压下调，甚至到达其下限结果造成故障。而当某一模块的电流上升到其极限值时，该模块的 V_l 大幅度增

大，也会使它的输出电压自动调节到下限。

这几种方法的优点和缺点都十分突出，因此本书提出采用一种以控制最大电流为目标的自动均流法，即最大电流法。这是一种自动设定主模块和从模块的方法，即在 n 个并联的模块中，输出电流最大的模块将自动成为主模块，而其余的模块则为从模块，它们的电压误差依次被整定，以校正负载电流分配的不均衡，又称为自动主从控制法。由于在 n 个并联的模块中实现没有人为设定哪个模块为主模块，而是按电流的大小排序，电流大的模块，自动成为主模块，所以也称这个方法为"民主均流法"。最大电流法同输出阻抗法相比，受参数影响小，不会因为在实际使用过程中出现了参数变动而影响均流效果，而且也有利于提高系统的效率；同主从设置法和平均电流法相比，它的可靠性更高，不会像主从设置法那样因为指定的主模块发生故障而导致整个并联系统瘫痪，也不像平均电流法那样，当均流母线断路，或任一并联模块不工作时，均流母线上的电流信号将会比每一个模块电源的输出电流都小，导致并联模块的输出电压减小，整个并联系统无法正常工作。因此最大电流法自动均流是目前比较理想的并联电源系统均流方法，目前常采用该方法来实现均流控制。它是在平均电流法的基础上加以改进而成的，改进的部分如图 3-21 所示。

若 a、b 两点间的电阻用一个二极管代替（令 a 点接二极管阳极，b 点接阴极），这时均流母线上的电压 V_b 反映的是并联各模块的 V_1 中的最大值。由于二极管的单向性，只有对电流最大的模块，二极管才导通，a 点方能通过它与均流母线相连。假设正常情况下各模块分配的电流是均衡的，如果某个模块电流突然增大，成为 n 个模块中电流最大的一个，于是 V_1 上升，该模

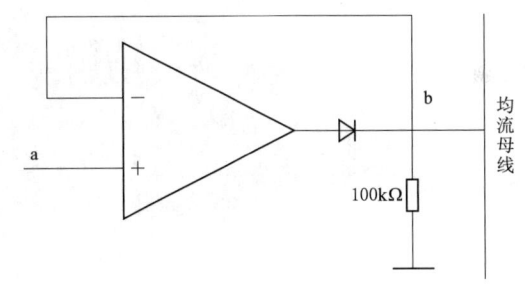

图 3-21 a、b 两点间接一缓冲器

块自动成为主模块，其他各模块为从模块，由前所述可知，这时 $V_b=V_{1max}$。而各从模块的 V_1 与 V_b（即 V_{1max}）比较，通过调整放大器基准电压自动实现均流。

如果单纯以二极管来代替采样电阻，由于二极管总是有正向压降，所以，主模块的均流精度会降低，从而使得模块受到影响。这里可以用图 3-21 所示的缓冲器来代替，从而提高均流精度。而最大电流法依据其特有的均流精度高、动态响应好、可以实现冗余技术等性能，得到了广泛的应用。

变电站采用的是 $N+1$ 冗余供电方式，为提高直流电源系统的可靠性引入了并联均流技术。对并联电源系统来说，重要的是要保证参与并联的模块的输出电流相同，即所谓的均流。均流对减小系统的损耗和开关应力、提高系统的可靠性和改善系统的动态特性等有着重要的影响。均流控制实现的方法有多种，本节主要介绍输出阻抗法、主从设置法、平均电流法、外加均流控制器均流法、热应力自动均流法、最大电流法等几种并联均流控制方法的工作原理和基本特点。通过分析对比这些均流控制方法的优缺点得到结论，最大电流法是目前最为适合的一种均流控制方法。

3.4 母线电压调节装置结构及原理

3.4.1 母线电压调节装置结构

电压调节装置就是降压稳压设备,是合母电压输入降压单元,降压单元再输出到控母,调节控母电压在设定范围内(110V 或 220V)。当合母电压变化时,降压单元自动调节,保证输出电压稳定。

降压单元也是以输出电流的大小来标称的。降压单元目前有有级降压硅链和无级降压斩波两种。有级降压硅链有五级降压和七级降压,电压调节点都是 5V,也就是说合母电压升高或下降 5V 时,降压硅链就自动调节稳定控母电压。无级降压斩波就是一个降压模块,它比降压硅链体积小,没有电压调节点,所以输出电压也比降压硅链要稳定,还有过电压、过电流和电池过放电等功能。不过目前无级降压斩波技术还不是很成熟,常发生故障,所以还是有级降压硅链使用较广泛,如图 3-22 所示。

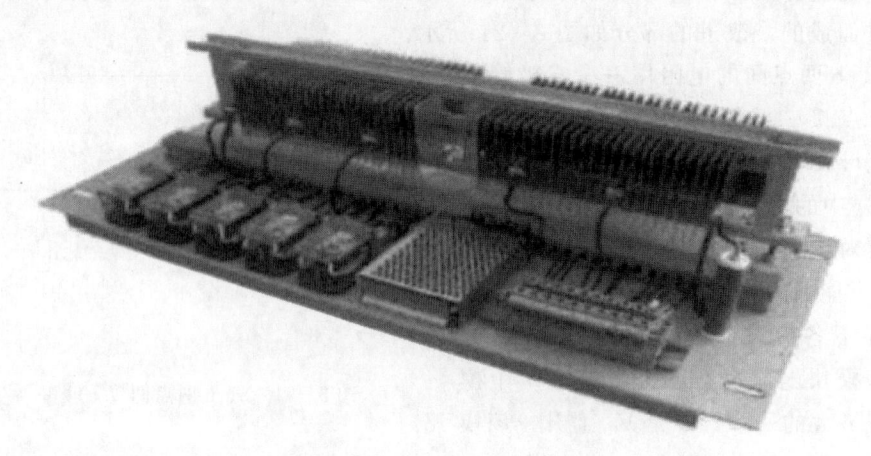

图 3-22 有级降压硅链示意图

3.4.2 母线电压调节装置工作原理

1. 工作原理图

配置 2V、108 只蓄电池的直流屏,因蓄电池组的均充、浮充电压(分别为 254V 和 243V)通常高于控制电压,为保证控制母线为 220V×(1±110%),因此需采用电压调整装置进行调压。在直流屏中常用的调压方法有硅链或硅降压模块及利用无极降压斩波的方法,其中硅链或硅降压模块的降压方法在直流系统中应用最为广泛。7 级硅降压模块降压原理图如图 3-23 所示。

2. 调压原理

在直流电源系统正常运行(当交流正常供电)时,调整硅降压模块加在逆止二极管 D_1 阳极上的电位低于控制高频开关电源模块输出的正极电位,逆止二极管 D_1 处于截止状态,硅降压模块不工作,控制母线电压由控制高频开关电源模块直接提供稳压精度为

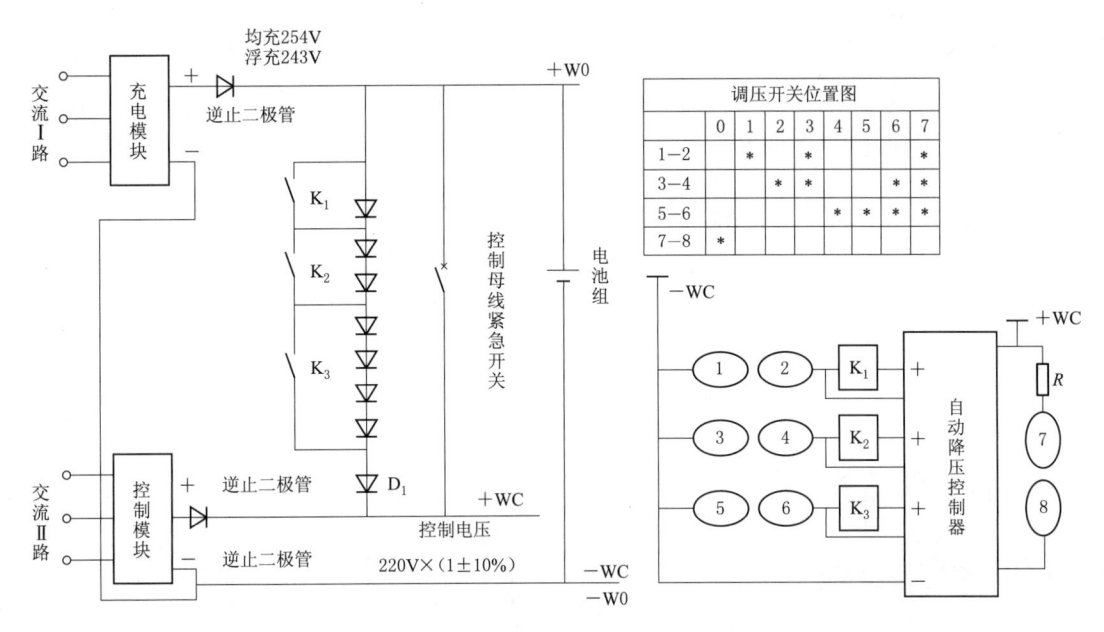

图 3-23 7级硅降压模块降压原理图

±0.5%的220V控制电压。当控制模块故障或交流失电时,控制模块停止工作,控制母线+WC的电压可通过蓄电池经降压单元来提供。

图中$K_1 \sim K_3$是三个调压继电器,它们的动合接点分别与一个、两个和四个硅降压模块相连(每一个降压模块可降压5.6V,7个降压模块最大降压值为39V),它们的线圈可由自动降压控制器自动控制或通过调节万转开关手动控制。

自动降压控制器由取样单元实时监测控制母线电压,当控制母线电压过高或过低时,自动降压控制器可根据电压的高低自动地分别使$K_1 \sim K_3$三个调压继电器接通或断开,改变穿入降压回路的降压模块数量,从而使控制电压达到220V×(1±10%)。

如当交流失电时,若蓄电池处于浮充状态,此时蓄电池组电压为243V,为保证控制母线电压为220V则应降压23V。此时,自动降压控制器自动接通K_1和K_2线圈,K_1和K_2的接点闭合,短接3个降压模块,蓄电池经4个降压模块降压,降压值为4×5.6=22.4(V),实际控制电压为243-22.4=220.6(V),从而保证控制电压为220V×(1±10%)的范围内。

第4章 监 控 装 置

4.1 监控装置概述

4.1.1 监控系统简介

监控系统是整个直流系统的控制、管理核心,其主要任务是对系统中各功能单元和蓄电池进行长期自动监测,获取系统中的各种运行参数和状态,根据测量数据及运行状态及时进行处理,并以此为依据对系统进行控制,实现电源系统的全自动管理,保证其工作的连续性、可靠性和安全性。

监控系统原理图如图4-1所示

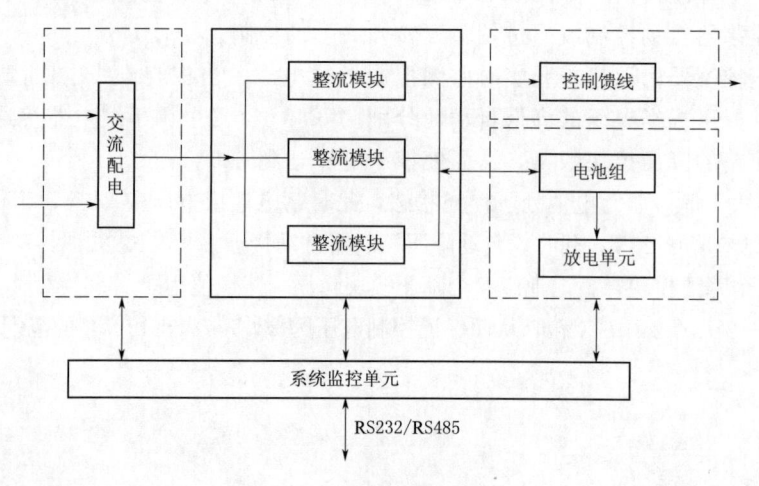

图 4-1 监控系统原理图

4.1.2 监控系统结构

监控系统主要由交流进线监控模块、充电监控模块和直流馈线监测模块等模块组成。

1. 交流进线监控模块

交流进线监控模块主要是测量系统交流电源部分的运行参数,并通过 RS485 接口传送给电源系统的总监控装置且同时接收总监控装置发来的各种控制命令。如图4-2所示，交流进线监控模块由 YL-ZK01 主控模块、YL-JL03 交流采集单元组成。

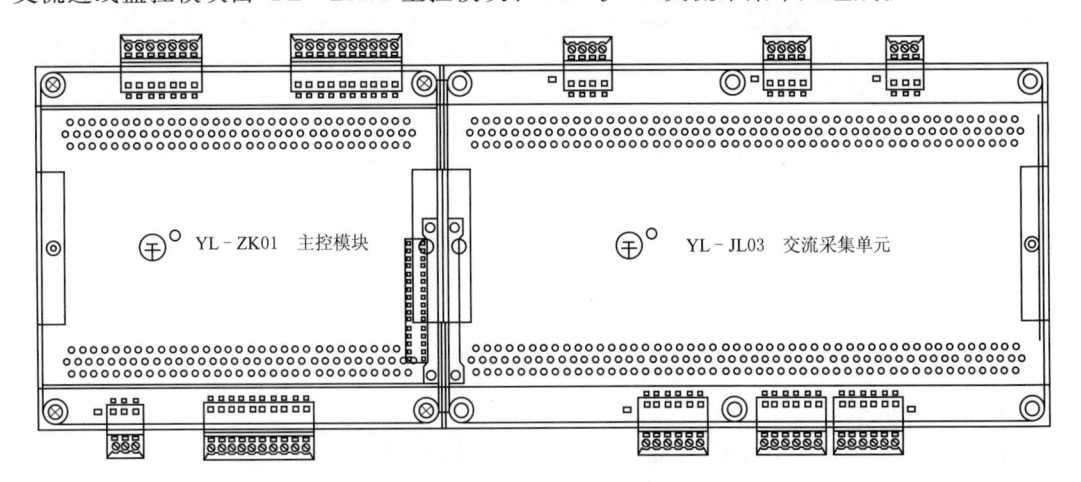

图 4-2 交流进线监控模块组成

交流进线监控模块主要实现如下功能：

（1）交流电源部分开关量和模拟量采集功能。完成馈线开关状态、母联开关状态、避雷器状态、交流开关状态等开关量采集，完成两路三相交流电压和两路三相交流电流的模拟量采集。

（2）通信功能。提供隔离的 RS232/RS485 串行接口，完成与上级智能模块的通信，具有容错功能。

（3）告警功能。当出现告警时，采集单元发出光（LED 指示）报警，并提供交流电压异常故障等告警空接点。

2. 充电监控模块

充电监控模块是对充电单元进行测量和控制的核心部分，每套充电装置必须配备一套充电监控模块，功能如下：

（1）应能综合分析充电单元各种数据和信息，对整个充电单元实施控制和管理。

（2）充电监控模块应能适应充电单元各种运行方式，并具有液晶汉显人机对话界面和与信息一体化平台进行信息交互等功能。

（3）充电监控模块应能显示充电单元两路交流输入电压、各充电模块输出电压和电流、母线电压、母线电流、蓄电池电压、蓄电池电流、蓄电池组温度及各种历史故障等信息。

（4）充电监控模块应具有故障告警功能，告警信息包括：交流输入过电压、欠电压、缺相，直流母线过电压、欠电压，充电模块故障，蓄电池组过电压、欠电压，蓄电池单体过电压、欠电压等。同时充电监控模块应具有自身故障硬接点输出。

3. 直流馈线监测模块

直流馈线监测模块应具有的主要功能有：在线监测直流母线对地绝缘状况（包括直流母线和各馈线支路绝缘状况），自动检测出故障支路，能监测母线正对地、母线负对地电压，能检测出每个支路的正对地电阻和负对地电阻。

被测母线及支路正极、负极对地绝缘电阻报警值可由直流馈线监测模块设置，报警值宜设置为7k（DC110V电压等级）、25k（DC220V电压等级），母线对地电压检测误差不大于±2％，支路电阻检测误差不大于±10％。

4.1.3 监控装置结构

监控装置是由微型计算机来实现的，根据目前监控装置使用的形式，大致可以分为工控机结构、单片机结构、可编程控制器与触摸屏结构3类。3类结构各有特点，都能完成基本的直流监控器功能，但由于结构不同，在实现功能的方式上有所不同。

1. 工控机结构

由工控机组成的监控器，其最大的特点是可拓展性好、程序修改灵活、易于和外挂设备连接，同时由于工控机主板硬件为专业化生产，其硬件的可靠性高。

2. 单片机结构

单片机组成的监控器，结构简洁，但采用不同级别的单片机在性能上差距较大。目前高性能32位单片机性能优良，处理图形数据速度也很快。但若要更改扩充，因涉及硬件线路，则较不方便。

3. 可编程控制器与触摸屏结构

可编程控制器与触摸屏组合成的监控器，图形界面非常漂亮，在触摸屏上的操作也非常方便，但成本较高，要进行功能拓展只能增加可编程控制器。

4.2 监控装置技术要求

监控单元是高频开关电源及其成套装置的监控、测量、信号和管理系统的核心部分。该单元能综合分析各种数据和信息，对整个系统实施控制和管理。每套充电装置必须配备一套总监控单元。该单元应能适应直流电源系统各种运行方式，具备液晶汉显人机对话界面，应能与成套装置中各子系统通信，并可与站内监控系统通信，通信接口为RS485、RS232或以太网。

该单元应能显示充电装置输出电压、充电装置输出电流、母线电压、电池电压、电池电流、两路三相交流输入电压、各模块输出电压和电流、各种报警信号、各种历史故障信息、单体电池电压、电池组温度等信息。

该单元应能对以下故障进行报警：交流输入过电压、欠电压、缺相；直流母线过电压、欠电压；电池欠电压，模块故障，电池单体过电压、欠电压等。该单元应有自身故障硬触点输出。

当系统在断电之后重新启动时，应按电池的放电容量或放电时间确定进行均充或浮充，均充结束后自动转入浮充状态，充电过程自动控制。

应有根据电池组温度对充电电压进行补偿的功能，补偿系数-5～-3mV/（℃·只），基准补偿温度为25℃。

直流电源远程监控系统的终端装置安置于各个变电站内，监控系统需要满足以下功能：

（1）通过监控系统现场检测终端模块对变电站直流系统运行性能参数进行采集和设

定,如实时电压值、实时电流值、绝缘内阻、蓄电池容量等,可以采用图形、表格、曲线、模拟图等多种形式呈现。

(2) 对蓄电池内阻进行测试以及对其充放电进行试验。变电站直流监控系统可以对蓄电池充放电进行远程在线监测,不需要工作人员手动操作。系统采用切换母线的方式进行核对性放电试验,从而保障母线供电能够具有连续性,实现设备远程控制。

(3) 对蓄电池组实时远程控制进行在线均衡。对于蓄电池容量消耗的不均衡性问题,均衡技术应用脉冲式活化方式,对各个单元蓄电池进行充放电调节,直至达到额定范围,有效地解决了蓄电池不均衡问题。经过均衡技术的处理,使得蓄电池组各单体电池能够对能量合理使用,并最终达到最佳效果,对于蓄电池寿命的延长具有良好的效果。

在监控中心,工作人员可以通过显示器实时监视变电站内直流系统相关设备的性能参数变化,从而判断设备当前运行状态;通过图文界面查看变电站直流系统母线电压值、电流值变化,并将其与历史数值相比较。监控系统可以通过远程控制来设置变电站的设备参数,查看变电站当前设备配置情况,从而实现直流系统的完全远程控制;通过系统报警提示功能及时发现站内异常状况,并迅速做出相应的处理决策,避免事故发生。

直流电源系统的监控功能应集成在信息一体化平台中实现。主界面应显示直流电源系统的主接线图,正确反映直流系统各功能单元的实时运行工况和信息。监控系统应具有事件记录功能,应至少包含以下事件信息。

1. ATS

(1) 交流输入故障记录,包括发生时间、持续时间和故障类型(如过电压、欠电压、缺相、三相不平衡和失电压等)。

(2) ATS进线及重要馈线回路信息。

(3) 交流屏内进线断路器、分段断路器的位置信息。

(4) 备自投动作记录,投切原因,如遥控投切、手动投切、交流故障投切等。

(5) 交流监控模块故障信息。

2. 充电单元

(1) 直流屏内交流进线断路器动作信息。

(2) 交流输入电压故障信息。

(3) 充电单元输出断路器位置、脱扣(或熔断器熔断)信息。

(4) 蓄电池组进线断路器位置、脱扣(或熔断器熔断)信息。

(5) 母线联络断路器位置信息。

(6) 直流母线电压异常信息。

(7) 充电单元浮充电压信息。

(8) 充电模块故障记录。

(9) 各充电模块输出电流信息。

(10) 馈线断路器脱扣信息。

(11) 馈线断路器位置信息。

(12) 直流母线绝缘状况信息。

(13) 馈线支路绝缘故障信息。

(14) 充电监控模块故障记录。

4.3 监控装置工作原理及功能

4.3.1 直流监控装置工作原理

监控装置主要由开关电源及 DC-DC 转换器、接口转接板、平板电脑、IEC 61850 协议转换器、网络通信接口、串行通信接口和 USB 接口等部分组成，可实现对外接的各种电源分监控单元和智能电能表等设备的一体化集中就地和远程实时监控。

直流屏的一切运行参数和运行状态均可在微机监控装置的液晶显示屏上显示。监控装置通过 RS232/RS485 接口与交流检测单元、直流检测单元、绝缘检测单元、蓄电池巡检单元等的通信，从而根据蓄电池组的端电压值，充电装置的交流电压值，直流输出的电压值、电流值等数据来进行自动监控。运行人员可通过微机的键盘、按钮或触摸屏进行运行参数整定和修改。远方调度中心可通过"四遥"接口，在调度中心的显示屏上实现监视，通过键盘操作实现控制。直流监控装置基本原理框图如图 4-3 所示。

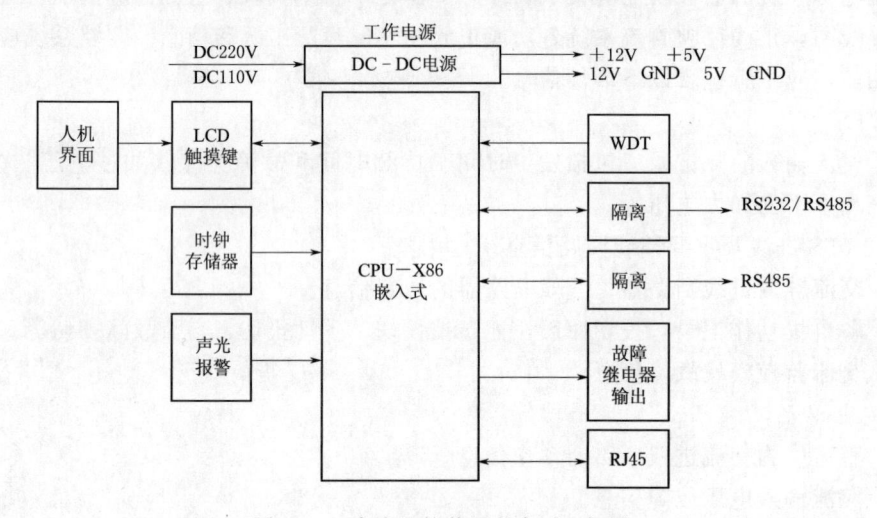

图 4-3 直流监控装置基本原理框图

4.3.2 直流监控装置功能

1. 直流输出电压控制

充电装置最基本的控制就是输出直流电压，长期稳定地输出直流电压对直流系统是最基本的质量保证。由高频开关电源模块组成的直流充电装置，其直流输出电压的控制有两个层次：①底层的基本直流电压控制由模块设定值决定，一般设定在蓄电池浮充电电压值，在监控器故障或退出运行时，充电装置输出电压就是模块输出的电压；②上层控制是在监控器智能化管理模式下控制，正常运行中监控器控制优先于模块控制，模块的输出电压取决于监控器设定值。通常，监控器控制输出电压值有浮充电电压和均衡充电电压两个设定值，这两个电压值根据蓄电池运行管理要求，在监控器控制下，按照预定程序进行转换。

2. 直流输出电流控制

充电装置的输出电流由负载决定，随负载大小而变化。当负载很大、输出电流超出充电装置最大输出电流能力时，如果不对输出电流进行限制，将引起充电装置过负荷损坏。反过来，如果充电装置可以输出很大电流对蓄电池进行充电，蓄电池充电电流将超出允许范围，造成蓄电池过充电损坏。因此监控器必须对各种情况下的输出电流进行控制，保证设备的安全运行。

充电装置输出电流控制体现在两个方面：总的输出电流的限制和蓄电池充电电流的限制。总的输出电流的限定值考虑最大负载电流和蓄电池充电电流之和，采用这种方式可以省略对蓄电池限流的控制。但这种方式存在一个明显的缺陷，如果负载电流变化，势必造成蓄电池充电电流的变化：负载的增大造成蓄电池充电电流减小，蓄电池充电恢复慢；负载的减小造成蓄电池充电电流增大，甚至有可能充电电流大于蓄电池允许的最大电流。目前，大量使用贫液阀控式密封蓄电池，过大的充电电流往往造成蓄电池大量失水而严重影响其使用寿命。理想的充电特性是除了输出总电流限流外，还有蓄电池恒流充电功能。恒流值通常取蓄电池容量的 I_{10}，即 300A·h 的蓄电池组充电电流限制在 30A。恒流控制优先于输出总电流控制和电压控制，这种方式既保证了蓄电池合理的充电电流，同时又可以保证充电装置在负载需要时有最大的输出电流。

限流与恒流的控制都是通过调整输出电压来实现的，只是调整电压的依据来自于电流采样反馈。将蓄电池电流采样反馈调整称为恒流充电，将充电装置输出电流采样反馈调整称为充电装置输出限流，不管是限流还是恒流，只要电压大于浮充电（或均衡充电）电压值，就进入恒压充电，反馈控制信号来自于电压采样，保持输出电压不变。

充电装置的电流控制优先于电压控制，在电流控制中蓄电池充电电流的控制优先于输出总限流控制。电流控制起作用时输出电压要低于均衡充电电压或浮充电电压。

3. 蓄电池温度补偿控制

蓄电池的浮充电电压与环境温度有关，尤其是阀控式密封铅酸蓄电池，由于液体介质吸附在玻璃棉中属贫液电池，环境温度变化时电压应随之调整。尽管这个电压的调整量很小，对 2V 电池来讲仅 3mV/℃，但长期运行对蓄电池还是有影响的。由于监控器均采用计算机技术，只要采集到蓄电池环境温度，调整输出电压就非常方便。

4. 浮充电转均衡充电控制

浮充电转均衡充电控制一般有两个条件：①定时均衡充电时间启动；②浮充电电流增大启动。

对于阀控式密封铅酸蓄电池来讲，平时长期运行在浮充电电压状态下，串联蓄电池通过的浮充电电流流过每个蓄电池均相同。浮充电电流用来补偿各个蓄电池内部电阻放电所造成的损失，蓄电池内阻尽管很大，但存在的差异往往会造成各个蓄电池电量得失不同，时间一长，蓄电池端电压离散性增大使个别蓄电池长期欠充电。解决的方法是对蓄电池进行定时均衡充电，人为地提高蓄电池的充电电压（这个电压称为均衡充电电压），强行对蓄电池进行补充电。对于亏欠电量的蓄电池，由于充电电流的增加得到了补充；对于本身容量充足的蓄电池，由于均衡充电电压相比浮充电电压增加不大，充电电流增大得不是很多，略微的过充电仅仅是分解水分释放热量，然后在催化反应下还原成水，对电池没有影响。这样一个均衡充电的过程，保证了蓄电池在长期浮充电电压运行下，始终保持充足的容量和一致的电压特性。

定时均衡充电间隔时间（或称定时均衡充电周期）一般为 3 个月或半年，根据蓄电池浮充电电流的大小和端电压的离散性决定，浮充电电流小并且端电压一致性好，均衡充电间隔时间可以相对延长。均衡充电时间的结束一般有两种方式：①判断蓄电池电流减小到某一设定值时再延迟均充电电压一段时间后回到浮充电状态；②直接设定均衡充电时间，时间一到立刻转回到浮充电状态。注意均衡充电时间设定要适当，蓄电池容量大一些的，均衡充电时间可以长一点，同时要注意验证均衡充电电压在蓄电池环境温度较低条件下，加上温补电压补偿后是否超出允许工作电压。

此外，有一些厂家提出利用监控器计算电池的实时容量与设置的标称容量的比值，当比值小于设定的参数时，系统转为均衡充电，此种方式还有待于在实践中进一步验证。

5. 均衡充电转浮充电控制

均衡充电转浮充电一般发生在蓄电池放电后的充电过程。当蓄电池放电结束后进入充电过程时，充电装置在监控器的管理控制下对蓄电池进行恒流充电。随着充电的进行，电池电压慢慢提高，当到达均衡充电电压时，就维持均衡充电电压继续对蓄电池进行充电。此后的蓄电池充电电流随着蓄电池容量逐步充满而下降，当下降到某一电流值时，标志电池进入基本稳定的尾电流状态。该电流设置为 $0.1I_{10}$，监控器判定以一设定时间继续均衡充电，设定时间一到即转入浮充电，进入正常运行状态。

4.3.3 直流监控子系统单元

1. 电压采集管理单元

电压采集管理单元主要用于电阻测量、电压采集，是针对电阻均衡问题进行处理的。一般情况下，该模块安设于变电站内部，采用 RS232/RS485 实现对传感器网络的连接，每个采集模块能够完成对 6 台等级各异的电池进行检测，并且将采集回的数据进行回传。采集模块的连接通常采用的是插拔方式，使得操作简便。在采集模块中拥有自我保护系统，保障了模块在处于短路或其他意外情况下能够不被破坏，从而使得模块维护风险降到最低。

电压采集管理单元硬件框图主要由巡检模块、均充模块和通信模块三个部分组成，其中巡检模块主要是对蓄电池中的电压检测、电流检测和电池内部的温度检测，而均充模块结合巡检模块对蓄电池进行调控，从而使得电池能够达到最佳的充放电效果。

该模块以微处理器作为核心控制模块，电池的巡检状况和温度检测都通过监控中心服务器显示。

2. 蓄电池运行管理单元

蓄电池运行管理单元主要实现对蓄电池各种状态的检测，如蓄电池实际电压、电流、温度以及实际容量等，将采集到的蓄电池单体电池信息、整组信息进行状态监测，具有电池过压、回路过流、电池亏容、电池过温、整组欠压等告警功能，并有串行通信口，可将信息传送至监控单元。电池管理单元采用电压检测和内阻检测相结合的方法来判断电池是否失效。内阻测量采用国内首创、国际一流的测试方法，通过向电池组两端注入低频交流信息，通过科学算法，结合电压检测模块的单电池采样，巧妙地计算出每一节电池的准确内阻。

蓄电池运行管理单元的基本功能包括：①监测单体电芯的工作状况，例如单体电池电压、工作电流、环境温度等；②保护电池，避免电池工作在极端的条件下发生电池寿命缩短、损坏，甚至发生爆炸、起火等危害人身安全的事故。

蓄电池运行管理单元包括电池充放电过程管理、电量估计、电池温度检测、单体电池间的均衡、电池电压电流检测、电池故障诊断等几个方面，具体如下：①电池充放电过程管理：对电池充放电过程中的电压、电流和其他参数进行实时监控，并对异常情况及时处理；②电量估计：对电池的剩余电量进行监测，根据现场测量电池的参数进行电池组的电量估计；③电池温度检测：对电池的温度进行检测管理，对蓄电池进行温度范围设定，当温度超过正常范围时立即报警提示，准确定位有问题的电池，确保电池在正常温度下工作；④单体电池间的均衡：对蓄电池中的单体电池进行均衡充电，使电池的状态保持一致；⑤电池电压电流检测：对蓄电池的电压和电流进行实时监测，根据电池的各项参数判断电池的性能好坏；⑥电池故障诊断：根据对电池温度、电压和电流等参数的测量对比，对电池进行故障诊断，实时保障电池在最佳状态。

但是，蓄电池在实际管理中还存在如下问题：①根据电池的电压、电流及温度等历史数据进行建模，能够根据模型直接看出电池的状态是电池管理系统成功的关键；②电池的快速均衡充电技术是直流系统一直致力研究的主要技术，能够成熟地应用快速均衡充电技术是电池管理系统的重大突破。

一般而言，蓄电池运行管理单元必须具备过压和欠压保护、过流和短路保护、过高温和过低温保护等电路保护功能，为电池提供多重保护可提高保护和管理系统的可靠性（硬件执行的保护具有高可靠性，软件执行的保护具有更高的灵活性，蓄电池运行管理单元关键元器件执行的保护为用户提供第三重保护）。

3. 高频开关电源管理单元

智能化高频开关电源具有高度灵活组合、自主监控的特点，尤其是在通信领域，因其具有体积小、噪声低、维护方便且可被纳入通信系统的计算机监控系统等特点，所以应用十分广泛。高频开关电源管理单元主要由主控模块、显示器、监测单元、配电单元及整流设备组成。高频开关电源将220V交流电转变成48V直流电，从而给直流设备供电，包括蓄电池组。交流电源在中断时，蓄电池仍然能对设备供电，能够保障负荷不间断供电。交流电恢复正常后，自动对蓄电池进行充电，使蓄电池保持电量的充盈状态。

由于要求这种电源系统具有极高的可靠性，因此能否有效地对其运行工况进行监视和控制就非常重要。系统中每个模块都是独立的，主控模块是高频开关电源系统的中心，能够对整个电源系统的运行状况监控，采集系统各项参数及各种功能控制管理。主控模块外面接计算机进行通信，形成集中的本地和远程监控系统。监控系统能接收电源系统发来的命令，将各个单元模块的运行信息及状态上传监控中心，同时能够对现场设备进行命令传达及操控，实现远端通信。

4.3.4 监控装置调控高频开关电源方式

监控装置控制充电模块输出电压，即对输出电流的控制，是通过控制总线实现的。

目前,监控装置调控高频电源开关电源主要有两种方式:数字通信方式和模拟电压控制方式。数字通信方式是监控器与电源模块内的计算机建立通信通道,监控器通过发送数据命令调整模块电压;模拟电压控制方式是监控器输出一个统一的基准电压,所有电源模块根据这个基准电压调整自己的直流输出电压。

从控制功能上讲数字通信方式强一些,每个高频开关电源模块内部需要有单片机管理系统来接收上位监控器的指令,通过单片机控制电源模块的工作,同时将模块内部情况通过通信口传到监控器。当通信口或监控器发生故障时,模块内部单片机管理系统自动锁定默认的浮充电电压。

模拟电压控制方式完全由监控器直接控制,控制方式简单,模块内部无需单片机管理系统。但这种控制方式容易在监控器内部电源故障时发生基准电压的偏移,造成输出电压失控,而且在这种情况下,监控器已不能正常工作,结果造成电压失控的同时监控失效。因此,一般均采取技术措施来防止此类事故的发生,如在模块设定最高和最低输出电压保护,在监控部分设定当监控器内部电源故障损坏时隔离输出,让模块工作在自主状态下。

4.3.5 监控装置对蓄电池的工况管理

监控装置的很大一部分工作是对蓄电池在各种状态下进行控制和管理。由于目前阀控式密封铅酸蓄电池应用较多,监控器对此类蓄电池的运行管理技术比较成熟。图4-4以110V单母线直流系统为例,描述了在监控器管理下,蓄电池在整个运行过程中电压和电流的变化关系,整个运行过程分为6个区域,除了第5区是由于交流失电引起的蓄电池放电外,每个区域均在监控器管理下。

1. 第1区域的蓄电池充电过程

此区域是对蓄电池的充电过程,蓄电池组的起始电压为88V。显然,如果直接在电压如此低的蓄电池组上加110V充电电压,将导致严重的充电电流过负荷而损坏蓄电池。在监控器的控制下,充电装置以$0.1C_{10}$电流为限值对蓄电池进行恒流充电,该蓄电池组容量300A·h,电流限值30A,这个过程中蓄电池电压缓慢上升。经过一段时间的充电,蓄电池组电压上升到均衡充电电压值(121V),充电装置维持均衡充电电压不变,随着蓄电池容量的增加,蓄电池端电压逐步上升,端电压与均衡充电电压之差逐步减小,造成蓄电池电流逐渐变小。当电流小到某一值时,启动均衡充电计时,计时结束,监控器命令充电装置进入浮充电状态,输出电压回调到浮充电电压(116V),蓄电池充电过程结束,进入第2区域。

2. 第2区域的长期浮充电工作状态

由于充电电压转到浮充电状态,电压下跌造成蓄电池电压高于充电装置电压及母线电压,蓄电池对母线负载放电,经过几分钟后蓄电池电压下跌,与浮充电电压相等。此后很长一段时间内,充电装置仅对蓄电池有一个很小的浮充电电流,补充蓄电池内阻的放电,浮充电电压长期保持稳定,保证直流母线电压工作正常。这个过程一直要维持到3个月(或6个月)后,监控器对蓄电池进行均衡充电,进入第3区域。

3. 第3区域的均衡充电阶段至第4区域浮充电状态

长期浮充电会造成蓄电池端电压离散性增大,部分蓄电池容量减小。因此,进入均衡

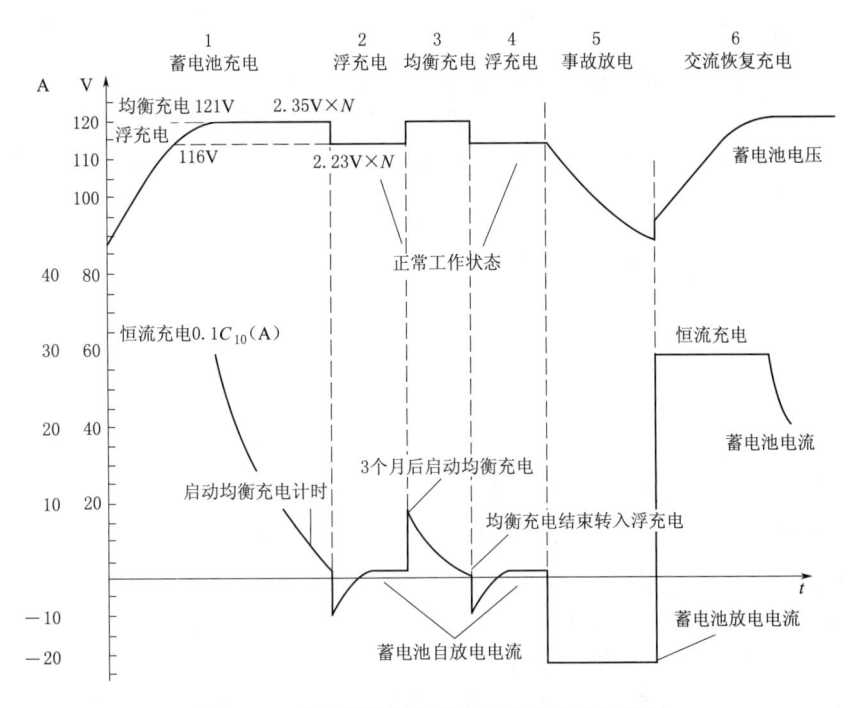

图 4-4 监控器控制的蓄电池运行过程示波图

充电阶段对蓄电池进行调整，以保证蓄电池性能。蓄电池均衡充电电压高于浮充电电压，蓄电池电流增加，补充长期浮充电的亏损，经过一段时间补充电后（一般为 3h），蓄电池端电压一致性变好，个别落后电池容量通过补充电得到了补偿。监控器命令回到浮充电电压，又进入一个长期的浮充电状态，即第 4 区域。如此周而复始，监控器自动对蓄电池进行维护，直到某一天，由于事故造成交流停电，蓄电池对直流母线负载进行供电，进入第 5 区域。

4. 第 5 区域的事故放电阶段至第 6 区域交流恢复充电

电网故障等引起的交流失电使得蓄电池进入放电状态。由于放电，蓄电池电压随时间逐步下跌。直到交流供电恢复，充电装置重新对蓄电池和直流系统进行供电，进入第 6 区域。第 6 区域的工作过程与第 1 区域相同。

4.3.6 监控装置监测与保护功能

监控装置除了对蓄电池进行检测管理外，还可对运行中的交流输入和直流系统的所有参数进行监测和保护。

1. 交、直流电压电流采样

监控装置可对交流输入电压和电流、直流输出电压和电流、蓄电池电压和电流、母线电压等进行测量采集，并在监控显示屏上显示。

2. 交流监测和保护

（1）交流输入过电压保护。当交流输入大于 456V 时（定值由监控器设定），关机并报警。这样可以避免电源模块在高电压下运行带来的损坏。

（2）交流输入欠电压报警。当交流输入电压小于 280V 时（定值由监控器设定），发出告警信号，但电源模块仍可继续工作输出直流。

（3）交流输入缺相告警。当交流输入缺相时发出告警信号。如果高频开关电源交流采用单相电源，仍有闪光直流输出，输出容量减少。当高频开关电源交流输入采用三相电源时，高频开关电源一般将停止工作。

3. 直流输出监测和保护

（1）直流输出过电压保护。当直流输出电压大于设定值时（定值由监控器设定）报警并且停机。

（2）直流输出欠电压告警。当直流输出电压小于设定值时（定值由监控器设定）报警。

4. 采集直流绝缘和蓄电池监视告警信号

在直流系统中，直流绝缘监测仪告警信号除了直接通过接点告警输出到中央告警信号屏或自动化系统外，也可由监控器通过对外通信口和遥信采集口采集绝缘告警信号以及绝缘测量数据。蓄电池检测仪测量数据同样如此。

考虑到目前变电站无人值守的趋势，直流监控信号日益重要。因此，往往将绝缘监测仪对电压异常监测的告警信号通过独立的信号回路直接输出到站内自动化系统，与监控装置告警组成双重化告警，避免监控装置故障时丧失对直流系统的监控，提高了监测的可靠性。

4.3.7 监控装置与自动化通信功能

监控器与站内综合自动化系统相连，可以通过接点输出或数据通信来实现。接点输出的特点是简单可靠，但如果要传送较多的信息，需要建立较多的遥信点。随着计算机通信技术的发展，采用通信技术建立直流系统监控器与站内自动化系统的联系也是非常容易的，通信数据具有信息量大的优势，采用通道监视手段监控通信运行状况，随时发现通信异常情况，可以提高数据通信的可靠性。

数据通信一般采用 RS232 或 RS485 接口。RS485 的通信距离较 RS232 远，但 RS232 是双工通信，RS485 是单工通信。在对通信速度要求不是很高的条件下，以上两种通信接口均可以满足使用要求。数据通信速度的一个重要标志是波特率，一般有 300bit/s、600bit/s、1200bit/s、2400bit/s、4800bit/s、9600bit/s 等，波特率越高，通信速度越快。

要使通信数据得到有效传输，通信双方要约定一定的格式，通常称为通信规约。通信规约是由国家或国际专门机构制定的一个标准，通信双方只有按照某一通信规约格式标准进行约定，才有可能进行数据传输。目前世界上通信规约繁多，根据我国电力系统行业特点，大多使用部颁 DL/T 634.5104-2009《远动设备及系统 第 5-104 部分：传输规约采用标准传输协议集的 IEC60870-5-101 网络访问》和 FDK 规约，当然也可以使用其他规约，但要双方都能接受。

第5章 绝缘监测装置

5.1 绝缘监测装置概述

由于变电站内的直流系统走线电缆遍布变电站各个位置，连通户内和户外各个一次设备和二次设备，因此容易在运行过程中受到各种环境和人为因素的影响，导致绝缘受损从而引发系统接地故障。因此变电站内的直流系统通常采用±110V或±220V不接地系统，避免了系统内单点接地情况下出现接地大电流冲击直流系统或引起直流空开跳闸的情况，既保障了直流设备的安全稳定运行，同时也保证了人身的安全。

虽然不接地系统在发生单点接地时相对安全，但单点接地对直流系统安全运行也存在非常大的隐患：虽然未构成回路且对保护装置运行无明显影响，但如果再出现一个接地点则会构成一个寄生回路，使控制和保护设备产生无法预料的问题，轻则失灵、告警，重则会引起设备误动、拒动，甚至引起直流系统短路火灾。因此，直流系统的对地绝缘监测是保障其安全稳定运行的重中之重，变电站内运行中的直流系统必须配备相应的绝缘监测装置，保证在出现直流接地情况时，能够正确告警和确认哪一条支路上出现接地现象。

直流系统绝缘监测装置（又称绝缘巡检装置、绝缘检测装置等）从最早期的电桥平衡原理、电子式电桥到现在的微机绝缘监视仪，其功能和可靠性都在日趋完善。20世纪80年代以前，绝缘监测装置都采取高敏小电流继电器直接组成平衡电桥，监测直流系统接地故障。从20世纪80年代开始，随着数字电路技术的飞速发展，在平衡桥原理的基础上，应用了电子技术代替继电器直接监测，提高了告警的灵敏度。随后就是集成电路时代的到来，以微机为基础的绝缘监测装置应运而生，克服了平衡电桥原理结构上的缺陷，能够准确测量直流母线正极和负极对地电阻值，同时可以对直流母线电压进行实时监测和显示。进入20世纪90年代后，由于大型变电站直流系统馈线日益增多，使用传统的拉路法寻找接地支路的方式既不安全也不便捷，许多厂家便生产了带有支路检测功能的绝缘监测装置，能够在直流接地时不通过拉直流负载就可以确定接地支路所在位置，大大提升了运行的安全性和检修的便捷性。因此，为保护变电站的安全可靠运行，防止发生两点接地可能造成的严重后果，直流系统都必须装设能够连续工作且灵敏度足够高的绝缘监测装置，必须对直流系统的支路对地绝缘电阻进行测量判断。直流绝缘监测装置在直流监控系统中的位置如图5-1所示。

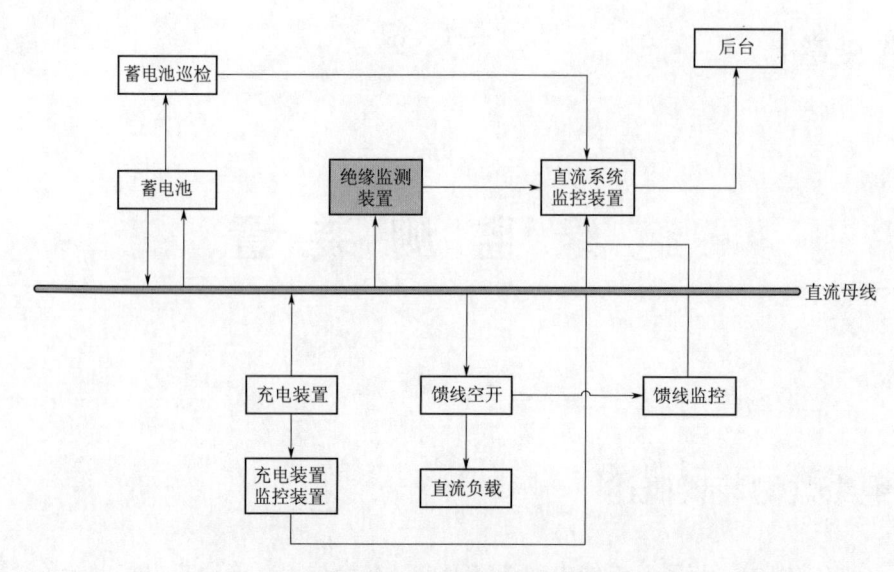

图 5-1 直流绝缘监测装置在直流监控系统中的位置

绝缘监测装置的设备组成有主机、TA 采集模块以及绝缘监测电流互感器（以下简称 TA），此为基本配置。对于比较大型的复杂直流系统，馈线支路数多且有直流分屏时，可配备绝缘监测分机用于扩展。

绝缘监测系统属于直流监控产品的一种，与蓄电池监测系统、充电装置监测系统、馈线监测系统等同时运行。绝缘监测系统直接的监测对象为直流母线，监测数据通过数据总线传输给集中监控器，或通过继电器报警触点传送给集中监控器。集中监控器获知绝缘监测系统的信息，通过总线与后台监控计算机通信。

绝缘监测装置包括绝缘监察继电器（只能进行正负母线对地电阻和电压显示，不正常时可及时报警并显示接地类型）和微机型绝缘监测装置（具有各馈线支路绝缘状况自动巡检及电压超限报警功能，并能对所有支路的正对地、负对地的绝缘电阻和对地电压等一一对应显示，不正常时可对故障支路显示出支路号及故障类别和报警）。目前广泛采用的微机绝缘监测装置，适用于变电站、发电厂以及通信、煤矿、冶金等大型厂矿企业直流电源系统的绝缘监测和接地检测。此装置采用平衡电桥和不平衡电桥结合的原理完成直流母线的监测，不对母线产生任何交流或直流干扰信号，不会造成人为绝缘电阻下降；利用电流差原理，对因支路接地产生的对地漏电流进行在线无接触测量，可实现接地故障支路的选线定位。

5.2 绝缘监测装置技术要求

5.2.1 绝缘监测装置必备功能

直流系统绝缘监测装置应能实时监测并显示直流系统母线电压、正负母线对地直流电压、正负母线对地交流电压、正负母线对地绝缘电阻及支路对地绝缘电阻等数据，且符合表 5-1 和表 5-2 的规定。

5.2 绝缘监测装置技术要求

表 5-1　　　　　　　　　　电压检测的范围及精度

显示项目	检测范围	测量精度
母线电压 U_b	$80\%U_n \leqslant U_b \leqslant 130\%U_n$	±1.0%
母线对地直流电压 U_d	$U_d \leqslant 10\%U_n$	应显示具体数值
	$10\%U_n < U_d \leqslant 130\%U_n$	±1.0%
母线对地交流电压 U_a	$U_a \leqslant 10V$	应显示具体数值
	$10V < U_a \leqslant 242V$	±5.0%

注　U_n—额定电压。

表 5-2　　　　　　　　　　对地绝缘电阻测量精度

项目	对地绝缘电阻检测范围 $R_1/k\Omega$	测量精度
系统对地绝缘电阻	$R_1 < 10$	应显示具体数值
	$10 \leqslant R_1 \leqslant 60$	±5%
	$60 < R_1 \leqslant 200$	±10%
	$200 < R_1$	应显示具体数值
支路对地绝缘电阻	$R_1 < 10$	应显示具体数值
	$10 \leqslant R_1 \leqslant 50$	±15%
	$50 < R_1 \leqslant 100$	±20%
	$100 < R_1$	应显示具体数值

5.2.2 常规监测（长期工作）

（1）数字显示母线电压值，当电压过高或过低时输出报警信号。

（2）数字显示正、负母线对地绝缘电阻值，绝缘电阻过低时输出报警信号。

（3）电压过高或过低、绝缘电阻过低的整定值均采用功能键（或拨盘）来整定，数字显示各整定值。

（4）监测范围宽、精度高。实时显示电压值（误差1%），电阻显示范围为 0.5kΩ～2MΩ（误差10%）。

5.2.3 支路巡查部分（短期工作）

（1）巡查时不需切断支路电源，叠加信号源（7V，15～2Hz）时，有自检和保护措施。

（2）当母线对地绝缘电阻降低时，发出信号。投入信号源后，自动巡查各支路阻抗或单独查找各支路的阻抗情况。

（3）在系统中存在较大分布电容的情况下，仍保证电阻显示精度。

（4）配套的小电流互感器型号品种多，尺寸大小只与符合电缆粗细有关，其电参数已知，接线无方向要求，可任意安装。

（5）当需要监测直流分屏上的支路时，可配套使用微机直流分支绝缘监测仪。

（6）当需要定点排查故障定位时，可以配套使用手持式直流故障监测装置及探测卡钳。

5.2.4 绝缘监测装置通信规约

微机直流接地巡检仪作为末端绝缘监测装置，与上位机通过串口传送数据，串口配置为 RS232、RS485。采用异步通信，半双工，每个字节传送一位起始位，八位数据位，一位停止位，无奇偶校验。波特率可根据需要由软件设定（600～9600）。

上位机与微机直流接地巡检仪采用一对一（或一对多）的主从查询通信方式。

上位机向微机直流接地巡检仪发送数据召唤命令，微机直流接地巡检仪在收到正确的召唤命令后，按规定的通信格式向上位机传送相应的数据。其通信格式见表 5-3。

表 5-3　　　　　　　微机直流接地巡检仪通信格式

起始符	目的站号	源站号	信息长度	命令码	信息段	校验码	结束符
4 byte	1 byte	1 byte	2 byte	1 byte		1 byte	1 byte

注　(1) 起始符。EB 90 EB 90（十六进制数）。
　　(2) 目的站号、源站号。微机直流接地巡检仪的站号可由软件设定，范围为 50H～5FH（若装置号不能设定，则一对一固定为 50H，一对多依次固定为 50H、51H 等），上位机的站号可由上位机软件任意设定为 00H～0FFH。
　　(3) 信息长度。从命令码到校验码所含的字节数（包含命令码和校验码），十六进制数，高字节在前，低字节在后。
　　(4) 校验码。信息段各字节的代码和（1 byte，当信息段长度为零时，校验码为零）。
　　(5) 结束符。90EB（十六进制数）。

通信规约内容如下：

（1）C1 取母线数据。

下传格式：EB 90 EB 90，目的站，源站，00 02 C1 00 90 EB。

回送格式：EB 90 EB 90，目的站，源站，信息长度，C2，信息段，校验码，90 EB。

（2）C3 取支路电阻。

下传格式：EB 90 EB 90，目的站，源站，00 02 C3 00 90 EB。

回送格式：EB 90 EB 90，目的站，源站，信息长度，C4，信息段，校验码，90 EB。

无接地支路则上传：EB 90 EB 90，目的站，源站，00 04 C5 AA 55 FF 90 EB。

（3）信息段内容。

1）母线数据：单段母线数据依次为母线电压、正对地电阻、负对地电阻；双段母线数据依次为Ⅰ段母线电压、Ⅰ段正对地电阻、Ⅰ段负对地电阻、Ⅱ段母线电压、Ⅱ段正对地电阻、Ⅱ段负对地电阻。每种数据用三个字节表示，头一字节为阶码，其最高位为阶的符号位，后两字节为数，即小数点后面的四位数，均用压缩 BCD 码表示。如：母线正对地电阻为 218.3K，则传送的三个字节为 03H、21H、83H（0.2183×1000）。

2）支路数据：依次为第一个接地支路电阻、第二个接地支路电阻等。每一接地支路电阻由三个字节表示,第一字节为支路序号,十六进制数;第二字节高四位为十进制阶码,低四位与第三字节位数即小数点后面的三位数,均用压缩 BCD 码表示。如第 131 条支路接地电阻为 16.8K,则传送的支路接地电阻数据为 83H、21H、68H（83H=131,0.168×100）。

5.3 绝缘监测工作原理及功能

5.3.1 平衡桥与不平衡桥的绝缘监测装置

平衡桥原理（又称电桥原理）绝缘监测装置等效电路如图 5-2 所示。图中电阻 R_1、R_2 和继电器 K 组成绝缘监测的基本元件,通常 R_1 与 R_2 电阻值相等,均为 1kΩ,继电器 K 选用直流小电流继电器,动作电流为 1.5～3mA,继电器 K 的内阻为 7.5kΩ（110V 直流系统）或 15kΩ（220V 直流系统）。电阻 R_+ 和 R_- 分别是直流系统正极和负极的对地电阻。正常运行时,直流系统对地绝缘良好,R_+ 和 R_- 无穷大,正负两极通过 R_1、R_2 的中心经直流小电流继电器 K 接地,但不构成回路,继电器 K 中没有电流。

由绝缘监测原理结构可知,平衡电桥组成的绝缘监测装置等效电路在系统绝缘良好时,正对地电压和负对地电压的绝对值相等,均为直流母线电压的 1/2。因此,在运行中人们常常以正负两极对地电压的不相等程度来判断直流系统绝缘下降的严重性。

当运行中直流系统对地绝缘不良、R_+ 或 R_- 的电阻下降时,与 R_1、R_2 构成电桥的桥臂中就有不平衡电流流过,当直流系统正接地或负接地（R_+ 或 R_- 小于一定数值）时,流过继电器 K 的不平衡电流使得继电器 K 动作告警,报告直流系统接地。调整继电器动作电流的大小可以设定接地电阻的告警值,动作电流越小,告警值越大。

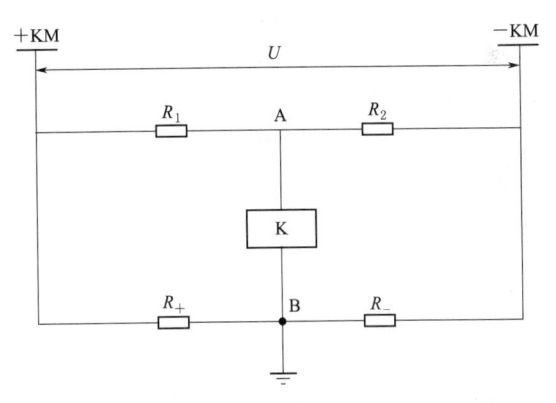

图 5-2 平衡桥原理绝缘监测装置等效电路

当电桥失去平衡时,加在继电器上的电压为

$$U_K = \frac{U\left(\dfrac{R_+}{R_++R_-} - \dfrac{R_1}{R_1+R_2}\right)R_K}{\dfrac{R_+R_-}{R_++R_-} + R_K + \dfrac{R_1R_2}{R_1+R_2}} \tag{5-1}$$

式中　U——直流母线电压,V;
　　　R_K——继电器线圈电阻,Ω。

因 $R_1=R_2$,则

$$U_\text{K} = \frac{U\left(\dfrac{R_+}{R_++R_-}-0.5R\right)R_\text{K}}{\dfrac{R_+R_-}{R_++R_-}+R_\text{K}+0.5R} \qquad (5-2)$$

流过继电器线圈电流为

$$I_\text{K} = \frac{U\left(\dfrac{R_+}{R_++R_-}-0.5R\right)R_\text{K}}{\dfrac{R_+R_-}{R_++R_-}+R_\text{K}+0.5R} = \frac{U(R_+-R_-)}{2R_+R_-+(2R_\text{K}+R)(R_++R_-)} \qquad (5-3)$$

由于绝缘监测装置中必须有一个人工接地点才能检测直流系统接地（如图5-2中继电器K接地点B），所以绝缘监测装置的对地电阻必须足够大。这样，当直流系统中任何地方发生一点接地时，形成电流通路时的电流很小，不足以引起继电器的误动。从安全性考虑，R_K电阻大一些好，但由于受小电流直流继电器灵敏度限制，一般220V直流系统R_K为15kΩ，110V直流系统R_K为7.5kΩ，继电器动作电流I_K在1.5～3mA之间可调。这个数值的接地电阻，对于直流系统中所有继电器来讲还是很安全的，一点接地构成的回路电流远小于继电器动作电流。

从式（5-3）中可以看出，当直流系统对地电阻R_+和R_-等值下降时，由于电桥仍是平衡状态，将没有电流通过继电器K，这是平衡桥原理绝缘监测装置的一个原理性缺陷，即无法对直流系统的R_+和R_-等值下降进行告警。实际运行中发生正、负极绝缘同时下降，大都是铅酸蓄电池酸液泄漏并遇到潮湿天气在蓄电池外壳爬酸造成的，但这种情况相对较少。

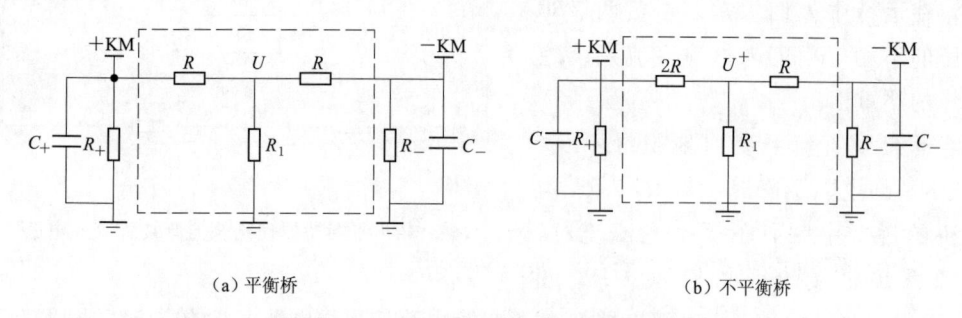

（a）平衡桥　　　　　　　　　　　　（b）不平衡桥

图5-3　平衡桥与不平衡桥测量原理

另一种直流系统常规绝缘检测方法是运用平衡桥和不平衡桥两种状态方式进行检测，绝缘监测装置在工作时不断在两种状态下切换，同时测量两种状态下的电压数据以供计算接地电阻。原理如图5-4所示。

在绝缘监测装置内部有虚线框内的电阻组成的平衡桥和不平衡桥两种结构，图中R_+、R_-和C_+、C_-分别代表直流系统中正对地和负对地电阻及电容。绝缘监测装置工作时，第一次从平衡电桥中测得对地电压U，改变平衡电桥一电阻为$2R$测得对地电压U'。

从而导出正对地绝缘电阻R_+和负对地绝缘电阻R_-的有关计算公式，此公式仅与U、U'和母线电压值有关。微机对U、U'值进行编程计算后，将母线电压、正对地电阻和负对地电阻依次进行显示。同时，微机对所显示的3个值与母线超欠压整定值、绝缘报警整定值进行比较,若超过整定值,则发出相对应的电压超欠压报警或接地报警。

此外,还有其他方式的采样电路,其基本方法均是人为改变一下电路状态,对改变前后的电路电压数据进行采样计算得出接地电阻。

5.3.2 微机型绝缘监测装置

5.3.2.1 微机型绝缘监测装置概述

平衡桥原理组成的直流系统绝缘监测装置在运行中存在以下不足:
(1) 直流系统正、负绝缘等值下降的情况不会发出告警。
(2) 无法准确测出正极和负极接地电阻值。
(3) 报警灵敏度低和报警定值整定困难。

针对上述缺陷,20世纪80年代末期,开发研制出微机型绝缘监测装置。目前,通常采用单片机技术,二次通过不同的电阻接地,经对地电压采样、计算后分别显示准确的正对地电阻和负对地电阻值,实现对直流系统绝缘工作状况的监测,并能设定确切的接地电阻告警值。此外,监测装置还能对瞬时接地进行告警和记录,定时对绝缘状况自动进行记录,形成绝缘电阻的历史记录表或曲线;可以同时对两段直流母线进行绝缘监测和电压监测及告警;当直流接地电阻小于设定告警值时,除了告警并显示接地电阻值外,装置还自动进行支路巡检并找出接地支路,避免运行人员进行接地试拉,避免了试拉接地过程中的风险。

微机型绝缘监测装置分为带支路巡检和不带支路巡检两种。不带支路巡检的装置通常称为常规绝缘监测,完成对整个直流系统正负极对地电阻、母线电压监测。带支路巡检的微机型绝缘监测装置,除了完成常规绝缘监测外,还可以通过小电流互感器检测馈线支路接地,报告接地发生在哪一支路。

带支路巡检的绝缘监测装置,运行工作内容分为两部分:正常时工作在常规绝缘监测状态,与不带支路巡检的绝缘监测装置一样,支路巡检部分不工作;当发生接地后,绝缘监测装置检测到母线绝缘下降后,会自动启动支路巡检部分投入,找出接地支路。

5.3.2.2 微机型绝缘监测装置的常规绝缘监测原理

在直流系统存在接地电阻时,可通过分别测量直流正负母线对地电压,以及母线电压,并进行计算得出准确的接地电阻,如图 5-4 所示。

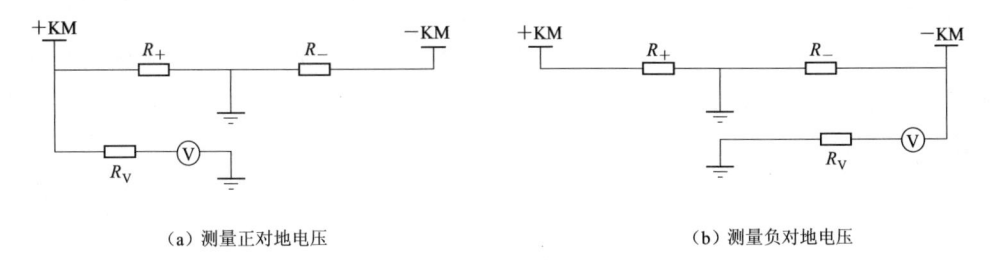

(a) 测量正对地电压　　　　　　(b) 测量负对地电压

图 5-4　电压表测对地电压

其中 R_+、R_- 是直流系统正、负极对地电阻,R_V 是电压表内阻。当 R_V 已知时,通过测量控制母线电压 U、正对地电压 U_+ 和负对地电压 U_- 计算得出直流系统对地电阻的准确数值。

从图 5-4 中可以看出，测量正对地电压时，电压与电阻的关系有

$$U_+ = \frac{U}{\dfrac{R_+ R_v}{R_+ + R_v} + R_-} \times \frac{R_+ R_v}{R_+ + R_v} \tag{5-4}$$

测负对地电压时，电压与电阻的关系有

$$U_- = \frac{U}{\dfrac{R_- R_v}{R_- + R_v} + R_+} \times \frac{R_- R_v}{R_- + R_v} \tag{5-5}$$

联立式（5-4）与式（5-5），解得正对地电阻和负对地电阻的计算公式，即

$$R_+ = R_v \frac{U - U_+ - U_-}{U_-}$$

$$R_- = R_v \frac{U - U_+ - U_-}{U_+} \tag{5-6}$$

微机绝缘监测装置可以采用上述方法，测得控制母线电压 U、正对地电压 U_+ 和负对地电压 U_-，进行计算得出绝缘电阻值。

实际运行中，由于对地电阻 R_+、R_- 不同将产生对地电压的不确定性。例如当直流系统 $R_+ = 100\text{k}\Omega$，$R_- = 1000\text{k}\Omega$ 时，负对地的电压将高达直流母线电压的 90%，不利于设备的安全运行。为此，绝缘监测装置内部必须配置电阻，适当地平衡接地电阻，避免直流母线对地电阻不平衡造成负对地电压过高的潜在威胁，一般正对地和负对地均接 100kΩ 左右电阻（110V 直流系统）。

5.3.3 支路巡检原理

绝缘监测装置检测到直流系统接地后，自动转入支路巡检。目前，直流接地支路巡检通常采用交流注入和直流差流两种方式：交流注入式是通过对直流系统注入低频交流信号，由接地支路互感器检测到信号告警；直流差流式是利用接地支路直流电流不平衡，检测在直流互感器中造成的磁场微弱变化来判断接地，工作流程如图 5-5 所示。

5.3.3.1 交流注入式支路巡检原理

交流注入式支路巡检使用交流信号源向直流控制母线（KM）输入交流信号方式，如图 5-6 所示。

在直流系统绝缘正常状态下，继电器触点 K 断开，此时两电容器 C 串联，对直流相当于滤波。当直流系统发生接地时，绝缘监测装置中常规绝缘监测计算接地电阻是否小于设定值。当接地电阻小于设定值时，装置发出告警信号，同时转入支路巡检，触点 K 合上，低频信号通过两个耦合电容分别向正、负直流母线注入低频信号，交流信号通过接地点经 K 回流，形成信号电流。

由于在所有直流馈线支路均套有交流小电流互感器，任何一支路接地都有低频交流电流流过该支路的小电流互感器。小电流互感器的工作原理与交流钳形表测量交流电流的原理类似，当本支路接地时在互感器二次侧感应出二次电压，二次电压的大小与接地电阻成反比，从而反映该支路接地电阻，如图 5-7 所示。

这种交流小电流互感器有别于一般工频交流电流互感器，由于注入直流系统的交流信

5.3 绝缘监测工作原理及功能

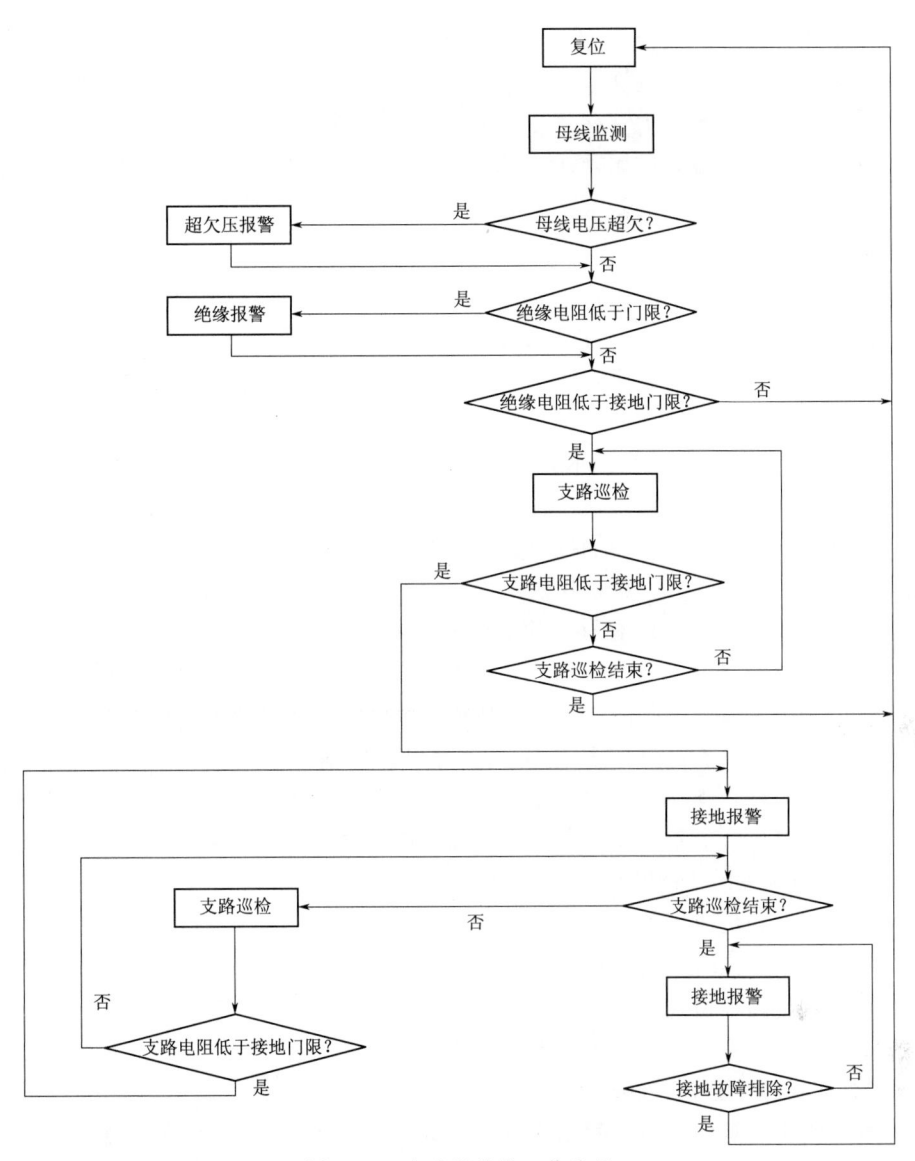

图 5-5 支路巡检的工作流程

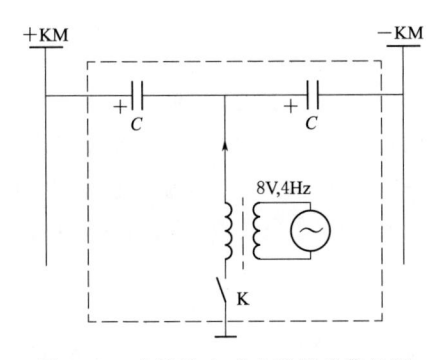

图 5-6 交流注入式支路巡检信号源　　图 5-7 交流小电流互感器原理图

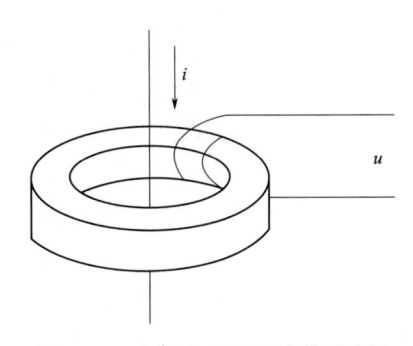

号是超低频低电压信号,当发生直流接地时,通过互感器的电流很小,频率很低,通常为 4~20Hz,避免使用工频信号引起继电保护设备误动及测量干扰,所以二次感应到的信号电压很小,均在毫伏级,需要经过放大处理。

交流注入式支路巡检在运用中碰到的最大的问题是电容电流引起的干扰。由于现在的直流负载(继电保护设备)大都是微机型设备,使用的均是 DC-DC 开关电源,开关电源的电磁兼容要求有 EMI 滤波器,滤波器内部对地均接电容,这个对地电容电流流过小电流互感器形成对接地检测的干扰。为此,可从以下方面消除对地电容对测量的干扰:

(1) 降低交流信号频率。电容电流与频率成正比,频率降低后电容电流自然就小了,也就降低了对测量接地支路的影响。但频率降低后检测相应的信号就更困难,对小信号处理要求就提高了,所以目前国内一般最低做到 4Hz。

(2) 采用 90°相位自动锁相技术。即便交流频率降低,还是存在电容电流影响测量接地电阻的准确性的问题,尤其是在一些包括很多分支的总支路中,电容电流的影响更大。自动锁相技术使用了闭环 90°自动锁相电路。其工作原理为:将容性电信号加到锁相放大器的输入端,通过信号放大、相位检波产生微弱直流信号,将此直流信号放大反馈,推动相位调整电路,改变放大器的相移,使容性相位检波输出的直流为零,从而排除电容影响,使开环放大器因时漂、温漂或元件老化等因素引起的相位移都能自动得到补偿。

采用超低频信号以及 90°相位自动锁相技术,支路电容在 $10\mu F$ 以下时对测量没有影响,而变电站支路电容大部分均小于 $10\mu F$,可以较好地满足现场运行。只有在总支路下挂有很多分支路时,在支路电容大于 $10\mu F$ 的情况下,测量支路电阻读数会有所影响,即在支路绝缘良好时仍会显示该支路有几十千欧的电阻值。但当支路接地并且接地电阻小于 $10k\Omega$ 时,电容电流对支路测量的影响就可忽略,仅仅影响支路测量精度,仍可以准确地找出接地支路。

5.3.3.2 直流差流式支路巡检原理

直流差流式支路巡检是将一直流小电流互感器接入馈线支路中,类似于直流钳形电流表形式。直流绝缘正常时,正、负两根导线内电流值相等;方向相反,合成磁通等于零,当正电源或负电源发生一点接地时,将有电流通过接地点,直流小电流互感器中流进和流出的电流不相等产生差流,使得直流小电流互感器内产生磁通,如图 5-8 所示。

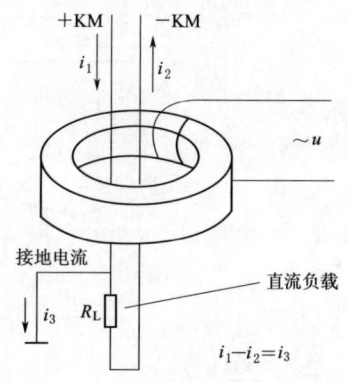

图 5-8 直流差流式支路巡检信号源

没有接地时,电流 i_1 流经直流小电流互感器后通过负载 R_L 流回直流小电流互感器形成 i_2,流过直流小电流互感器的正、负电流相等,对直流小电流互感器没有磁偏。直流正极接地时,流经直流小电流互感器的电流有一部分通过接地点回流到电源的负极,通过负载回流到直流小电流互感器的电流 i_2 减少了 i_3,直流小电流互感器内的偏磁为电流 $i_1-i_2=i_3$。

直流接地后绝缘监测仪通过常规检测就能检测到对地电阻的接地阻值,与设定告警值比较后决定是否进入支路查找。进入支路查找后,如果接地不完全,磁偏电流就会比较小,影响灵敏度。为提高查找支路的灵敏度和可靠性,按照一定程序调整仪器内部对地采样电阻,保证直流小电流互感器能准确地把接地支路检测出来,并通过计算得出支路接地电阻值。

利用直流小电流互感器原理测量支路接地的装置,其本身一定要在正、负电源上对地接一个电阻,且数值不能太大。否则,当直流系统对地绝缘电阻较大时,支路接地将与装置内部电阻构成回路,使流过直流小电流互感器的电流太小而无法测量出来。

接地电阻的选取主要在于满足直流小电流互感器的灵敏度。目前,一般直流小电流互感器可以检测大于1mA 的电流,当支路接地电阻检测灵敏度设置为20kΩ 时,在110V 直流系统中绝缘装置对地电阻可取80kΩ 左右。

如图5-9所示,R_1、R_2分别是绝缘监测装置内部正对地和负对地的接地电阻。降低绝缘装置内部接地电阻R_1、R_2,可以增加一点接地时的电流,提高检测支路电阻的灵敏度,但过低的接地电阻会造成直流系统一点接地时接地电流使继电器误动。一般可根据直流系统使用的最高灵敏度的继电器的动作电流,使在一点完全接地时的接地电流远小于最高灵敏度继电器的动作电流。

直流小电流互感器不使用交流信号,支路电容不管数值多大都对直流小电流互感器毫无影响,彻底解决了电容干扰问题,这是直流小电流互感器的最大优点。但如果支路正、负极同时等值接地时,

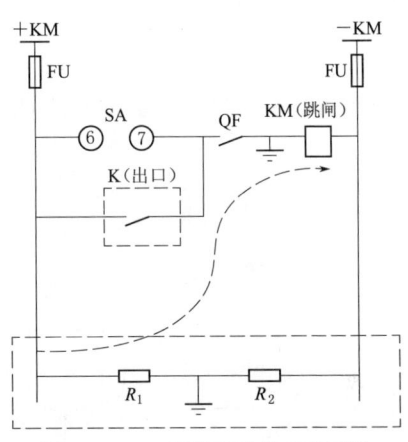

图5-9 一点接地时的电流回路

通过直流小电流互感器的直流差流将为零,直流小电流互感器铁芯内将无偏磁产生,也就无法判定该支路是否接地,这也是使用这种方式检测支路接地的原理性缺陷。但一般来说,直流某一支路正、负绝缘同时等值接地的可能性相当小。

直流小电流互感器检测原理目前常用的有两种:①霍尔元件组成的直流小电流互感器测量元件,霍尔元件本身是种磁电转换元件,用来测量磁场强度大小,将霍尔元件嵌入直流小电流互感器铁芯磁回路中,当直流小电流互感器中有直流电流流过时,根据电磁感应原理在直流小电流互感器铁芯中产生磁场,霍尔元件就有电压输出,并且此电压与磁场强度成正比,由此检测出直流电流;②利用闭合铁芯中交流线圈在通过不同直流电流时造成铁芯偏磁、直流小电流互感器电感发生变化的关系进行直流小电流的检测。

使用霍尔元件测量,由于存在零点漂移,每次使用前均要进行校零,所以一般用在直流钳形表中;利用铁芯偏磁造成电感变化的测量方式,由于在直流小电流互感器上附加交流信号,零点的长期稳定性较好,故在现行的支路直流小电流互感器方式中普遍采用。

对各直流小电流电感器信号的采集方式,目前有以下3种:

(1) 集中式。所有直流小电流互感器信号均接入一台绝缘监测仪中,每一个直流小电流互感器有3根线,如图5-10所示。

(2) 模块式。以一定支路数为一个模块采集单元,各模块单元与主机之间采用RS485 通信线进行数据传输,如图5-11所示。这种方式的好处是:数量众多的直流小电流互感器与模块的连接线大为缩短,而模块分机和主机的连线虽然距离长,但只有3根线(电源

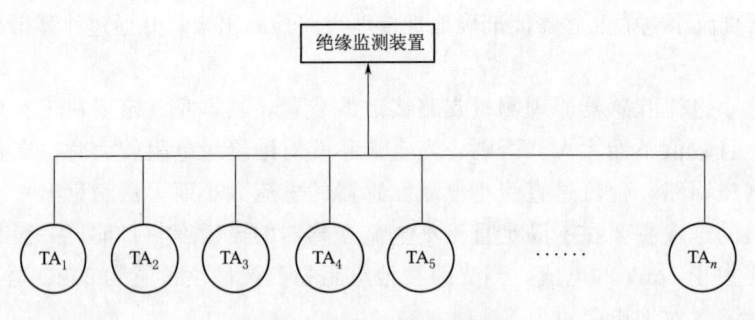

图 5-10 集中式支路巡检

线 2 根和通信线 1 根），与集中式相比大大简化了接线工艺，远离主机的支路或扩展支路不受距离影响，仅受模块与主机 RS485 通信约束，而 RS485 的通信距离可达几百米。

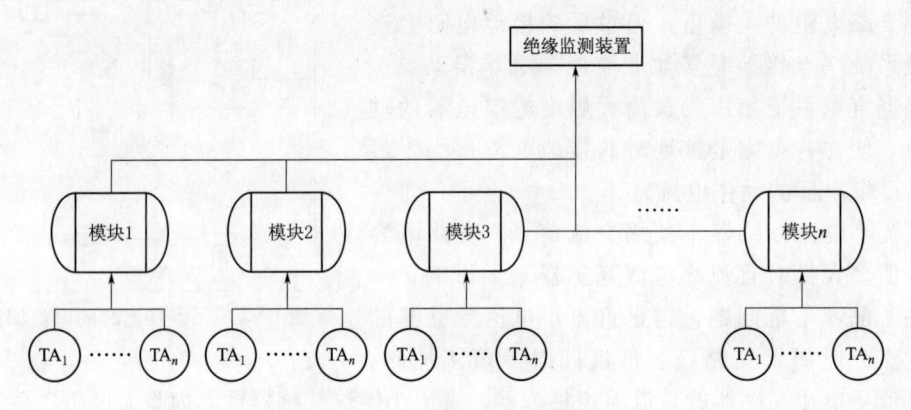

图 5-11 模块式支路巡检

（3）智能式。每个直流小电流互感器内含巡检仪主机，如图 5-12 所示。由于在接地时每个信号由 CPU 通过串行口上传至绝缘处，同时省掉了模块直流小电流互感器内部的 CPU 同时对漏电流进行检测，所以接地支路巡检速度远超集中式和模块式。由于省掉了模块这个中间环节，各直流小电流互感器之间直接用线串联（电源线 2 根和数据线 3 根），接线比模块更为简洁，但与前两种方式相比，单个直流小电流互感器的价格略高一些。

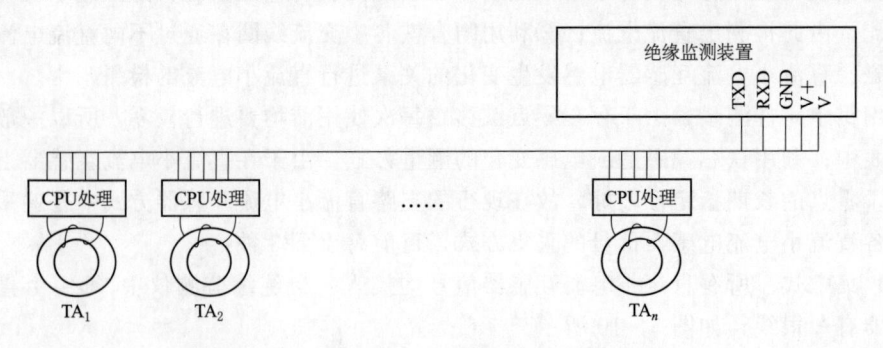

图 5-12 智能直流小电流互感器式支路巡检

第 6 章

其 他 辅 助 设 备

6.1 交流进线单元

交流进线单元是指对直流柜内交流进线进行检测、自投或自复的电气/机械联锁装置。根据直流系统中交流输入的要求，充电柜的交流输入必须有两路分别来自不同站用变压器的电源，因此两路交流电源之间必须具有相互切换、优先选择任一路输入为工作电源、交流失电后来电自启动恢复充电装置工作等功能。不管直流系统是一段直流母线还是两段直流母线，每组充电装置有两路交流电源输入可以提高直流系统的可靠性，尤其是在实现变电站自动化而进行集控管理模式下，两路交流输入可以防止一路交流故障造成蓄电池过放电等不测后果，两组充电装置分别选择不同的交流输入，可以避免当一路输入交流过电压时造成所有直流电源发生同一性质的故障。

典型交流进线单元如图 6-1 所示。

双路交流自投回路由两个交流接触器（1KM、2KM）和交流配电单元控制器组成。交流配电单元控制器为双路交流自投回路的检测及控制组件，交流接触器为执行组件。交流配电单元上设有转换开关 QK、两路电源的指示灯和交流故障告警信号输出的空接点。转换开关 QK 有 4 个挡位，旋转手柄旋至不同挡位可实现如下功能：①"退出"位，两个交流接触器均断开，关断两路交流输入；②"1 号交流"或"2 号交流"位，手动选择 1 号或 2 号交流投入作为充电装置的输入电源；③"互投"位，两路交流的自动互投位，当任一路交流故障时，均可自动将另一路交流投入以保证充电装置交流输入电源的可靠性。

决定交流输入的主交流接触器 1KM 和 2KM，这两个接触器绝对不能同时合上，不然会造成两路交流的并列，形成环流或短路引起上级交流空气断路器跳闸。为此，在各自工作回路上均应有对方的闭锁触点，才不会形成 1KM 和 2KM 同时吸合的情况。正常运行时，三相交流电处于相对平衡的状态，三相交流电中性点与中性线之间无电势差，内部继电器 K_1（K_2）不动作，交流故障监测单元内的告警继电器 K_3（K_4）的线圈通过 K_1（K_2）的动断触点接于中性线与相线间，同时 LED 发光管亮，指示各自的交流电源正常。当交流任一相发生缺相或三相严重不平衡时，三相交流电中性点与中性线之间产生电势差，内部继电器 K_1（K_2）得电动作，其动断触点断开，使得内部继电器 K_3（K_4）线圈失电，K_3（K_4）动断触点闭合，发出故障告警信号，同时 LED 发光管熄灭，指示交流

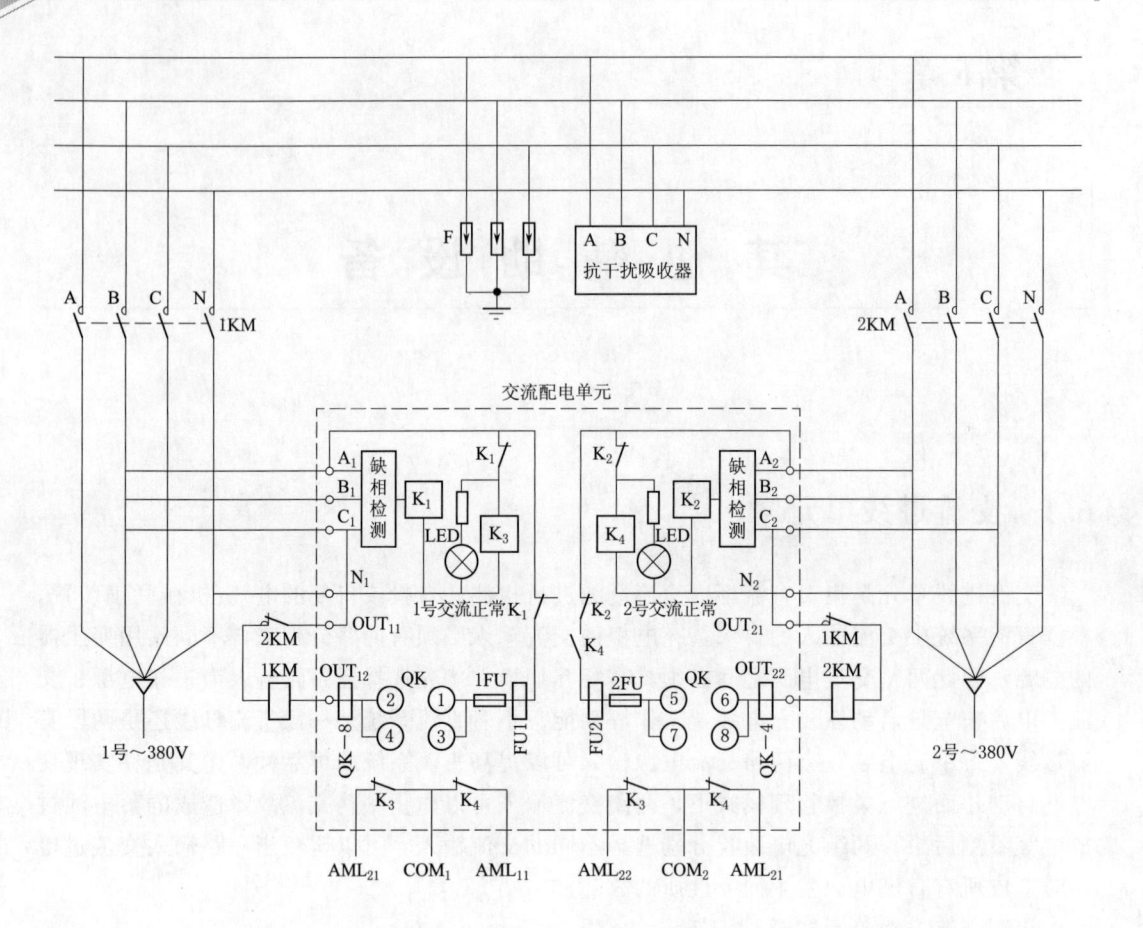

图 6-1 典型交流进线单元

电源故障。

6.2 降压硅装置

降压硅装置是直流系统解决蓄电池电压和控制母线电压之间相差太大的问题而采用的一种简单易行的方法,通过调整降压硅上的压降使得蓄电池不管在浮充电状态、均衡充电状态还是放电状态下,控制母线(KM)电压基本保持不变。

6.2.1 降压硅原理

硅整流二极管除了单向导电特性外，还有一个特点就是在导通状态下有一个管子压降存在，硅整流二极管的恒定压降为 0.7V，锗整流二极管的恒定压降为 0.3V。利用这个特性将数个硅整流二极管串联起来组成硅链，利用硅链的压降调节蓄电池电压和控制母线电压的差值。降压二极管以组的形式串联组成，每组可由 5~8 个二极管组成，压降为 4~6V，根据降压多少的需要，一般串入 4~8 组，每组有抽头，供运行中短接调整电压。在设备运行时，控制母线（KM）的负荷电流流过降压硅链，因此硅链工作时会发热，硅链的功耗等于硅链的压降和负荷电流的乘积，通常每个降压硅均有散热片，散热片的设计应按最大负载电流发热量考虑。采用降压硅的直流系统，降压硅调节控制母线电压电路如图 6-2 所示。

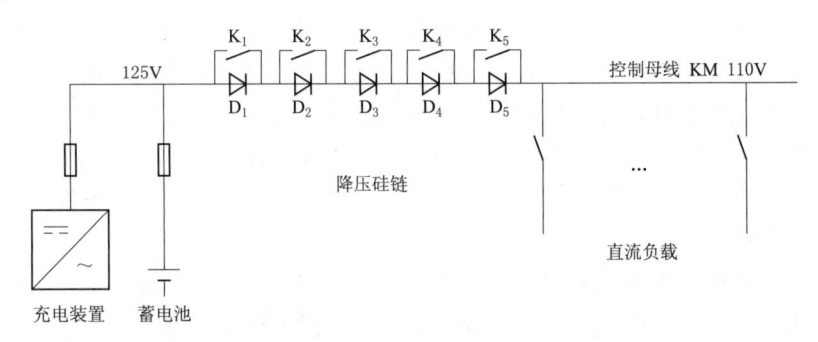

图 6-2 降压硅调节控制母线电压电路

图 6-2 中，降压硅链 D_1~D_5 共 5 组降压硅，每组降压硅由 4 个二极管串联组成，形成一个电压降约 3V 的降压硅组，5 组串联后总的电压约 15V，满足控制母线电压的要求。正常运行中 K_1~K_5 触点断开，当交流失电蓄电池放电时，控制回路自动控制 K_1~K_5 触点，在蓄电池电压下降过程中，逐个短接降压硅提高控制母线的输出电压，可在相当长的一段时间内维持控制母线电压不变。当 K_1~K_5 全部动作降压硅链短接后，蓄电池电压与控制母线电压一致，控制母线电压才真正随蓄电池电压同步下降。

可见，使用降压硅链可以解决蓄电池电压和控制母线电压不一致的矛盾，消除蓄电池放电过程中蓄电池电压下降对控制母线的影响，保证了蓄电池放电过程中大部分时间内控制母线电压的稳定性。

降压硅链的工作是否正常直接影响控制母线的电压质量，因此，降压硅的自动控制电路要保证动作准确和可靠。为防止自动控制电路故障造成的降压硅链调整出错，降压硅控制电路一般均具有自动和手动两挡，正常时放在自动挡，当自动挡故障时切到手动挡，由人工进行干预控制。

6.2.2 使用降压硅的直流系统结构

1. 降压硅常用工作模式

以 220V 直流系统为例，当使用 108 只蓄电池时，控制母线的电压将大于额定电压的 10%，因此需降低控制母线电压。可以采用蓄电池抽头方式降低电压，但这样做将使得接线复杂，对蓄电池不利。由于硅整流二极管固有的压降工作特性，现在一般都利用二极管的压降来调节控制母线电压。

在设计和调试时，尤其要注意短接降压硅的调节继电器问题，由于降压硅继电器工作在蓄电池放电状态，要保证在蓄电池放电到80%前的电压条件下降压硅继电器能可靠动作，不能因为蓄电池放电造成电压下降而使继电器无法保持在动作状态，进而使继电器触点断开，加速控制母线电压下降。因此该继电器选取的动作电压应小于标称母线电压的80%。

一些制造厂家为防止硅链在运行中意外开断，从运行可靠性考虑，在降压硅链旁并联一组旁路硅链，旁路硅链压降略大于正常硅链。这样，一旦工作中降压硅链开断，可通过旁路硅链自动连通，不至于造成控制母线失电压。

2. 后备式降压硅工作模式

降压硅链串联在负载回路中，正常运行时存在降压硅发热现象，在直流负载电流较大的情况下，这种情况更为严重。为此，一些制造厂家便开发了后备式降压硅链结构，在这种结构中，正常工作时降压硅中只有很小的电流流过，几乎不存在降压硅发热问题，一旦交流失电，降压硅自动投入，此后工作过程如同串联降压硅链工作模式：在蓄电池放电过程中，逐级短接降压硅，保持控制母线电压不变。由于降压硅平时工作不发热，提高了降压硅工作的可靠性。

此种结构巧妙地利用了二极管正向导电曲线的临界导通点的特性，平时工作在二极管拐点处，在此点二极管的压降与导通压降相差不大，但工作电流很小。

硅二极管的正向导电曲线如图6-3所示。曲线中硅二极管的拐点电压是0.7V，大于拐点电压以后是全导通，小于拐点电压时电流很小。将数个硅二极管串联起来组成降压硅链，串联的二极管越多压降就越大。设计中将正常运行加在降压硅链上的电压控制在A点，此时二极管处于临界导通状态，管压降在0.6V，电流为0.1~0.2A。当交流失电压后，降压硅链电压稍有增大就进入正常压陷状态。

以110V直流系统为例，采用后备式降压硅链的电路结构，如图6-4所示。图6-4中，高频开关电源充电装置有两组电压输出，上面一组高频开关电源模块对蓄电池进行充电，下面一组高频开关电源模块对负载进行供电，监控装置分别控制蓄电池浮充电压和控制母线电压。蓄电池与控制母线之间通过降压硅链连接，由于设计中将硅链二极管工作电压设定在临界导通工作点，正常运行时，硅链通过的电流非常小，一般仅在0.1~0.5A范围内。硅链上尽管有压降，但电流非常小，整个硅链几乎不发热，避免了硅链长期工作发热带来的不利影响，提高了效率，降低了降压硅链的故障率。一旦交流失电，控制母线电压稍有下降，硅链立即导通保证连续供电。由于硅链工作在临界导通

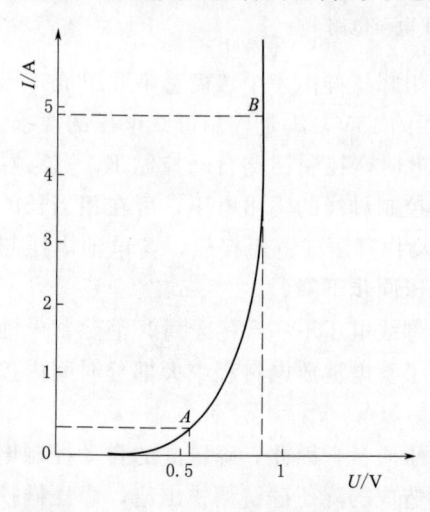

图6-3 硅二极管的正向导电曲线

状态，实际上控制母线电压只要下降3～4V，硅链就完全导通了，保证控制母线电压在正常范围内。之后，只要母线电压稍有下降，降压硅控制电路就起作用，通过不断地短接降压硅链调整母线电压。所以该降压硅链称为后备式降压硅链。当控制母线上有大电流冲击时，首先是高频开关电源模块输出满负荷电流，当达到模块的限流值后，控制母线电压开始下降，只要稍一下降，降压硅就开始导通。所以，短路冲击仍由蓄电池提供，控制母线电压下跌幅值受蓄电池电压控制，跌幅与直连相差不大。

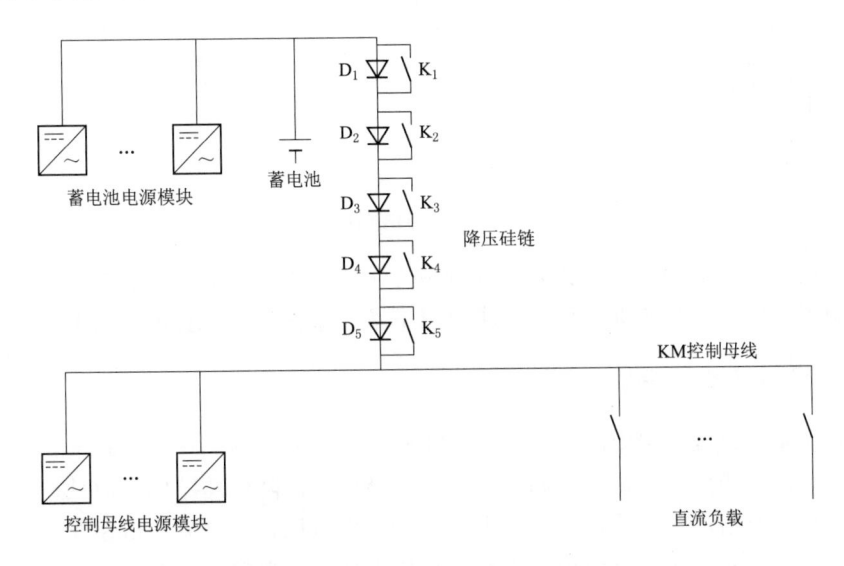

图 6-4 后备式降压硅链的电路结构

这种电路的优点是：可以分别精确设置蓄电池电压和控制母线电压，并由高频开关电源模块保证输出高质量的控制母线电压。这里控制母线虽然没有与蓄电池直接相连，但高频开关直流输出的纹波大大低于相控充电装置，一般均小于0.5%，控制母线电源质量很高。使用模块电源结构保证输出功率有冗余，提高了电源的可靠性。由两组独立模块组成的直流电源系统电压，可以保证控制母线电压稳定，不受蓄电池充电电压变化的影响。两组高频开关电源模块在同一块屏位内，也不增加屏位。运行中应该注意的是，这种后备式降压硅链由交流输入供电，设备正常运行时，降压硅调整继电器一个都不能误动吸合。如果有一个误动，也就意味着降压硅链导通电压的下降，将进入降压硅链的工作区，蓄电池电压通过降压硅链对控制母线电压进行供电，造成降压硅处于长期工作状态，由于散热器按后备工作方式设计，裕量很小，使得降压硅链温度较高，长期运行在这种状态下，对降压硅不利。

此外，后备式降压硅链相对采用一组输出电压的高频开关电源充电装置，相同容量条件下，模块配置数量要增加1～2个，使得设备成本略有增加。

6.2.3 降压硅旁链

在降压硅链上并联另一个降压硅旁链，目的是为了防止降压硅链在工作中意外开路造成整个直流系统失电。正常运行中旁链是备而不用，对回路没有影响，一旦硅链开路，旁链自动投入。旁链是不受控制的，只要工作电压大于其导通电压就投入运行。

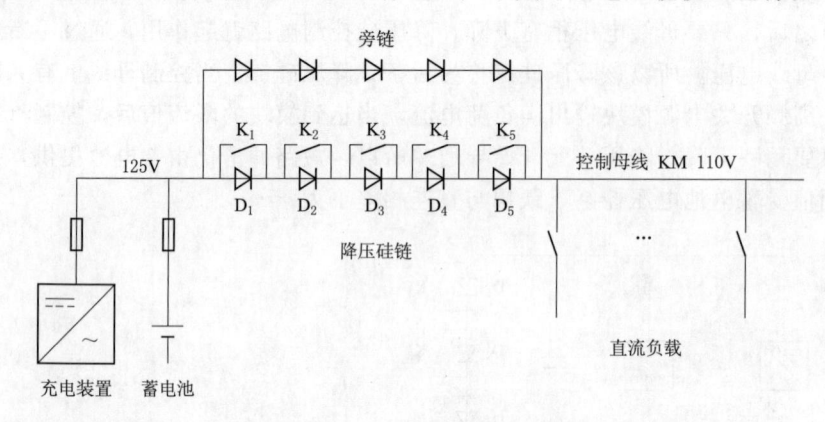

图 6-5 带旁链的降压硅链

通常设计中，旁链的二极管比降压硅链多 1～2 个，这样旁链的导通电压高于降压硅链，不影响正常运行，只有降压硅链开路情况下参与工作，保证直流不失电。

6.2.4 斩波器式降压装置

斩波器式降压装置是利用高频开关 PWM 原理进行调压的一种直流系统，其特点是调压效率高、可控性能好。其缺点是调压回路的可靠性要比降压硅链低，而且一旦开关器件损坏或由于某种原因不工作，将造成整个控制母线失电压，大电流冲击性能差，瞬间的冲击是靠大电容放电来完成的。为提高可靠性和提供冲击大电流，可在降压装置两端并接降压硅旁链，并使降压硅工作在临界后备状态。

在图 6-6 中，大功率开关器件 G、储能元件 L 和续流二极管 D_6 组成基本斩波器电路，其控制端输入可变脉宽控制脉冲，对控制母线进行稳压。电容器 C 为滤波电容，$D_1 \sim D_5$ 组成后备降压硅链，$K_1 \sim K_5$ 为硅链调整触点。

这种电路的优点是大功率开关器件的工作频率较高、输出电压的纹波较小、控制母线电压稳压精度较高。

6.2.5 降压硅链的控制电路

1. 降压硅链的控制电路结构

降压硅链的控制电路是在检测到控制母线电压下降时，短接一降压硅组，从而提高母线电压，达到电压补偿目的。图 6-7 为降压硅链的控制电路中控制一个降压硅组的电路。

2. 工作原理分析

（1）电路简介。A 为电压比较器，当 $V_+ > V_-$ 时输出 +12V，反之输出为零。降压硅链由 N 个降压硅组串联组成，图 6-7 中画出了一个降压硅组及其相对应的控制电路。K 为 12V 继电器，其触点控制降压硅组的短路。T 为三极管，驱动继电器 K 动作。$R_1 \sim R_3$ 组成控制母线分压采样电路。VS 为稳压管，12V 电压通过 R_6 维持 VS 的工作电流，使得 VS 两端产生非常稳定的 6V 基准电压。在浮充电状态时，调整电位器 R 中点电压略高于 6V，这样比较器 A 的输入端 A_- 电压高于 A_+ 电压，A 输出为零，T 基极（b）电压为零，

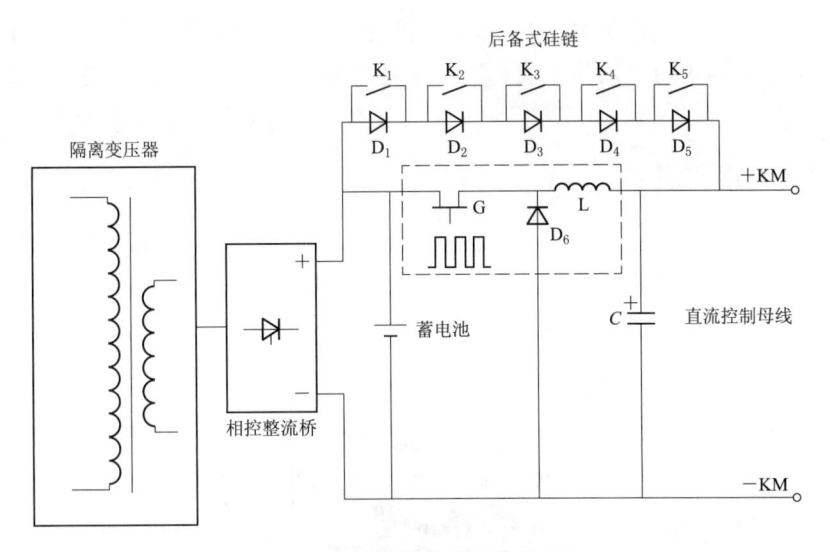

图 6-6 斩波器式降压装置结构

处于关断状态,继电器 K 没有电流流过。

(2) 动作分析。当控制母线电压由于某种原因降低时,通过 $R_1 \sim R_3$ 的分压,使得电位器 R 中点电压下降,结果就使得比较器 A 的输入端 A_+ 电压高于 A_- 电压,A 输出 +12V 电压,大于晶体管 T 基极(b)导通电压,T 集电极(c)、发射极(e)导通,继电器吸合,其触点 K_1 动作,将 $D_1 \sim D_4$ 降压硅组短路。由于 $D_1 \sim D_4$ 降压硅组平时有近 3V 的压降,短路后可将母线

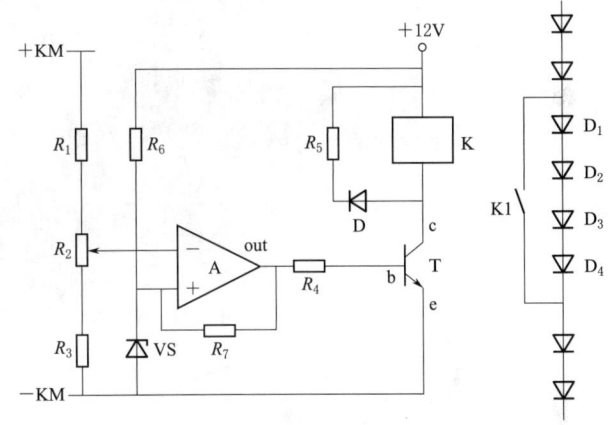

图 6-7 降压硅链控制电路和降压硅组

电压提高 3V,这就是降压硅链控制电路的工作原理。当降压硅链由 N 个降压硅组串联起来时,就有 N 个控制电路,可调节的电压范围为 $3NV$。

(3) 其他元件作用。R_4 为三极管 T 基极电流限流电阻。R_5 和二极管 D 串联后并联在继电器两端,起防止过高的继电器线圈自感电动势的作用。R_7 为动作电压返回系数调整电阻,以避免在临界电压时继电器的频繁动作。

6.3 空气断路器

空气断路器(MCB)的其基本特点是:具有过负荷及短路保护,开断短路电流能力强,动作时间快,可重复使用,相比熔断器保护的优势是保护动作快、恢复送电快、灭弧能力强。其脱扣动作时间短,以致在很大程度上限制了短路峰值电流。

直流空气断路器是从传统的空气断路器发展而来的专用直流空气断路器,其灭弧能力大大提升,灭弧时间更短,动作更快,应用在直流系统中具有很大的优势,因此得到广泛应用。

6.3.1 空气断路器概述

空气断路器由于过电流分断能力强、分断迅速、故障恢复快、操作使用简便等优势,正在越来越多的场合替代熔断器的功能。在低压配电保护中,空气断路器是目前大量使用的保护元件。空气断路器结构如图 6-8 所示。

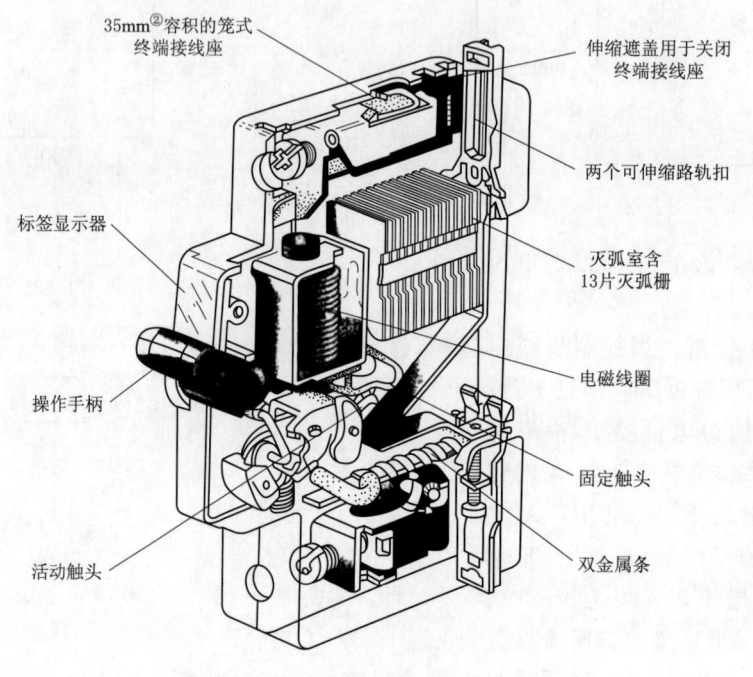

图 6-8 空气断路器结构

图 6-8 中,电磁线圈是空气断路器短路快速动作元件,当负载短路时,短路电流通过电磁线圈产生电动力使断路器分闸。双金属条是过负荷保护动作元件,当负载电流大于额定电流时,双金属条因绕在其上的电阻丝发热使金属条弯曲动作达到过负荷保护的目的。灭弧室有助于断路器分断过程中电弧的冷却熄灭,提高断路器的分断能力。

为满足各种不同场合的需要,制造厂还开发出一些具有断路器时间特性的新产品,如不同过负荷分断特性的系列断路器、带有时间控制和调整的空气断路器等,在断路器的选用上有了更大的余地的同时,也要仔细辨别各种类型断路器的差异,根据使用条件合理地选择空气断路器。

应用于直流系统负载保护的空气断路器,应选用直流空气断路器。直流断路器与交流断路器在结构上基本相同,但由于直流短路电流灭弧比交流困难,不像交流电流有过零的特征,容易熄弧,所以直流断路器开断距离要大于交流断路器。并且,为了更好地提高灭弧能力,在断路器的消弧槽内附加了永久磁铁,与直流电弧在灭弧室内相互作用,使之更容易熄灭。因此直流断路器的接入是有极性的，不能接反，如果将极性接反，将大大降低直流灭弧能力，甚至还不如交流空气断路器。

空气断路器的过负荷和过电流特性与熔断器不同，由于其有两个动作元件，整个动作曲线实际上是由两个曲线拼合而成。空气断路器典型的过电流动作曲线如图6-9所示。

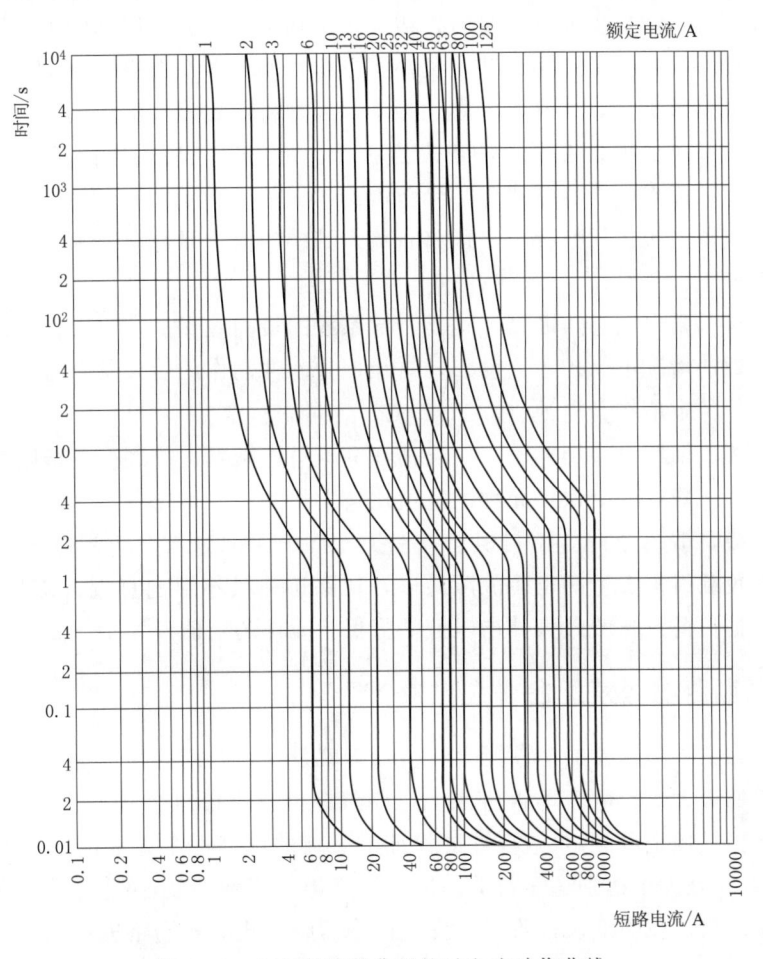

图6-9 空气断路器典型的过电流动作曲线

从图6-9中可以看出，断路器中所通过的电流超过额定工作电流时，过负荷保护元件双金属条就开始延时动作。其原理是过负荷电流发热使得双金属条产生弯曲变形，缓慢位移直到推动脱钩跳闸。过负荷电流越大，移动越快，跳闸时间越短，其动作曲线具有反时限特性。当过负荷电流大于6～8倍额定电流时，速断元件动作，使断路器瞬时跳闸。

6.3.2 保护元件的极差配合

在直流系统中，为了保证负载回路故障不影响其他设备的运行，应设有保护元件（熔断器或空气断路器）快速、准确地将故障负载从系统中切除。保护元件的设置有如下特点：从切除故障角度看，保护元件的级数多些为好，可以保证切除故障的可靠性，如果其中某一个保护元件失效还有后备元件可以切除故障;但从保护元件角度看,级数多,保护元件的级差不好设置。现在的熔断器或空气断路器过电流动作定值均有一定偏差范围,如C级直流空气断路器速断电流在8~12倍的额定工作电流范围内,要保证各级保护元件有选择性地正确动作,就要保证上下级空气断路器有2~4级级差配合,保护元件级数多就无法保证级差配合。从保护元件本身看,级差多增加了保护元件误动的可能性;保护元件级数少,对负载来讲减少了中间环节,提高了供电的可靠性,保护元件的级差配合容易,但对保护元件的要求提高,尤其不能发生拒动,否则将使故障范围扩大。

总之,直流系统保护元件设置的出发点在于:①直流电源供电的可靠性;②能够快速、准确地切除故障点;③尽量避免故障范围的扩大化。

根据目前直流系统运行情况,一般将直流系统中的保护元件设置为2级以上保护。通常的级差配合如下:

(1)第一级,蓄电池总熔断器。这是直流系统的最高级保护,只有在母线故障或下一级保护元件失效的情况下保护才会动作,这级保护元件动作的后果是直流系统失电。通常蓄电池保护元件的定值按蓄电池(0.8~1)C_{10}容量来整定。

(2)第二级,馈线总柜上输出下一级馈线分柜总熔断器、控制柜总熔断器及主要大负荷的保护元件。一般这一级保护元件的定值比较大,为40~125A。

(3)第三级,馈线分柜、控制柜上各保护元件。保护对象直接针对某一具体负载目标,通常认为负载目标发生的电源故障最多,切除这一级不影响直流系统其他设备运行。一般这一级根据负荷设备的最大冲击电流,将保护元件的定值设为16~25A。

6.3.3 空气断路器级差配合

上下级均为空气断路器的速断配合,实际上就是短路电流的配合。要求下级空气断路器负载短路时的最大短路电流不得进入上级空气断路器速断动作电流区域(如C级速断电流为8~12倍的额定电流),这样才能保证上下级的选择性,通常选择上下级断路器级差大于2~4级就是为了达到这一目的。因此,变电站直流系统必须根据直流熔断器、直流断路器技术参数,在图纸设计阶段对变电站内接线方式的各回路进行短路电流计算和灵敏度校核。

如果负载短路电流使得下级空气断路器进入速断区域,上级空气断路器进入反时限区域,则一定有选择性。但如果此时下级空气断路器拒动,上级断路器需延时后才动作,结果是在保护的时间上有所延长。如果负载短路电流使得上下级空气断路器均进入反时限区域,且上级空气断路器额定电流值大于下级,则选择性能够保证,但保护时间延长。

6.3.4 空气断路器的技术特性

1. 额定工作电压U_N

空气断路器的额定工作电压是生产厂家指配的电压值(尤其是短路性能)。不同的额定电压和不同的额定短路能力可指配给相同的断路器。所有空气断路器都是为预见到交流电流和直流电流的功能性而设计的。

2. 额定电流 I_N

额定电流是由生产厂家指配并由空气断路器预订在指定参考环境温度下、在不间断工作中承载的电流值。按照 GB 14048《低压开关设备和控制设备》系列标准，小型断路器的参考环境温度为 30℃。如果安装断路器地点的环境温度高于或低于 30℃，则应在该温度下借助正确的校正系数对断路器的额定电流进行修正。

对于小型断路器来说，温度每升高或降低 10℃，铭牌上标注的额定电流值将分别减小或增大 5%。

小型断路器的额定电流覆盖范围为 0.3～125A，具体数值为：0.3A、0.5A、1A、1.6A、2A、3A、4A、6A、8A、10A、13A、16A、20A、25A、32A、40A、50A、63A、80A、100A、125A。

3. 脱扣特性 A、B、C、D

空气断路器具有一系列范围广泛的脱扣特性，以满足设备的要求。这些脱扣特性分别对应了 A、B、C、D 四个字母，适用于 30℃ 的参考环境温度。反时限脱扣区即热继电器脱扣区对所有这四个特性都是相同的：常规脱扣电流 I_f 等于 $1.45I_N$，而常规非脱扣电流 I_{Nf} 为 $1.13I_N$。A、B、C、D 四个不同脱扣特性之间的差异在于界定瞬时脱扣（磁性脱扣）区的数值不同。这四个脱扣特性覆盖的瞬时脱扣区在 $2I_N$ 与 $20I_N$ 之间。空气断路器瞬时脱扣区 B、C、D 规定的脱扣特性 B、C、D，分别具有各自瞬时脱扣区的极限值，由于结构公差值最小以及电磁脱扣器的校准更精确，使得小型断路器的瞬时脱扣区的极限更具有限制性。

特性 A：用于需要快速（无延时）脱扣的小型断路器使用场合，亦即用于较低的故障电流值（通常是额定电流 I_N 的 2～3 倍），以限制 I_{2t} 值和总的分断时间。该特性允许用一个小型断路器来替代熔断器作为电子元器件的过电流保护。

特性 B：用于需要较快速度脱扣且短路电流不是很大的小型断路器使用场合；相比较特性 A，特性 B 允许通过的峰值电流小于 $3I_N$。

特性 C：适用于大部分的电气回路，它允许负载通过较高的短时峰值电流而小型断路器不动作，事实上特性 C 允许通过的峰值电流最大可达 $5I_N$。

特性 D：被推荐用于很高的峰值电流（＜$10I_N$）的断路器设备。例如，它可以用于变压器的一次线路和电磁阀等的保护。小型断路器因此具有的优点便是更好地承受住了设施的启动电流，尤其是当决定采用特性 C 或 D 时更是如此。一般直流系统应用的直流断路器选特性 C，适合直流负载实际情况。

6.4 熔断器

熔断器是指当电流超过规定值时以本身产生的热量使熔体熔断从而断开电路的一种电流保护器。熔断器广泛应用于高低压配电系统和控制系统以及用电设备中，作为短路和过电流的保护器，是应用最普遍的保护器件之一。

6.4.1 工作原理

熔断器实物如图 6-10 所示，熔断器主要由熔体、外壳和支座 3 部分组成，其中熔体

图 6-10 熔断器实物图

是控制熔断特性的关键元件。熔体的材料、尺寸和形状决定了熔断特性。熔体材料分为低熔点和高熔点两类。低熔点材料包括铅和铅合金等,其熔点低,容易熔断,由于其电阻率较大,故制成熔体的截面尺寸较大,熔断时产生的金属蒸气较多,只适用于低分断能力的熔断器。高熔点材料包括铜、银等,其熔点高,不容易熔断,但由于其电阻率较低,可制成比低熔点熔体较小的截面尺寸,熔断时产生的金属蒸气少,适用于高分断能力的熔断器。熔体的形状分为丝状和带状两种,改变变截面的形状可显著改变熔断器的熔断特性。熔断器有各种不同的熔断特性曲线,可以满足不同类型保护对象的需要。

熔断器的动作是靠熔体的熔断来实现的,熔断器有个非常明显的特性,就是安秒特性。对熔体来说,其动作电流和动作时间特性即熔断器的安秒特性,又称为反时延特性,即:过载电流小时,熔断时间长;过载电流大时,熔断时间短。对安秒特性的理解,可以从焦耳定律 $Q = I^2 Rt$ 上进行分析:串联回路里,熔断器的 R 值基本不变,发热量与电流 I 的平方成正比,与发热时间 t 成正比,也就是说,当电流较大时,熔体熔断所需的时间就较短,而电流较小时,熔体熔断所需用的时间就较长,甚至如果热量积累的速度小于热扩散的速度,熔断器温度就不会上升到熔点,熔断器甚至不会熔断。所以,在一定过载电流范围内,当电流恢复正常时,熔断器不会熔断,可继续使用。

因此,每一熔体都有最小熔化电流。相应于不同的温度,最小熔化电流也不同。虽然该电流受外界环境的影响,但在实际应用中可以不加考虑。一般定义熔体的最小熔断电流与熔体的额定电流之比为最小熔化系数,常用熔体的熔化系数大于 1.25,也就是说额定电流为 10A 的熔体在电流 12.5A 以下时不会熔断。

6.4.2 常见种类

(1) 插入式熔断器。插入式熔断器常用于 380V 及以下电压等级的线路末端,用作配电支线或电气设备的短路保护。

(2) 螺旋式熔断器。螺旋式熔断器熔体的上端盖有一熔断指示器,一旦熔体熔断,指示器马上弹出,可透过瓷帽上的玻璃孔观察到。螺旋式熔断器分断电流较大,常用于机床电气控制设备中,也可用于电压等级 500V 及其以下、电流等级 200A 以下的电路中,作短路保护。

(3) 封闭式熔断器。封闭式熔断器分有填料封闭式熔断器和无填料封闭式熔断器两种:有填料熔断器一般用方形瓷管,内装石英砂及熔体,分断能力强,用于电压等级 500V 以下、电流等级 1kA 以下的电路中;无填料封闭式熔断器将熔体装入密闭式圆筒中,分断能力稍小,用于 500V 以下、600A 以下电力网或配电设备中。

(4) 快速熔断器。快速熔断器主要用于半导体整流元件或整流装置的短路保护。由于半导体元件的过载能力很低，只能在极短时间内承受较大的过载电流，因此要求短路保护具有快速熔断的能力。快速熔断器的结构和有填料封闭式熔断器基本相同，但熔体材料和形状不同，它是以银片冲制的有 V 形深槽的变截面熔体。快速熔断器通常简称"快熔"，其特点是熔断速度快、额定电流大、分断能力强、限流特性稳定、体积较小。

（5）自复熔断器。自复熔断器采用金属钠作熔体，在常温下具有高电导率。当电路发生短路故障时，短路电流产生高温使钠迅速汽化，汽态钠呈现高阻态，从而限制了短路电流。当短路电流消失后，温度下降，金属钠恢复原来的良好导电性能。自复熔断器只能限制短路电流，不能真正分断电路。其优点是不必更换熔体，能重复使用。

目前，变电站内的直流系统中大部分采用的是封闭式熔断器，其开断能力强，运行过程中较为稳定，并且在熔断后更换便捷。

6.4.3 熔断器的优缺点

1. 优点

（1）选择性好。上下级熔断器的熔断体额定电流只要符合国标和 IEC 标准规定的过电流选择比为 1.6：1 的要求，即上级熔断体额定电流不小于下级该值的 1.6 倍，就视为上下级能有选择性地切断故障电流。

（2）限流特性好，分断能力高。

（3）相对尺寸较小。

（4）价格较便宜。

2. 缺点

（1）故障熔断后必须更换熔断体。

（2）保护功能单一，只有一段过电流反时限特性，过载、短路和接地故障都用此防护。

（3）不能实现遥控，需要与电动刀开关、开关组合才有可能。

6.4.4 熔断器的使用和维护

鉴于熔断器优秀的短路保护性能，它广泛应用于高低压配电系统和控制系统以及用电设备中，作为短路和过电流的保护器，是应用最普遍也最重要的保护器件之一。在应用中要重视熔断器的使用注意事项、日常巡视检查及维修保养。

1. 使用注意事项

（1）熔断器的保护特性应与被保护对象的过载特性相适应，考虑到可能出现的短路电流，选用相应分断能力的熔断器。

（2）熔断器的额定电压要适应线路电压等级，熔断器的额定电流要大于或等于熔体额定电流。

（3）线路中各级熔断器熔体额定电流要相应配合前一级熔体额定电流必须大于下一级熔体额定电流。

（4）熔断器的熔体要按要求使用相配合的熔体，不允许随意加大熔体或用其他导体代替熔体。

2. 日常巡视检查

(1) 检查熔断器和熔体的额定值与被保护设备是否相配合。
(2) 检查熔断器外观有无损伤、变形,瓷绝缘部分有无闪烁放电痕迹。
(3) 检查熔断器各接触点是否完好、接触紧密,有无过热现象。
(4) 熔断器的熔断信号指示器是否正常。

3. 熔体熔断的可能原因

(1) 短路故障或过载运行而正常熔断。
(2) 熔体使用时间过久,熔体因受氧化或运行中温度高,使熔体特性变化而误断。
(3) 熔体安装时有机械损伤,使其截面积变小而在运行中引起误断。

4. 拆换熔体的要求

(1) 安装新熔体前,要找出熔体熔断原因,未确定熔断原因,不要拆换熔体试送。
(2) 更换新熔体时,要检查熔体的额定值是否与被保护设备相匹配。
(3) 更换新熔体时,要检查熔断管内部烧伤情况,如有严重烧伤,应同时更换熔管。瓷熔管损坏时,不允许用其他材质管代替。填料式熔断器更换熔体时,要注意填充填料。

5. 维修工作

(1) 清扫灰尘,检查接触点接触情况。
(2) 检查熔断器外观(取下熔断器管)有无损伤、变形,瓷件有无放电闪烁痕迹。
(3) 检查熔断器,熔体与被保护电路或设备是否匹配,如有问题应及时调查。
(4) 维护检查熔断器时,要按安全规程要求切断电源,不允许带电摘取熔断器管。

6.5 防雷保护装置

雷击分为直击雷和感应雷两种。线路直接遭雷击时,电缆中流过很大电流,同时引起数千伏的过电压直接加到线路装置和电源设备上,持续时间达若干微秒,直接危害用电设备。感应雷通过雷云之间或雷云对地放电,在附近的电缆或用电设备上产生感应过电压,危害用电设备的安全,因此必须在交流配电单元入口加装防雷器。如图6-11为直流系统防雷器实物图。

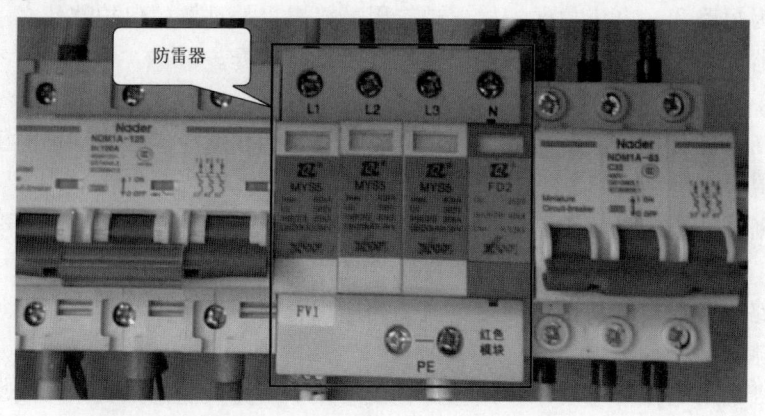

图6-11 直流系统防雷器实物图

对防雷元件的要求是正常电压范围下漏电流要小，当电压超过标定电压值时，要立刻导通，导通时间越短越好（一般在纳秒级），同时能够承受大电流。实际元件一般很难做到理想导通曲线的状态，故防雷器参数中有一项是最大电流下的最大电压，供用户选择时验证设备在最大电压下能否承受得住。充电装置的三级防雷一般按照如下位置分配：

(1) B级防雷器属于第一级防雷器，一般设置在交流主配电柜上，泄流容量在50～60kA；也可设置在充电装置的交流输入部分，一般泄流容量在40kA。

(2) C级防雷器属于第二级防雷器。

(3) D级防雷器属于第三级防雷器，应用于重要设备的前端，如模块的电源端，进行精细保护，一般泄流容量在40kA以下。

1. 直流电源柜C级及D级防雷器

C级防雷器设在交流配电单元入口，选用防雷器的技术指标为：最大通流量为40kA，动作时间小于25ns。

D级防雷器设在充电模块内，最大通流量为10kA，动作时间小于25ns，可以有效地将雷电引入大地，将雷电的危害降至最小。

当防雷器故障时，C级防雷器的工作状态窗口由绿变红，提醒更换防雷模块，防雷模块插拔方便，易于更换。D级防雷器故障有两种结果：一是开路，对模块工作没有影响；二是短路，造成熔丝熔断而使模块故障。

2. 雷击浪涌吸收器

雷击浪涌吸收器具有防雷和抑制电网瞬间过电压的双重功能，最大通流量为40kA，动作时间小于25ns。雷击浪涌吸收器原理如图6-12所示，由图可见，相线与相线之间、相线与中性线之间的瞬间干扰脉冲均可被压敏电阻和气体放电管吸收。因此，其功能优于单纯的防雷器。

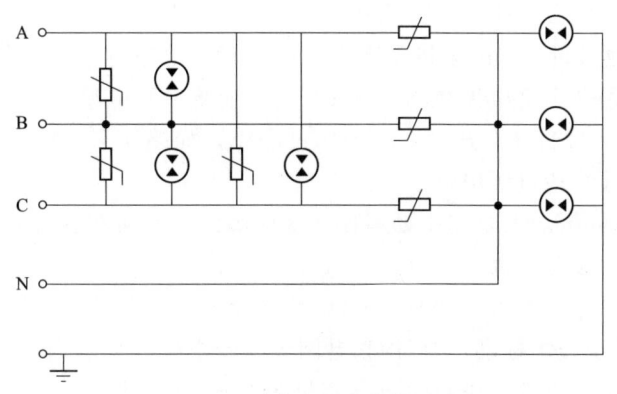

图6-12 雷击浪涌收集器原理图

第7章 国网公司相关反措条款

7.1 相关反措条款及案例

1. 设计资料中应提供全站直流系统上下级差配置图和各级断路器（熔断器）级差配合参数

级差配置不当引起断路器（熔断器）越级跳闸的异常在现场时有发生，造成恶劣影响的事故也屡见不鲜。若前期设计阶段级差配置不合理，变电站一旦投运，受负荷供电等限制，改造难度将加大。故加强级差管理，重要的是源头管控，应由设计单位根据现场设备情况提供级差配合的表格和图纸，同时配置图应延伸到端子箱、机构箱、智能控制柜、汇控柜等直流负荷箱柜，以夯实级差管理的基础。

2. 两组蓄电池的直流电源系统，其接线方式应满足切换操作时直流母线始终连接蓄电池运行的要求

部分变电站直流电源系统采用分段互锁接线方式（具体接线如图7-1所示。正常运行方式：1号蓄电池通过11BK连接至KM_1；2号蓄电池通过21BK连接至KM_2），主要目的是在接线上杜绝两组蓄电池并列，但如果充电装置或蓄电池停电，需直流母线并列运行时，要切换11BK（21BK）开关，在操作过程中，如果1号（2号）充电装置交流失电，就会造成Ⅰ（Ⅱ）段母线失电。

3. 新建变电站300A·h及以上的阀控式蓄电池组应安装在各自独立的专用蓄电池室内或在蓄电池组间设置防爆隔火墙

DL/T 5044—2014《电力工程直流电源系统设计技术规程》、Q/GDW 11310—2014《变电站直流电源系统技术标准》及《国家电网公司变电验收管理通用细则 第23分册 站用交流电源系统验收细则》中对变电站容量为300A·h的蓄电池组安装地点有不同的规定，后经《电网设备技术标准差异条款统一意见》（2017版）进行了明确统一。对直流电源成套装置，如采用300A·h阀控式铅酸蓄电池组柜布置在保护室内，虽阀控式铅酸蓄电池是密封的，正常运行过程中基本没有氢气泄漏，但在均衡充电中，特别发生过充情况时，还是会有氢气泄漏，如房间没有良好的通风，氢气聚集，有极高的爆炸和起火风险，危及保护室内保护屏等的安全运行。应放置于蓄电池室内，有专门的防火防爆措施进行控制。此外，300A·h及以上蓄电池重量大，易使托盘变形造成蓄电池架坍塌，也容

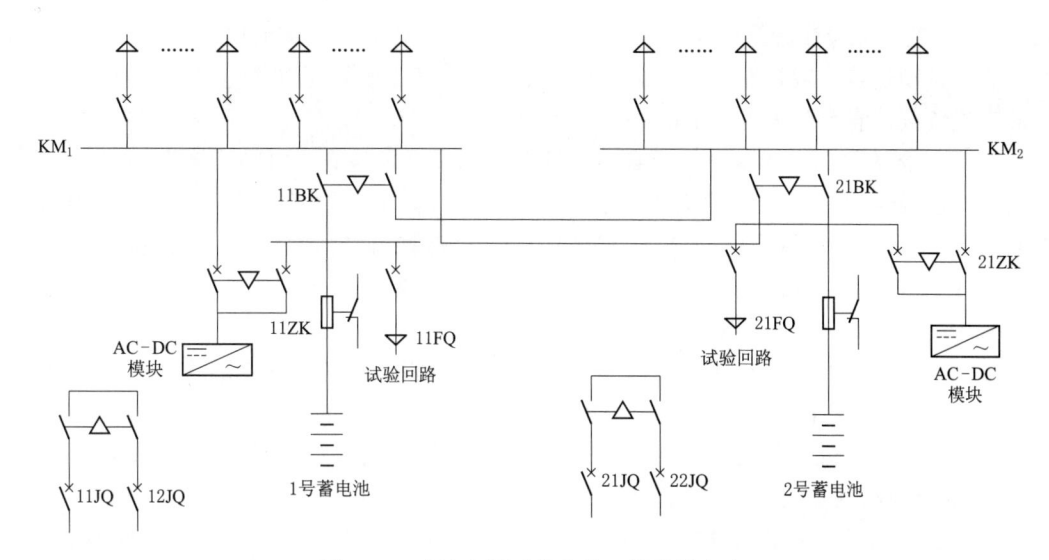

图 7-1 直流电源系统分段互锁接线方式

易导致蓄电池组连接线接触不良、开路，引发严重事故的发生。如放置于蓄电池室内，蓄电池架一般承载重量能力强，不易造成架体变形。

【案例】 2015 年 11 月，某变电站一组 300A·h 蓄电池组由于老化，内部发生短路，引起燃烧，导致变电站主控室及保护室室内有大量浓烟，与蓄电池屏相邻的多个装置被烧毁。经查，蓄电池组未按要求安装在专用蓄电池室内。

4. 蓄电池组正极和负极引出电缆不应共用一根电缆，并采用单根多股铜芯阻燃电缆

由于国内蓄电池组保护电器一般布置在直流柜内，导致蓄电池组引出电缆短路没有保护措施。为了防止发生蓄电池正极和负极之间的短路，提高可靠性，蓄电池出口正极电缆和负极电缆不允许共用一根电缆。蓄电池电缆应采用单根多股铜芯阻燃电缆。

5. 酸性蓄电池室（不含阀控式密封铅酸蓄电池室）照明、采暖通风和空气调节设施均应为防爆型，开关和插座等应装在蓄电池室的门外

蓄电池在运行过程中可能产生易燃气体，如遇开关、熔断器、插座在使用过程中及照明线老化接触不良时产生火花，易燃气体达到一定浓度就会发生爆炸。

【案例】 2015 年 12 月，某 220kV 变电站酸性蓄电池室发生火灾报警，经现场勘察，室内柜式空调完全烧塌，并伴有散状碎片，有两节蓄电池受到高温影响，壳体产生变形，室内飘浮有塑料燃烧后的黑色灰尘，室内外环境及电池表面受污染严重。从监控录像上看，发生火灾的原因是由于柜式空调的自燃，空调的燃烧过程先是有火星发出，过一会火光突然增强，柜体发生倒塌并完全烧毁。经查，蓄电池室空调不是防爆空调。

6. 一组蓄电池配一套充电装置或两组蓄电池配两套充电装置的直流电源系统，每套充电装置应采用两路交流电源输入，且具备自动投切功能

站用电低压母线采用单母线分段接线方式，两路交流输入电源应取自两个不同段的站用电源母线，且具备自动投切功能，以提高供电可靠性。

【案例】 2012 年 4 月 30 日，某 110kV 变电站报充电装置交流失压告警信号，但监控人员未及时注意并足够重视该信号，3 日后，运维人员巡视发现直流控制母线电压已降至

95.3V。经查，充电装置第一路交流进线断路器跳闸，充电装置交流电源自动投切装置故障，交流自动切换失败，充电装置第二路交流无法向充电装置正常供电，导致蓄电池长时间带直流负载，直流母线电压下降。

7. 采用交直流双电源供电的设备，应具备防止交流窜入直流回路的措施

根据运行经验，采用交直流双电源供电的设备（如 UPS、关口电度表、事故照明逆变电源等）元件故障或设备内部交直流配线未采取有效屏蔽措施也会引起交流窜入直流。

8. 330kV 及以上电压等级变电站及重要的 220kV 变电站，应采用三套充电装置、两组蓄电池组的供电方式

鉴于高电压等级变电站在电网的重要性，应考虑设备检修时的冗余性。如果仍采用"2+2"的模式配置充电装置，当一台设备退出运行时，一般都采用一台充电装置和一组蓄电池组带两段直流母线运行，因为现在重要设备的继电保护装置都采用双重化方式，"1+1"的直流母线运行方式，双重化保护的电源只是单一的，其可靠性大大降低。

9. 直流电源系统馈出网络应采用集中辐射或分层辐射供电方式，分层辐射供电方式应按电压等级设置分电屏，严禁采用环状供电方式。断路器储能电源、隔离开关电机电源、35（10）kV 开关柜顶可采用每段母线辐射供电方式

直流系统的供电方式一般有环状供电方式和辐射供电方式。以往直流系统的供电多采用环状供电方式，但其存在网络接线较复杂、容易造成供电回路的误并联、不易查找接地故障等缺点。辐射状供电方式具有网络接线简单、可靠，易于查找接地故障等优点，故直流系统的馈出网络应采用辐射状供电方式，严禁采用环状供电方式。对于 35kV 及以下开关柜采用每段母线辐射供电方式，即在每段母线柜顶设置 1 组直流小母线，每组直流小母线由 1 路直流馈线供电，35kV 及以下开关柜配电装置由柜顶直流小母线供电。

10. 变电站内端子箱、机构箱、智能控制柜、汇控柜等屏柜内的交直流接线不应接在同一段端子排上

交、直流电源端子中间没有隔离措施，混合使用，当端子箱密封不严进水或检修、试验人员由于操作失误导致交直流短接，交流电源混入直流系统，进而发生继电保护误动作。因此，交、直流电源端子应在端子排的不同区域，电源要有隔离。

11. 试验电源屏交流电源与直流电源应分层布置

部分试验电源屏直流电源取自变电站直流系统，如交直流不分层布置，该屏本身的交流可能窜入直流，经了解，交流窜入直流引发的事故多是在检修或试验中发生的；此外，交直流电源插座同层布置易造成检修、试验人员取用电时交直流电源接错，造成接电设备损坏。因此，应加强试验电源屏的管理。

12. 220kV 及以上电压等级的新建变电站通信电源应双重化配置，满足"双设备、双路由、双电源"的要求

考虑到变电站特别是无人值班变电站通信设备的重要性，主要提出对 220kV 及以上电压等级变电站通信电源配置的相关要求。

13. 直流断路器不能满足上、下级保护配合要求时，应选用带短路短延时保护特性的直流断路器

（1）直流电源系统的直流断路器以保护动作电流和时间分为二段式保护或三段式保

护。二段式直流断路器具有短路瞬时保护和过载长延时保护，三段式直流断路器具有短路瞬时保护、过载长延时保护和短路短延时保护（即通过时间的级差满足选择性的要求）。

（2）直流网络采用集中辐射型供电方式或分层辐射型供电方式。其集中辐射型、分层辐射型供电方式的直流系统对于上、下级的直流断路器要求实现选择性保护，上、下级断路器的动作存在时间差，即上级选用具有短路短延时保护特性的直流断路器，断路器通过瞬动、延时实现级差配合。

（3）根据直流断路器的额定电流以及所在回路的特性，设定保护电器的过负荷长延时保护、短路瞬时保护和短路短延时保护的约定动作电流值以及动作延时值，并根据各保护电器安装处短路电流值满足各级断路器脱扣的选择性、灵敏性和速动性的要求。

（4）为更好地满足选择性的要求，对上级直流断路器的短路短延时时间和下级直流断路器全分段时间进行配合。直流断路器的选择应能满足级差配合的选择性要求，实现上级直流断路器不误动，即不发生越级跳闸，不造成事故扩散。

（5）三段式保护的直流断路器在其动作时间上，为配合级差，直流断路器短延时时间可选择 10ms、30ms、60ms。

14. 直流高频模块和通信电源模块应加装独立进线断路器

若所有模块共用一个进线空开，其中一个模块发生短路，将导致所有直流高频模块和通信电源模块停止工作。

15. 新建变电站投运前，应完成直流电源系统断路器上、下级级差配合试验，核对熔断器级差参数，合格后方可投运

新建变电站施工单位应按照设计单位出具的全站直流系统上、下级级差配置图和级差配合参数开展级差配合试验，运维单位可通过资料检查、旁站见证或现场抽查方式开展验收。

【案例】2011 年 3 月 25 日，在对某 220kV 变电站某 220kV 线路进行检修工作时，该线路间隔装置电源发生短路，造成本间隔第一套保护装置电源空开跳闸，因空开级差配置不合理，同时造成上一级直流馈线屏进线空开跳闸，致使该站部分间隔装置电源消失，保护、测控装置电源失电。

16. 安装完毕投运前，应对蓄电池组进行全容量核对性充放电试验，经 3 次充放电仍达不到 100% 额定容量的应整组更换

竣工验收时，施工单位应对蓄电池组进行全容量核对性充放电试验，该容量是指折算至 25℃ 时的容量。若新投运蓄电池容量达不到 100% 的额定容量，将导致在下次充放电之前一直处于欠容量运行状态（正常运行状态下，只弥补其自放电容量），遇交流失压或充电装置故障，蓄电池组不能保证可靠稳定带负荷运行。

【案例】2015 年 4 月，某 110kV 变电站蓄电池交接验收时，第 1 次放电到 3h20min 时，第 99 号蓄电池端电压低于 1.8V，进行第 2 次容量试验放电到 3h30min 时，第 25 号、26 号、89 号、99 号等蓄电池端电压值下降到 1.8V 以下，蓄电池容量不满足要求。经查，2015 年 2 月蓄电池组安装投入运行，由于充电装置电源采用施工电源，可靠性低，再加上施工阶段蓄电池组缺乏正常维护，造成蓄电池长时间欠充电，最终造成蓄电池组容量下降。

第7章 国网公司相关反措条款

17. 交直流回路不得共用一根电缆，控制电缆不应与动力电缆并排铺设。对不满足要求的运行变电站，应采取加装防火隔离措施

交直流回路共用一根电缆易引起相互干扰或交直流互窜；动力电缆一般流过电流较大，发生火灾概率高，若控制电缆与动力电缆并排铺设，一旦动力电缆起火将直接波及控制电缆，将造成变电站交直流电源同时消失，引起事故扩大。

18. 直流电源系统应采用阻燃电缆。两组及以上蓄电池组电缆，应分别铺设在各自独立的通道内，并尽量沿最短路径敷设。在穿越电缆竖井时，两组蓄电池电缆应分别加穿金属套管。对不满足要求的运行变电站，应采取防火隔离措施

直流电源系统为变电站二次设备正常稳定运行提供重要的独立电源，同时也是全厂（站）失去全部交流电源后确保设备和人员安全的最后保障，其重要性不言而喻。本条文主要是针对直流电缆防火而提出的电缆选型、电缆铺设方面的具体要求。蓄电池电缆沿最短路径敷设：一方面，考虑电缆加长，压降会增大，真正加在蓄电池两端的浮充电电压将无法满足要求，长期运行造成蓄电池欠充电；另一方面，电缆越长，发生故障的概率也将增大。

【案例】 2003年4月16日，某电厂500kV升压站，一段0.4kV交流电缆阴燃。由于直流系统馈出的两根主电缆在电缆沟里与阴燃电缆混装，没有隔离措施，导致全部烧损，使全站失去直流电源，500kV两条输电线路失去继电保护，被迫跳开，4台发电机退出运行。

19. 直流电源系统除蓄电池组出口保护电器外，应使用直流专用断路器。蓄电池组出口回路宜采用熔断器，也可采用具有选择性保护的直流断路器

直流专用断路器在断开回路时，其灭弧室能产生一与电流方向垂直的横向磁场（容量较小的直流专用断路器可外加一辅助永久磁铁，产生一横向磁场），将直流电弧拉断。普通交流断路器应用在直流回路中，存在很大的危险性，普通交流断路器在断开回路中不能遮断直流电流，包括正常负荷电流和故障电流。这主要是由于普通交流断路器是靠交流电流自然过零而灭弧的，而直流电流没有自然过零过程，因此，普通交流断路器不能熄灭直流电流电弧。当普通交流断路器遮断不了直流负荷电流时，容易使断路器烧损；当遮断不了故障电流时，会使电缆和蓄电池组着火，引起火灾。交直流两用断路器是从交流断路器发展到直流专用断路器的一种过渡产品，经试验验证，交直流两用断路器灭弧能力差，不能有效起到及时断开故障回路的作用，目前大部分生产厂家均具备生产直流专用断路器能力，且在现场不具备对交直流两用断路器进行专项直流性能验证试验的条件。

综上所述，新建变电站禁止在直流回路使用交直流两用断路器及交流断路器，且应对原有断路器进行改造。断路器与熔断器混合保护的级差配合比较困难，由于断路器的脱扣速度基本不变，而熔断器的动作具有反时限特性。断路器安装在熔断器之前，某些短路电流值范围内会出现失去动作选择性的情况。而用于蓄电池出口的大容量断路器体积大，价格高，且目前运行经验较少，检修蓄电池时无法形成明显断开点，因此蓄电池组出口还可以使用熔断器。

20. 直流回路隔离电器应装有辅助触点，蓄电池组总出口熔断器应装有报警触点，信号应可靠上传至调控部门。直流电源系统重要故障信号应硬接点输出至监控系统

重要故障信号采用硬接点输出接入监控系统，可有效防止由于装置故障造成的报文丢

失问题。本条文中的隔离电器指的是蓄电池隔离开关、联络隔离开关及蓄电池、充电装置与母线间的隔离开关。

【案例】 2012年8月29日0：39，调控中心通知运维班"某110kV变电站通信中断"。1：00运维班人员到现场，发现全站直流已失去，充电装置两路交流进线断路器跳开，试合后恢复直流系统正常供电，试验直流就地告警信号正常，但无法上传调控中心和当地后台。经查，由于光电转换器内部短路烧毁，造成站内经规约转换的直流故障等信号不能正常上传，从28日0：51至29日0：30期间，监控中心未收到任何直流屏交流输入异常、直流电源系统异常等信息，运维人员无法及时恢复充电装置运行，导致蓄电池长时间放电。

21．应加强站用直流电源专业技术监督，完善蓄电池入网检测、设备抽检、运行评价

在运行阶段应加强技术监督。

22．两套配置的直流电源系统正常运行时，应分列运行。当直流电源系统存在接地故障情况时，禁止两套直流电源系统并列运行

直流电源系统存在接地故障情况下，禁止并列，防止事故扩大。如果两段母线都分别有接地情况，合直流母联断路器后，就会出现母线两点接地，可能会引起保护装置误动、拒动或断路器偷跳。

23．直流电源系统应具备交流窜直流故障的测量记录和报警功能，不具备的应逐步进行改造

变电站直流系统采用具备交流窜直流故障的测量记录和报警功能的直流系统绝缘监测装置，当变电站直流电源系统出现交流窜入引起直流接地时，装置能够及时测记及报警，及时发现并消除缺陷，防止继电保护装置误动或断路器误跳闸事故；此外，交流高电压窜入会造成直流监控器或保护装置烧损，危害极大。

【案例】 2007年11月21日11：04，某330kV变电站在现场施工过程中，由于安全措施不到位使工频交流量窜入直流系统，330kV侧Ⅰ母、Ⅱ母WMZ－41B母差失灵保护受到工频干扰，失灵开入重动继电器动作，导致母线侧断路器全部跳开。

24．新安装阀控密封蓄电池组，投运后每2年应进行一次核对性充放电试验，投运4年后应每年进行一次核对性充放电试验

蓄电池核对性充放电试验用于对蓄电池容量进行定期测试，验证其容量是否满足要求，可起到对蓄电池组深度活化作用，是验证蓄电池健康状况的最直接、有效的手段。目前蓄电池随着中标价格的降低，质量出现明显下降趋势，蓄电池有效寿命平均为5～6年，因此缩短蓄电池核对性充放电周期对及时发现蓄电池故障、有效活化蓄电池具有良好的作用。

【案例】 某110kV变电站在进行直流系统蓄电池核对性充放电过程中，检修人员检查直流系统电压后退出充电装置，对蓄电池组进行核对性放电，十几分钟后发现直流系统突然失电。经查，其中3号蓄电池容量严重不足，在蓄电池放电时开路，蓄电池组脱离母线，而充电装置又在退出状态，导致直流系统全部失电。

25．站用直流系统运行时，禁止蓄电池组脱离直流母线

在直流系统工作过程中，任何时刻都不能失去蓄电池组供电，原因是当母线脱离蓄电

池运行时,直流系统由站用交流系统供电,如果站用交流系统出现异常,将造成全站交直流电源全部消失的严重后果。

【案例】 2006年11月12日,某110kV变电站全站直流失电。经查,在变电站直流系统进行全面改造过程中,施工单位进行老蓄电池屏拆除工作时,现场未准备备用蓄电池组接入直流母线,仅依靠充电装置带全站直流负荷。其间,站用交流系统跳闸,造成全站直流失电。

7.2 浙江省公司反措

7.2.1 蓄电池组开路或容量不足造成变电站直流失压事故

1. 问题描述

近几年在蓄电池组充放电核容试验和带载能力试验中屡次出现蓄电池组容量严重不足和单只蓄电池开路现象。蓄电池组容量严重不足或开路,在变电站站用交流失电时会造成直流系统失压,尤其是110kV及以下变电站,由于只有一组蓄电池,若有单体蓄电池开路未及时发现,易造成系统短路故障时所用电电压下降,蓄电池无法输出稳定直流电造成保护装置拒动,引发越级跳闸,扩大事故范围。

2. 针对性措施

(1) 开展电池电压及内阻一致性检查。浮充电压:每月一次;内阻:每年两次,内阻检查应在蓄电池满电量状态下开展。【定期管控】

【释义】

1) 根据DL/T 724—2021《电力系统用蓄电池直流电源装置运行与维护技术规程》规定:浮充电压每月检查一次,阀控式蓄电池在运行中电压允许偏差值为浮充电压2.25V、±0.05V,浮充电压6.75V、±0.15V,浮充电压12V、±0.3V。阀控式蓄电池的浮充电电压值随环境温度变化需修正,其基准温度为25℃,修正值为±1℃时3mV,即当温度每升高1℃,单体电压为2V的阀控式蓄电池浮充电电压值应降低3mV,反之应提高3mV;阀控式蓄电池的运行温度宜保持在5~30℃,最高不应超过35℃。

2) 内阻一致性检查每年两次,内阻检查应在蓄电池满电量状态下开展。每次检查时选用的试验仪器、环境工况等条件应尽量保持一致,从而减少人为造成的误差。根据《输变电一次设备缺陷分类标准》(Q/GDW 1906—2013)的规定:内阻超过平均值100%或内阻超过平均值50%的电池数量达到整组电池的10%及以上为严重缺陷,超过平均值30%的电池数量达到整组电池的10%及以上为一般缺陷。

3) 各单位可根据蓄电池(直流电源)在线监控装置部署情况,在确保数据准确的前提下(定期开展人工测量与在线数据比较,误差≤5%),采用延长人工测量周期、人工抽测部分蓄电池等方式开展运维业务机器代替。

(2) 定期开展蓄电池核对性充放电试验和蓄电池组带载能力试验。其中,220kV及以下变电站新安装的蓄电池投运前进行全容量核对性试验;以后每隔2年进行一次;运行4年后每年一次。500kV及以上变电站新安装的蓄电池投运前进行全容量核对性试验;运行以后每年进行一次。开展蓄电池核对性充放电试验的年度,应在当年间隔 6 个月开展一次蓄电池带载能力试验;未开展蓄电池核对性充放电试验的年度,则应间隔 6 个月开展 2 次蓄电池带载能力试验。【定期管控】

【释义】

1) 结合 DL/T 724—2021《电力系统用蓄电池直流电源装置运行与维护技术规程》与《国家电网公司变电运维管理规定 第 24 分册 站用直流电源系统运维细则》(国家电网企管〔2017〕206 号)中对于蓄电池核对性充放电试验的规定,变电站只有一组电池时,按照"50%放电"的容量进行核对性放电试验,以 I_{10} 电流值预定恒流放电 5h。在放电 5h 过程中,对均充电压设置单只蓄电池为 2.35V、任一只蓄电池达到 1.95V 的终止电压或蓄电池组的端电压低于 $2V \times N$ 时,应立即停止核对性放电试验;对均充电压设置单只蓄电池为 2.4V、蓄电池组的端电压低于 $2V \times N$ 时,应立即停止核对性放电试验。恢复充电后采取措施(外接备用电池组)对该组蓄电池进行全容量核对性放电试验,最终确定蓄电池组是否低于 $80\%C_{10}$ 的容量。有两组蓄电池时,可先对其中一组蓄电池进行全容量核对性放电,完成后再对另一组蓄电池进行全容量核对性放电。单体蓄电池电压出现低于 1.8V 或蓄电池组的端电压低于 $1.8V \times N$ 时应停止放电。计算公式为蓄电池组容量(A·h)= I_{10} × 放电时间。蓄电池组容量均达不到其额定容量的 $80\%C_{10}$ 以上时,则应安排更换。原则上一个月内完成电池更换,未更换前应接入其他备用电源,满足总和容量大于额定容量 80%(锂电池备用电源禁止放置继保室)。

2) 蓄电池组每年进行 2 次带载能力试验,开展蓄电池核对性充放电试验的年度(充放电同时检测蓄电池带载能力),只需在当年间隔 6 个月开展一次蓄电池带载能力试验;未开展蓄电池核对性充放电试验的年度,则应间隔 6 个月开展 2 次蓄电池带载能力试验。对于单电单充变电站,可提高蓄电池组带载能力试验频次,宜一季度一次。

考虑传统直接拉开直流屏交流输入电源时存在直流负荷失电的风险(特别是单电单充变电站),蓄电池带载试验采用调节充电模块浮充电压方式。调整充电模块浮充电压略低于 $2.0V \times N$,带载时间不少于 15min,试验结束后进行带载能力分析。有条件情况下,宜接入蓄电池容量放电测试仪,人工调整负载使恒流放电电流值(直流屏负荷电流+放电仪负载电流)总和为 I_{10}。

(3) 结合蓄电池充放电试验、带载能力试验开展直流蓄电池组是否脱离母线检查,220kV 及以上变电站、110kV 重要变电站可采取加装在线监测装置(需要具备蓄电池断路续流功能)的方式实现自动监测。【定期管控】

【释义】

蓄电池组是否脱离母线检查,结合蓄电池核对性充放电或带载能力试验同步进行。

(4) 开展蓄电池第三方检测。省内第一次使用的蓄电池入网前必检;220kV 及以上电压等级新建(直流蓄电池整套技改)变电站蓄电池需抽检,其他视招标批次情况进行抽检。【常态化管控】

【释义】

根据《国网浙江省电力有限公司站用交直流电源运行可靠性管控提升措施》(浙电设

备〔2021〕827号）第一〇二、一〇三条规定，新建（或改扩建）工程，蓄电池供应商在满足招标文件要求的蓄电池数量基础上，同批次同品牌同型号的同组蓄电池额外提供1只，用于开展相关检测试验。当配置两组蓄电池时，配置的两组蓄电池需为不同制造厂商。

入网蓄电池应采用新版技术规范书，提升蓄电池品质，各单位应至少提前一个月按照检测要求将测试样品送至电科院开展相关检测试验，原则上一个月内出具检测报告。

（5）新建110kV（若配置两组蓄电池）及以上电压等级变电站配置的两组蓄电池需为不同制造厂商。若前期招标无法明确，应在设计联络会中对厂家提出明确要求。【常态化管控】

【释义】

为防止一个厂商同一生产批次的蓄电池存在工艺缺陷导致两组蓄电池同时不能正常运行，新建110kV（若配置两组蓄电池）及以上电压等级变电站或在运蓄电池技改更换配置的两组蓄电池需为不同制造厂商。

3. 案例分析

某110kV变电站内桥接线方式运行，一条110kV线带两台主变供电，另一条线路处于热备用状态。某日110kV线路对侧开关跳开，站内2台所用变失电，同时，直流母线欠压告警，导致110kV备自投装置掉电未正确动作，全所交流一次设备失电。2min后，直流电压恢复，备自投装置上电，监控远方合110kV开关，站内恢复供电，交流电恢复正常。

经检查，蓄电池容量不足，无法承受系统故障时的瞬时电流（交流系统失电时全站负荷），导致直流母线电压急剧下降，引起站内二次设备（110kV和10kV保护装置等）掉电。

7.2.2 防止充电装置交流输入失电造成直流系统安全隐患

1. 问题描述

充电装置交流主输入失电情况下，切换装置无法切换至备供电源，导致充电装置失电，易造成直流系统安全隐患。

2. 针对性措施

开展充电装置交流输入切换装置定期切换试验，重点检查带交流接触器的装置是否正常，切换回路是否完好，每季度一次。【定期管控】

【释义】

（1）交流装置切换过程中可能存在直流负荷短时失电风险，应先确认蓄电池组是否脱离母线，再开展切换试验。

（2）根据《国家电网公司变电运维管理规定 第24分册 站用直流电源系统运维细则》（国家电网企管〔2017〕206号）规定，每台充电装置两路交流输入（分别来自不同站用电源）互为备用，当运行的交流输入失去时能自动切换到备用交流输入供电。

7.2.3 防止直流系统绝缘故障

1. 问题描述

直流电源系统回路发生接地、交流电窜入等绝缘异常情况时，绝缘监测装置不能及时报警，造成变电站设备误动、拒动等事故。

2. 针对性措施

（1）开展绝缘监测装置功能测试。每年开展一次接地报警功能是否正常的检查试验。【定期管控】

【释义】

1) 对于在运变电站应选取备用支路分别进行正极、负极接地试验，判断绝缘监测装置告警是否正常。如果一个试验周期内已发生直流接地信号且选线正确的绝缘监测装置可不再重复开展绝缘功能测试。220V接地告警值为25kΩ，110V接地告警值为15kΩ。

2) 开展绝缘监测装置功能测试前应确认现场无绝缘不良及其他异常告警。

3) 新建变电站应依次选取全部馈线支路逐一开展接地告警试验，确保装置显示与实际馈线支路一致，并编制绝缘监测装置接地支路选线对应表。

（2）对不具备交窜直告警功能或缺陷频繁的绝缘监测装置应改造或更换。【常态化管控】

具备交窜直告警功能绝缘监测装置界面上应显示实时交流电压窜入值。

7.2.4 直流电源系统充电模块、绝缘监测模块、电池巡检模块等老旧元器件易造成变电站安全隐患

1. 问题描述

老旧直流电源设备中的充电模块、绝缘监测模块、电池巡检模块等主要元器件运行中故障多发，造成变电站安全隐患。

【释义】

（1）按照"直流屏12年、蓄电池7年、交流屏20年"原则，开展站用交直流设备周期管控。截至目前，浙江全省471座110kV及以上变电站直流电源设备已运行满12年，经综合评估306座变电站列入2023—2025年改造计划。要求各单位严格落实三年改造计划，优先安排缺陷频发、备用空开不足的老旧直流电源系统改造工作，每季度反馈老旧直流电源系统改造工作进度情况。

（2）根据《国网浙江省电力有限公司站用交直流电源运行可靠性管控提升措施》（浙电设备〔2021〕827号）要求，运维人员应每月对站用直流电源系统进行红外测温，并重点检查直流电源：一是直流监控装置、绝缘巡检装置是否存在异常及告警信号，装置对时是否准确等；二是充电装置、UPS面板、指示灯、仪表显示、风扇运行是否正常，是否存在其他异常告警、声响振动等；三是蓄电池壳体是否渗漏、变形，蓄电池极柱是否存在爬酸结晶，连接条是否存在腐蚀、松动等。

2. 针对性措施

对运行直流系统的充电模块、绝缘监测模块、电池巡检模块等应每年开展评估，存

在隐患、缺陷较多的设备应分批次安排技改,确保直流电源系统状态良好。【常态化管控】

7.2.5 控制电缆与动力电缆混沟敷设造成安全隐患

1. 问题描述

通信光纤、监控系统光纤、二次控制保护电缆等与动力电缆共沟敷设,易引起火灾扩大事故范围,造成直流电源系统失电。

2. 针对性措施

(1) 新建变电站控制电缆、通信电缆和动力电缆分沟敷设,彻底隔离,直流电源系统两组及以上蓄电池组电缆应分别铺设在各自独立的通道内,应采用阻燃电缆,加穿金属护套。新建220kV及以上变电站根据电缆双通道要求建设两条低压电缆沟,避免电缆共沟敷设,防止因火灾范围扩大造成直流电源系统失电。【常态化管控】

【释义】

根据《变电运检与基建通用设计差异事项讨论会纪要》(浙电会纪字〔2022〕131号),设备部已与基建部、发策部达成一致意见。

1) 低压动力电缆、控制电缆、通信电缆应与10kV及以上电力电缆分沟敷设。

2) 新建变电站工程应采用建设独立电缆通道敷设动力电缆,将动力电缆与控制电缆、通信电缆(光缆)隔绝。

3) 在运变电站改(扩)建工程中,电缆沟内所有电缆必须敷设在支架上,动力电缆不应与控制电缆、通信电缆(光缆)同层敷设,在支架上从上到下排列顺序为:K_1(动力电缆)、K_2(传输电流电压测量信号的控制电缆)、K_3(传输直流电流电压测量信号的控制电缆)、K_4(传输控制和指示信号的控制电缆)、K_5(光缆)、K_6(通信电缆)。如电缆沟层数有限,K_2、K_3、K_4可同层敷设,K_5、K_6可同层敷设。

4) 在运变电站改(扩)建工程中,动力电缆与控制电缆、通信电缆(光缆)同沟敷设时,应采用插入防火板进行隔离、将通信电缆(光缆)放入防火槽盒等隔离措施。

5) 直流系统两组蓄电池的电缆应分别铺设在各自独立的通道内,尽量避免与交流电缆并排铺设,在穿越电缆竖井时,两组蓄电池电缆应加穿金属管。

6) 原则上双重化配置的电源、控制等回路,同一电缆沟内其电缆尽量布置在电缆沟的两侧。

(2) 每年定期对电缆竖井、夹层和沟道内等密集区以及二次端子开展红外测温。【定期管控】

【释义】

每年对电缆竖井、夹层和沟道内等密集区以及二次端子开展红外测温两次,并形成报告。

(3) 现有变电站全面排查通信光纤、监控系统光纤、二次控制保护电缆与动力电缆混沟敷设情况,对不满足要求的运行变电站应采取动力电缆加装防火槽盒、分层加装防火隔板、加装防火软包、涂敷防火涂料、加装自动灭火装置等措施,防火隔板需执行2h耐火要求。

第8章

直流系统运行和检修要点

8.1 运行规定

8.1.1 一般规定

（1）330kV 及以上电压等级变电站及重要的 220kV 变电站应采用 3 台充电装置、2 组蓄电池组的供电方式。每组蓄电池和充电装置应分别接于一段直流母线上，第 3 台充电装置（备用充电装置）可在两段母线之间切换，任一工作充电装置退出运行时，手动投入第 3 台充电装置。

（2）每台充电装置两路交流输入（分别来自不同站用电源）互为备用，当运行的交流输入失去时能自动切换到备用交流输入供电。

（3）两组蓄电池组的直流系统，应满足在运行中二段母线切换时不中断供电的要求，切换过程中允许两组蓄电池短时并联运行，禁止在两系统都存在接地故障的情况下进行切换。

（4）直流母线在正常运行和改变运行方式的操作中，严禁发生直流母线无蓄电池组的运行方式。

（5）查找和处理直流接地时，应使用内阻大于 2000Ω/V 的高内阻电压表，工具应绝缘良好。

（6）使用拉路法查找直流接地时，至少应由两人进行，断开直流时间不得超过 3s，并做好防止保护装置误动作的措施。

（7）直流电源系统同一条支路中熔断器与直流断路器不应混用，尤其不应在直流断路器的下级使用熔断器，防止在回路故障时失去动作选择性。严禁直流回路使用交流断路器。直流断路器配置应符合级差配合要求。

（8）蓄电池室应使用防爆型照明、排风机及空调，开关、熔断器和插座等应装在室外。门窗应完好，窗户应有防止阳光直射的措施。

8.1.2 蓄电池

（1）新安装的阀控式密封铅酸蓄电池组应进行全核对性放电试验。以后每隔两年进行一次核对性放电试验。运行了四年以后的蓄电池组，每年做一次核对性放电试验。

(2) 阀控式蓄电池组正常应以浮充电方式运行，浮充电压值应控制为 (2.23～2.28)V×N，一般宜控制在 2.25V×N（25℃时）；均衡充电电压宜控制为 (2.30～2.35)V×N。

(3) 测量电池电压时应使用四位半精度万用表。

(4) 蓄电池熔断器损坏应查明原因并处理后方可更换。

(5) 蓄电池室的温度宜保持在 5～30℃，最高不应超过 35℃，并应通风良好。

(6) 蓄电池不宜受到阳光直射。

(7) 蓄电池室内禁止点火、吸烟，并在门上贴有"严禁烟火"警示牌，严禁明火靠近蓄电池。

8.1.3 充电装置

(1) 充电装置在检修结束恢复运行时，应先合交流侧断路器，再带直流负荷。

(2) 对交流切换装置模拟自动切换，重点检查交流接触器是否正常、切换回路是否完好。

(3) 运行中直流电源装置的微机监控装置，应通过操作按钮切换检查有关功能和参数，其各项参数的整定应有权限设置。

(4) 当微机监控装置故障时，若有备用充电装置，应先投入备用充电装置，并将故障装置退出运行。

8.2 巡视维护要点

8.2.1 巡视检查要点

8.2.1.1 蓄电池组

(1) 蓄电池室通风、照明及消防设备完好，温度符合要求，无易燃、易爆物品。

(2) 蓄电池组外观清洁，无短路、接地。

(3) 各连片连接可靠无松动。

(4) 蓄电池外壳无裂纹、鼓肚、漏液，呼吸器无堵塞、密封良好。

(5) 蓄电池极板无龟裂、弯曲、变形、硫化和短路，极板颜色正常，极柱无氧化、生盐。

(6) 无欠充电、过充电。

(7) 典型蓄电池电压在合格范围内。

(8) 蓄电池室的运行温度宜保持在 5～30℃。

8.2.1.2 充电装置

(1) 交流输入电压、直流输出电压和电流显示正确。

(2) 充电装置工作正常、无告警。

(3) 风冷装置运行正常，滤网无明显积灰。

(4) 在动力母线（或蓄电池输出）与控制母线间设有母线调压装置的系统，应采用严防母线调压装置开路造成控制母线失压的有效措施。

(5) 直流控制母线、动力母线电压值在规定范围内，浮充电流值符合规定。

(6) 充电装置交流输入电压，直流输出电压、电流正常，表计指示正确，保护的声、光信号正常，运行声音无异常。

（7）电池监测仪应实现对每个单体电池电压的监控，其测量误差应不大于2‰。

（8）充电装置应具有过流、过压、欠压、交流失压、交流缺相等保护及声光报警功能。

（9）额定直流电压220V系统过压报警整定值为额定电压的115%、欠压报警整定值为额定电压的90%，直流绝缘监察整定值为25kΩ。

（10）额定直流电压110V系统过压报警整定值为额定电压的115%、欠压报警整定值为额定电压的90%，直流绝缘监察整定值为15kΩ。

8.2.1.3 直流屏（柜）

（1）各支路的运行监视信号完好，指示正常，直流断路器位置正确。

（2）柜内母线、引线应采取硅橡胶热缩或其他防止短路的绝缘防护措施。

（3）直流系统的馈出网络应采用辐射状供电方式，严禁采用环状供电方式。

（4）直流屏（柜）通风散热良好，防小动物封堵措施完善。

（5）柜门与柜体之间应经截面积不小于$4mm^2$的多股裸体软导线可靠连接。

（6）直流屏（柜）设备和各直流回路标志清晰正确、无脱落。

（7）各元件接线紧固，无过热、异味、冒烟，装置外壳无破损，内部无异常声响。

（8）引出线连接线夹应紧固，无过热。

（9）交直流母线避雷器应正常。

8.2.1.4 直流系统绝缘监测装置

（1）直流系统正对地和负对地的（电阻值和电压值）绝缘状况良好，无接地报警。

（2）装有微机型绝缘监测装置的直流电源系统，应能监测和显示其各支路的绝缘状态。

（3）直流系统绝缘监测装置应具备"交流窜入"以及"直流互窜"的测记、选线及告警功能。

（4）220V直流系统两极对地电压绝对值差不超过40V或绝缘未降低到25kΩ以下，110V直流系统两极对地电压绝对值差不超过20V或绝缘未降低到15kΩ以下。

8.2.1.5 直流系统微机监控装置

（1）三相交流输入、直流输出、蓄电池以及直流母线电压正常。

（2）蓄电池组电压、充电模块输出电压和浮充电的电流正常。

（3）微机监控装置运行状态以及各种参数正常。

8.2.1.6 直流断路器、熔断器

（1）直流回路中严禁使用交流空气断路器。

（2）直流断路器位置与实际相符，熔断器无熔断，无异常信号，电源灯指示正常。

（3）各直流断路器标志齐全、清晰、正确。

（4）各直流断路器两侧接线无松动、断线。

（5）直流断路器、熔断器接触良好，无过热。

（6）使用交直流两用空气断路器应满足开断直流回路短路电流和动作选择性的要求。

（7）蓄电池组、交流进线、整流装置直流输出等重要位置的熔断器、断路器应装有辅

助报警触点。无人值班变电站的各直流馈线断路器应装有辅助与报警触点。

(8) 除蓄电池组出口总熔断器以外,其他地方均应使用直流专用断路器。

8.2.1.7 电缆

(1) 蓄电池组正极和负极的引出线不应共用一根电缆。

(2) 蓄电池组电源引出电缆不应直接连接到极柱上,应采用过渡板连接,并且电缆接线端子处应有绝缘防护罩。

(3) 两组蓄电池的电缆应分别铺设在各自独立的通道内,尽量避免与交流电缆并排铺设,在穿越电缆竖井时,两组蓄电池电缆应加穿金属套管。

(4) 电缆防火措施完善。

(5) 电缆标志牌齐全、正确。

8.2.2 维护要点

8.2.2.1 一组阀控式蓄电池组

(1) 全站仅有一组蓄电池时,不应退出运行,也不应进行全核对性放电,只允许用 I_{10} 电流放出其额定容量的 50%。

(2) 在放电过程中,蓄电池组的端电压不应低于 $2NV$。

(3) 放电后,应立即用 I_{10} 电流进行限压充电—恒压充电—浮充电,反复放充 2~3 次,蓄电池容量可以得到恢复。

(4) 若有备用蓄电池组替换时,该组蓄电池可进行全核对性放电。

8.2.2.2 两组阀控式蓄电池组

(1) 全站若具有两组蓄电池时,则一组运行,另一组退出运行进行全核对性放电。

(2) 放电用 I_{10} 恒流,当蓄电池组电压下降到 $1.8NV$ 或单体蓄电池电压出现低于 1.8V 时,停止放电。

(3) 隔 1~2h 后,再用 I_{10} 电流进行恒流限压充电—恒压充电—浮充电,反复放充 2~3 次,蓄电池容量可以得到恢复。

(4) 若经过 3 次全核对性放充电,蓄电池组容量均达不到其额定容量的 80% 以上,则应安排更换。

阀控式蓄电池在运行中电压偏差值及放电终止电压值的规定见表 8-1。

表 8-1   阀控式蓄电池在运行中电压偏差值及放电终止电压值的规定   单位:V

阀控式密封铅酸蓄电池	标称电压		
	2	6	12
运行中的电压偏差值	±0.05	±0.15	±0.3
开路电压最大、最小电压差值	0.03	0.04	0.06
放电终止电压值	1.80	5.40 (1.80×3)	10.8 (1.80×6)

8.2.2.3 蓄电池组内阻测试

(1) 测试工作至少两人进行,防止直流短路、接地、断路。

(2) 蓄电池内阻在生产厂家规定的范围内。

(3) 蓄电池内阻无明显异常变化，单只蓄电池内阻偏离值应不大于出厂值的10％。
(4) 测试时连接测试电缆应正确，按顺序逐一进行蓄电池内阻测试。
(5) 单体蓄电池电压测量应每月至少1次，蓄电池内阻测试应每年至少1次。

8.2.2.4　电缆封堵
(1) 应使用有机防火材料封堵。
(2) 孔洞较大时，应用阻燃绝缘材料封堵后，再用有机防火材料封堵严密。

8.2.2.5　指示灯更换
(1) 应检查设备电源是否已断开，用万用表测量接线柱（对地）是否已确无电压。
(2) 拆除二次线要用绝缘胶布粘好并做好标记，防止误搭临近带电设备，防止恢复时错接线。
(3) 应更换为同型号的指示灯。
(4) 更换完毕后应检查接线是否牢固、正确。

8.2.2.6　蓄电池熔断器更换
(1) 蓄电池熔断器损坏应查明原因并处理后方可更换。
(2) 检查熔断器是否完好、有无灼烧痕迹，使用万用表测量蓄电池熔断器两端电压，电压不一致表明熔断器损坏。
(3) 应更换为同型号的熔断器，再次熔断不得试送，应联系检修人员处理。

8.2.2.7　采集单元熔丝更换
(1) 应使用绝缘工具，工作中防止人身触电，直流短路、接地，蓄电池开路。
(2) 更换熔丝前，应使用万用表对更换熔丝的蓄电池单体电压进行测试，确认蓄电池电压正常。
(3) 更换的熔丝应与原熔丝型号、参数一致。
(4) 旋开熔丝管时不得过度旋转。
(5) 熔丝取出后，应测试熔丝是否良好，判断是否由于连接弹簧或垫片接触不良造成电压无法采集。

8.2.2.8　红外检测
(1) 检测范围包括蓄电池组、充电装置、馈电屏及事故照明屏。
(2) 重点检测蓄电池及连接片、充电模块、各屏引线接头，各负载断路器的上、下两级的连接处。

8.3　检修要点

8.3.1　专业巡视要点

8.3.1.1　充电装置巡视
(1) 交流输入电压、直流输出电压和电流显示正确。
(2) 充电装置工作正常、无告警。
(3) 风冷装置运行正常，滤网无明显积灰。

（4）充电装置交流输入电压、直流输出电压/电流正常，表计指示正确，保护的声、光信号正常，运行声音无异常。

8.3.1.2 直流馈电屏巡视

（1）各支路的运行监视信号完好，指示正常，直流断路器位置正确。
（2）柜内母线、引线应采取硅橡胶热缩或其他防止短路的绝缘防护措施。
（3）直流系统的馈出网络应采用辐射状供电方式，严禁采用环状供电方式。
（4）直流屏（柜）通风散热良好，防小动物封堵措施完善。
（5）柜门与柜体之间应经截面积不小于 $4mm^2$ 的多股裸体软导线可靠连接。
（6）直流屏（柜）设备和各直流回路标志清晰正确、无脱落。
（7）各元件接线紧固，无过热、异味、冒烟，装置外壳无破损，内部无异常声响。
（8）引出线连接线夹应紧固，无过热。
（9）交直流母线避雷器应正常。

8.3.1.3 蓄电池组巡视

（1）蓄电池室通风、照明及消防设备完好，温度符合要求，无易燃、易爆物品。
（2）蓄电池组外观清洁，无短路、接地。
（3）各连片连接可靠无松动。
（4）蓄电池外壳无裂纹、鼓肚、漏液，呼吸器无堵塞，密封良好。
（5）蓄电池极板无龟裂、弯曲、变形、硫化和短路，极板颜色正常，极柱无氧化、生盐。
（6）无欠充电、过充电。
（7）典型蓄电池电压在合格范围内。
（8）蓄电池室的运行温度宜保持在 5~30℃。

8.3.1.4 监控单元巡视

（1）三相交流输入、直流输出、蓄电池以及直流母线电压正常。
（2）蓄电池组电压、充电模块输出电压和浮充电的电流正常。
（3）集中监控单元运行状态以及各种参数正常。
（4）监控单元应具有过流、过压、欠压、交流失压、交流缺相等保护及声光报警功能。
（5）额定直流电压 220V 系统过压报警整定值为额定电压的 115%、欠压报警整定值为额定电压的 90%、直流绝缘监察整定值为 $25k\Omega$。
（6）额定直流电压 110V 系统过压报警整定值为额定电压的 115%、欠压报警整定值为额定电压的 90%、直流绝缘监察整定值为 $15k\Omega$。

8.3.1.5 调压装置巡视

（1）在动力母线（或蓄电池输出）与控制母线间设有母线调压装置的系统，应采用严防母线调压装置开路造成控制母线失压的有效措施。
（2）直流控制母线、动力母线电压值在规定范围内，浮充电流值符合规定。

8.3.1.6 绝缘监测装置巡视

（1）直流系统正对地和负对地的（电阻值和电压值）绝缘状况良好，无接地报警。

（2）装有微机型绝缘监测装置的直流电源系统，应能监测和显示其各支路的绝缘状态。

（3）直流系统绝缘监测装置应具备"交流窜入"以及"直流互窜"的测记、选线及告警功能。

（4）220V直流系统两极对地电压绝对值差不超过40V或绝缘未降低到25kΩ以下，110V直流系统两极对地电压绝对值差不超过20V或绝缘未降低到15kΩ以下。

8.3.1.7 蓄电池电压巡检装置巡视

电池监测仪应实现对每个单体电池电压的监控，其测量误差应不大于2‰。

8.3.2 检修要点

8.3.2.1 蓄电池组整体更换

（1）单体蓄电池内阻测试值应与蓄电池组内阻平均值比较，允许偏差范围为±10%。

（2）调整运行方式：两段直流母线，两组蓄电池并列运行，将更换的蓄电池组退出直流系统；单组蓄电池，核对临时蓄电池组与运行中直流母线极性保持一致，相互电压差不大于5V，临时蓄电池组要保持满容量。

（3）蓄电池放置的平台、支架及间距应符合设计要求。

（4）蓄电池应安装平稳，间距均匀，排列整齐；蓄电池间距不小于15mm，蓄电池与上层隔板间距不小于150mm。

（5）连接条及蓄电池极柱接线正确，螺栓紧固。

（6）蓄电池及电缆引出线要标明序号和正、负极性。

（7）蓄电池遥测、遥信回路试验正确。

（8）用1000V绝缘电阻表测量被测部位，绝缘电阻测试结果应符合以下规定：柜内直流汇流排和电压小母线，在断开所有其他连接支路时，对地的绝缘电阻应不小于10MΩ。蓄电池组的绝缘电阻：电压为220V的蓄电池组不小于500kΩ；电压为110V的蓄电池组不小于300kΩ。

（9）接入蓄电池巡视仪，检查每只蓄电池单体电压采集应正常。

（10）对新蓄电池组进行核对性充放电，容量应达到额定容量的100%。

（11）新蓄电池组投入运行，确保极性正确。

（12）阀控式蓄电池组在同一层或同一台上的蓄电池间宜采用有绝缘的或有护套的连接条连接，不同一层或不同一台上的蓄电池间采用电缆连接。

（13）大容量的阀控式蓄电池宜安装在专用蓄电池室内。容量在300A·h以下的阀控式蓄电池，可安装在电池柜内。

（14）应设有专用的蓄电池放电回路，其直流空气断路器容量应满足蓄电池容量要求。

（15）阀控式蓄电池的浮充电电压值应随环境温度变化而修正，其基准温度为25℃，修正值为±1℃时3mV。

（16）两组蓄电池的直流系统应采用母线分段运行方式，每段母线应分别采用独立的蓄电池组供电，并在两段直流母线之间设联络断路器或隔离开关。

8.3.2.2 阀控式蓄电池组容量检验

（1）新蓄电池组在安装调试结束后，应对蓄电池组进行全容量核对性放电试验，应满足标称容量的 100%。

（2）阀控式蓄电池组在验收投运后每两年应进行一次核对性放电，运行了四年以后应每年进行一次核对性放电。

（3）蓄电池组若经过 3 次放充电循环，应达到蓄电池额定容量的 80% 以上，否则应安排更换。

（4）在原直流系统不断电的条件下，正确地把临时充电装置及蓄电池组并入系统，将原直流系统退出后再进行蓄电池组核对性放电。注意并入和退出临时充电装置及蓄电池组时输出电压与原蓄电池组电压差应不大于 5V。

（5）将蓄电池放电仪、蓄电池组经直流断路器正确连接。

8.3.2.3　蓄电池单体检修

（1）蓄电池更换装置正确接在待处理蓄电池的两端。

（2）应保证蓄电池更换装置的接线端子牢固，无松动、脱落。

（3）拆下连接片的腐蚀部分进行打磨处理。

（4）对有爬酸、爬碱蓄电池的极柱端子用刷子进行清扫。

（5）蓄电池极柱端子连接片应确保已紧固完好。

8.3.2.4　蓄电池电压采集单元熔丝更换

（1）更换熔丝前，应使用万用表对更换熔丝的蓄电池单体电压进行测试，确认蓄电池电压正常。

（2）更换熔丝取出后，应使用万用表的电阻挡测试熔丝是否良好，是否由于连接弹簧或垫片接触不良造成电压无法采集。

（3）更换中应注意不要将连接弹簧和垫片遗失。

（4）旋开熔丝管时不得过度旋转，以防连接导线过度扭曲而造成断裂。

（5）更换的熔丝应与原熔丝型号、参数一致。

（6）对与电池接线端子连接在一起的蓄电池电压采集电子式熔丝，需将蓄电池接线端子打开才可进行更换作业，作业前需将蓄电池做好防开路措施后，方可进行。

8.3.2.5　充电装置整体更换

（1）退屏前对单套充电装置应校验临时充电装置直流输出与运行直流母线极性一致，电压差不大于 5V；退屏前对双套充电装置应改变直流系统运行方式，两段母线并列运行后退出需更换的充电装置。

（2）拆除需更换的充电装置交、直流电缆，并做好标记。

（3）固定新充电装置后，屏柜之间水平倾斜度、垂直倾斜度均应符合要求。

（4）检查更换的充电装置交、直流回路绝缘正常，（1000V 绝缘电阻表检查交流回路—地、交流回路—直流输出回路、直流输出—地之间绝缘电阻不小于 10MΩ）。

（5）对新更换充电装置稳压、稳流、纹波、报警等功能试验正常（稳压精度不超过 ±0.5%、稳流精度不超过 ±1%、纹波系数不超过 0.5%）。

（6）投新屏前对单套充电装置应校验直流输出与运行直流母线极性一致，电压差不大于 5V；投新屏前对双套充电装置应校验直流输出与运行直流母线极性一致，电压差不大于 5V，并恢复直流系统正常运行方式。

（7）每台充电装置两路交流输入（分别来自不同站用电源）互为备用，当运行的交流输入失去时能自动切换到备用交流输入供电。

（8）高频开关电源模块应满足 $N+1$ 配置，并联运行方式，模块总数宜不小于3块。可带电插拔更换、软启动、软停止。

8.3.2.6　充电模块更换

（1）拆除故障充电装置模块前，应先将该模块设置退出，并拉开该模块的交流输入断路器。

（2）更换新模块后应设置模块通信地址正确，合上交流输入断路器。

（3）检查直流充电装置应运行正常。

（4）高频开关电源模块应满足 $N+1$ 配置，并联运行方式，模块总数宜不小于3块。可带电插拔更换、软启动、软停止。

8.3.2.7　直流屏整体更换

（1）对直流临时屏上的直流断路器使用要正确，确保安全供电。

（2）拆接各直流电缆，应认真核对并做好标记，恢复时正、负极不得接错。

（3）严禁直流屏倾斜压坏运行电缆。

（4）拖拽电缆时造成电缆外护层损伤和电缆过分弯曲会使电缆内部损坏，电缆应固定牢固。

（5）电缆排列整齐，电缆放好后要悬挂标示牌。

（6）允许停电的支路应停电转接。不允许停电的支路应带电搭接。

（7）各直流断路器应及时做好标志。

（8）柜内母线、引线应采取硅橡胶热缩或其他防止短路的绝缘防护措施。

（9）有两组跳闸线圈的断路器，其每一跳闸回路应分别由专用的直流断路器供电。

8.3.2.8　直流屏指示灯更换

（1）更换指示灯前，应先用万用表测试指示灯两端的电压是否正常。

（2）更换指示灯不得断开直流断路器。拆开的电源线应立即包扎并做好标记。

（3）工作中所有拆开的电源接线应拆除一根包扎一根。

（4）更换指示灯后，检查指示灯工作状态应正常。

8.3.2.9　电缆检修

（1）电缆型号、规格及敷设应符合设计要求。

（2）电缆外观应无损伤、绝缘良好。

（3）电缆各部位接头紧固，接触良好。

（4）电缆正、负极清晰正确，标示清楚。

（5）直流系统的电缆应采用阻燃电缆。

（6）两组蓄电池的电缆应分别铺设在各自独立的通道内，穿越电缆竖井应加穿金属套管。

（7）用防火堵料封堵电缆孔洞。

8.3.2.10　例行检查

（1）直流系统的电缆应采用阻燃电缆。

（2）严禁蓄电池过放电，造成蓄电池不可恢复性故障。

（3）一个接线端子上最多接入线芯截面相等的两芯线。

（4）柜内母线、引线应采用硅橡胶热缩或其他严防短路的绝缘防护措施。

（5）直流电源系统同一条支路中熔断器与直流断路器不应混用，尤其不应在直流断路器的下级使用熔断器。严禁直流回路使用交流断路器。

（6）阀控式密封铅酸蓄电池组的布置：同一层或同一台上的蓄电池间宜采用有绝缘的或有护套的连接条连接，不同一层或不同一台上的蓄电池间采用电缆连接。

（7）蓄电池连接条及蓄电池极柱接线应正确，螺栓紧固。

（8）充电装置交流输入电压、直流输出电压/电流以及蓄电池电压正常。

（9）蓄电池极板无弯曲、变形，壳体无鼓胀变形，无漏液。

（10）直流系统遥测、遥信信息正确，测量蓄电池单体电压和蓄电池组总电压在规定范围内。

（11）直流绝缘监测装置应具备"接地故障"报警功能。

（12）直流断路器和运行方式符合运行规定。

（13）蓄电池室温度、通风、照明、保温设施符合要求。

8.4 验收要点

验收要点见表 8-2。

表 8-2　　　　　　　　　　　　验　收　要　点

序号	验收项目	验收标准	检查方式	验收结论（是否合格）	问题说明
一、外观及运行方式检查验收				验收人签字：	
1	外观检查	（1）屏上设备完好无损伤，屏柜无刮痕，屏内清洁无灰尘，设备无锈蚀。 （2）屏柜安装牢固，屏柜间无明显缝隙。 （3）直流断路器上端头应分别从端子排引入，不能在断路器上端头并接。 （4）保护屏内设备、断路器标示清楚正确。 （5）检查屏柜电缆进口防火应封堵严密。 （6）直流屏铭牌、合格证、型号规格符合要求。	现场检查	□是 □否	
2	运行方式检查	一组蓄电池的变电站直流母线应采用单母线分段或不分段运行的方式	现场检查	□是 □否	
		（1）两组蓄电池的变电站直流母线应采用分段运行的方式，并在两段直流母线之间设置联络断路器或隔离开关，正常运行时断路器或隔离开关处于断开位置，在运行中两段母线切换时应不中断供电。 （2）每段母线应分别采用独立的蓄电池组供电，每组蓄电池和充电装置应分别接于一段母线上。 （3）装有第三台充电装置时，其可在两段母线之间切换，任何一台充电装置退出运行时，投入第三台充电装置	现场检查	□是 □否	
		每台充电装置两路交流输入（分别来自不同站用电源）互为备用，当运行的交流输入失去时能自动切换到备用交流输入供电	现场检查	□是 □否	
		直流馈出网络应采用辐射状供电方式。双重化配置的保护装置直流电源应取自不同的直流母线段，并用专用的直流断路器供出	现场检查	□是 □否	

8.4 验收要点

续表

序号	验收项目	验 收 标 准	检查方式	验收结论（是否合格）	问题说明
二、二次接线检查验收　　　　　　　　　　　　　　　　　　　　　　　　　　　　　　　验收人签字：					
3	图纸相符检查	二次接线美观整齐，电缆牌标志正确，挂放正确齐全，核对屏柜接线与设计图纸应相符	现场检查	□是 □否	
4	二次电缆及端子排检查	一个端子上最多接入线芯截面相等的两芯线，交、直流不能在同一段端子排上，所有二次电缆及端子排二次接线的连接应可靠，芯线标志管齐全、正确、清晰，与图纸设计一致	现场检查	□是 □否	
		直流系统电缆应采用阻燃电缆，应避免与交流电缆并排铺设	现场检查	□是 □否	
		蓄电池组正极和负极引出电缆应选用单根多股铜芯电缆，分别铺设在各自独立的通道内，在穿越电缆竖井时，两组蓄电池电缆应加穿金属套管	现场检查	□是 □否	
		蓄电池组电源引出电缆不应直接连接到极柱上，应采用过渡板连接，并且电缆接线端子处应有绝缘防护罩	现场检查	□是 □否	
5	芯线标志检查	芯线标志应用线号机打印，不能手写。芯线标志应包括回路编号、本侧端子号及电缆编号，电缆备用芯也应挂标志管并加装绝缘线帽。芯线回路号的编制应符合二次接线设计技术规程原则要求	现场检查	□是 □否	
三、电缆工艺检查验收　　　　　　　　　　　　　　　　　　　　　　　　　　　　　　　验收人签字：					
6	控制电缆排列检查	所有控制电缆固定后应在同一水平位置剥齐，每根电缆的芯线应分别捆扎，接线按从里到外、从低到高的顺序排列。电缆芯线接线端应制作缓冲环	现场检查	□是 □否	
7	电缆标签检查	电缆标签应使用电缆专用标签机打印。电缆标签的内容应包括电缆号、电缆规格、本地位置、对侧位置。电缆标签悬挂应美观一致、以利于查线。电缆在电缆夹层应留有一定的裕度	现场检查	□是 □否	
四、二次接地检查验收　　　　　　　　　　　　　　　　　　　　　　　　　　　　　　　验收人签字：					
8	屏蔽层检查	所有隔离变压器（电压、电流、直流逆变电源、导引线保护等）的一次、二次线圈间必须有良好的屏蔽层，屏蔽层应在保护屏可靠接地	现场检查	□是 □否	
9	屏内接地检查	屏柜下部应设有截面不小于 100mm² 的接地铜排。屏柜上装置的接地端子应用截面不小于 4mm² 的多股铜线和接地铜排相连。接地铜排应用截面不小于 50mm² 的铜缆与保护室内的等电位接地网相连	现场检查	□是 □否	
五、充电装置检查验收　　　　　　　　　　　　　　　　　　　　　　　　　　　　　　　验收人签字：					
10	外观及结构检查	(1) 柜体外形尺寸应与设计标准符合，与现场其他屏柜保持一致。 (2) 柜体内紧固连接应牢固、可靠，所有紧固件均具有防腐镀层或涂层，紧固连接应有防松措施。 (3) 装置应完好无损，设备屏、柜的固定及接地应可靠，门应开闭灵活，开启角不小于 90°，门与柜体之间经截面不小于 4mm² 的裸体软导线可靠连接。 (4) 元件和端子应排列整齐、层次分明、不重叠，便于维护拆装。长期带电发热元件的安装位置在柜内上方。 (5) 二次接线应正确，连接可靠，标志齐全、清晰，绝缘符合要求。 (6) 设备屏、柜及电缆安装后，孔洞封堵和防止电缆穿管积水结冰措施检查。 (7) 监控装置本身故障，要求有故障报警，且信号传至远方。 (8) 两段母线的母联开关，需检验其的通电良好性	现场检查/资料检查	□是 □否	

续表

序号	验收项目	验收标准	检查方式	验收结论（是否合格）	问题说明
11	电流电压监视	(1) 每个成套充电装置应有两路交流输入（分别来自不同站用电源），互为备用，当运行的交流输入失去时能自动切换到备用交流输入供电且充电装置监控应能显示两路交流输入电压。 (2) 交流输入端应采取防止电网浪涌冲击电压侵入充电模块的技术措施，实现交流输入过压、欠压及缺相报警检查功能。 (3) 直流电压表、电流表应采用精度不低于1.5级的表计，如采用数字显示仪表，应采用精度不低于0.1级的表计。 (4) 电池监测仪应实现对每个单体电池电压的监控，其测量误差应不大于2‰。 (5) 直流电源系统应装设有防止过压的保护装置	现场检查/资料检查	□是 □否	
12	高频开关电源模块检查	(1) 高频开关电源模块应采用$N+1$配置，并联运行方式，模块总数不宜小于3。 (2) 高频开关电源模块输出电流为50%额定值 [$50\% \times I_e(n+1)$]及额定值情况下，其均流不平衡度不大于±5%。 (3) 监控单元发出指令时，按指令输出电压、电流。 (4) 高频整流模块脱离监控单元后，可输出恒定电压给电池浮充。 (5) 散热风扇装置启动以及退出正常，运转良好。 (6) 可带电拔插更换	现场检查/资料检查	□是 □否	
13	噪声测试	高频开关充电装置的系统自冷式设备的噪声应不大于50dB，风冷式设备的噪声平均值应不大于60dB。	现场检查	□是 □否	
14	充电装置元器件检查	(1) 柜内安装的元器件均有产品合格证或证明质量合格的文件。 (2) 导线、导线颜色、指示灯、按钮、行线槽、涂漆等符合相关标准的规定。 (3) 直流电源系统设备使用的指针式测量表计，其量程满足测量要求。 (4) 直流空气断路器、熔断器上下级配合级差应满足动作选择性的要求。 (5) 直流电源系统中应防止同一条支路中熔断器与空气断路器混用，尤其不应在空气断路器的下级使用熔断器，防止在回路故障时失去动作选择性。 (6) 严禁直流回路使用交流空气断路器	现场检查/资料检查	□是 □否	
15	充电装置的性能试验	(1) 高频开关模块型充电装置稳压精度不大于±0.5%。 (2) 高频开关模块型充电装置稳流精度不大于±1%。 (3) 高频开关模块型充电装置纹波系数不大于0.5%	现场检查/资料检查	稳压精度____ 稳流精度____ 纹波系数____ □是 □否	
16	控制程序试验	(1) 试验控制充电装置应能自动进行恒流限压充电→恒压充电→浮充电运行状态切换。 (2) 试验充电装置应具备自动恢复功能，装置停电时间超过10min后，能自动实现恒流充电→恒压充电→浮充电工作方式切换。 (3) 恒流充电时，充电电流的调整范围为20%I_n～130%I_n（I_n为额定电流）。 (4) 恒压运行时，充电电流的调整范围为0～100%I_n	现场检查/资料检查	□是 □否	

8.4 验收要点

续表

序号	验收项目	验 收 标 准	检查方式	验收结论（是否合格）	问题说明
17	充电装置柜内电气间隙和爬电距离检查	柜内两带电导体之间、带电导体与裸露的不带电导体之间的最小距离，应符合相关规程要求	现场检查	□是 □否	
六、蓄电池检查验收				验收人签字：	
18	外观检查	（1）蓄电池外壳无裂纹、漏液、变形、渗液，清洁吸湿器无堵塞，极柱无松动、腐蚀现象，连接条螺栓等应接触良好，无锈蚀、氧化。 （2）蓄电池柜内应装设温控器并有报警上传功能。 （3）蓄电池柜内的蓄电池应摆放整齐并保证足够的空间：蓄电池间不小于15mm，蓄电池与上层隔板间不小于150mm。 （4）蓄电池柜体结构应有良好的通风、散热。 （5）蓄电池组在同一层或同一台上的蓄电池间宜采用有绝缘的或有护套的连接条连接，连接线无挤压。不同一层或不同一台上的蓄电池间采用电缆连接。 （6）系统应设有专用的蓄电池放电回路，其直流空气断路器容量应满足蓄电池容量要求	现场检查/资料检查	□是 □否	
19	运行环境检查	（1）容量300A·h及以上的阀控式蓄电池应安装在专用蓄电池室内。容量300A·h以下的阀控式蓄电池，可安装在电池柜内。同一蓄电池室安装多组蓄电池时，应在各组之间装设防爆隔火墙。 （2）蓄电池柜内的蓄电池组应有抗震加固措施。 （3）蓄电池室的门应向外开。 （4）蓄电池室内应设有运行和检修通道。通道一侧装设蓄电池，通道宽度不应小于800mm；两侧均装设蓄电池时，通道宽度不应小于1000mm。 （5）蓄电池室的照明应使用防爆灯，并至少有一个接在事故照明母线上，开关、插座、熔断器等电气元器件均应安装在蓄电池室外。 （6）蓄电池架应有接地，并有明显标志。 （7）蓄电池室的窗户应有防止阳光直射的措施。 （8）蓄电池室应安装防爆空调，蓄电池柜内应装设温度计，环境温度宜保持在5~30℃。 （9）蓄电池室应装设防爆型通风装置（设计考虑）。 （10）蓄电池室门窗严密，房屋无渗、漏水	现场检查/资料检查	环境温度____ □是 □否	
20	布线检查	布线应排列整齐，极性标志清晰、正确	现场检查	□是 □否	
21	安装情况检查	蓄电池编号应正确，外壳清洁	现场检查	□是 □否	
22	资料检查	查出厂调试报告，检查阀控式蓄电池制造厂的充电试验记录	现场检查	□是 □否	
		查安装调试报告，蓄电池容量测试应对蓄电池进行全核对性充放电试验	现场检查	□是 □否	

续表

序号	验收项目	验收标准	检查方式	验收结论（是否合格）	问题说明
23	电气绝缘性能试验	(1) 电压为220V的蓄电池组绝缘电阻不小于500kΩ。 (2) 电压为110V的蓄电池组绝缘电阻不小于300kΩ	现场检查	绝缘电阻__ □是 □否	
24	蓄电池组容量试验	蓄电池组应按规定的放电电流和放电终止电压规定值进行容量试验，蓄电池组应进行3次充放电循环，10h率容量在第一次循环应不低于$0.95C_{10}$，在第3次循环内应达到C_{10}	现场检查/资料检查	□是 □否	
25	蓄电池组性能试验	初次充电、放电容量及倍率校验的结果应符合要求，在充放电期间按规定时间记录每个电池的电压及电流以鉴定蓄电池的性能	资料检查	□是 □否	
26	运行参数检查	(1) 检查蓄电池浮充电压偏差值不超过3%。 (2) 蓄电池内阻偏差不超过10%。 (3) 连接条的压降不大于8mV	现场检查/资料检查	电压偏差__ 内阻偏差__ 压降__ □是 □否	

七、直流母线电压和电压监察（测）装置检查验收　　　　　　　　验收人签字：

序号	验收项目	验收标准	检查方式	验收结论（是否合格）	问题说明
27	装置功能检查	(1) 当直流母线电压低于或高于整定值时，应发出欠压或过压信号及声光报警。 (2) 能够显示设备正常运行参数，实际值与设定值、测量值误差符合相关规定。 (3) 人为模拟故障，装置应发信号报警，动作值与设定值应符合产品技术条件规定	现场检查/资料检查	□是 □否	

八、直流系统的绝缘及绝缘监测装置检查验收　　　　　　　　验收人签字：

序号	验收项目	验收标准	检查方式	验收结论（是否合格）	问题说明
28	接地选线功能检查	母线接地功能检查：合上所有负载开关，分别模拟直流Ⅰ母正、负极接地试验，采用标准电阻箱模拟（电压为220V时其标准电阻为25kΩ、电压为110V时其标准电阻为15 kΩ），分别模拟95%和105%标准电阻值，检查装置报警、显示功能，装置显示误差不应超过5%，95%标准电阻值接地时装置应发出声光报警。若两段直流电源配置，则还需进一步检查Ⅱ母对地电压应正常，以确定直流Ⅰ、Ⅱ段间没有任何电气联系	现场检查	□是　□否	
		支路接地选线功能检查：合上所有负载开关，分别模拟各支路正、负极接地试验，采用标准电阻箱模拟（电压为220V时其标准电阻为25kΩ、电压为110V时其标准电阻为15kΩ），分别模拟90%和110%标准电阻值检查装置报警、显示，装置显示误差不应超过10%	现场检查	□是　□否	
29	装置绝缘试验	用1000V绝缘电阻表测量被测部位，绝缘电阻测试结果应符合以下规定：柜内直流汇流排和电压小母线，在断开所有其他连接支路时，对地的绝缘电阻应不小于10MΩ	现场检查	□是 □否	
30	交流测记及报警记忆功能检查	绝缘监测装置具备交流窜直流测记及报警记忆功能	现场检查	□是 □否	

8.4 验收要点

续表

序号	验收项目	验 收 标 准	检查方式	验收结论（是否合格）	问题说明
31	负荷能力试验	设备在正常浮充电状态下运行，投入冲击负荷，直流母线上电压不低于直流标称电压的90％	现场检查	□是 □否	
32	连续供电试验	设备在正常运行时，切断交流电源，直流母线连续供电，直流母线电压波动，瞬间电压不得低于直流标称电压的90％	现场检查	□是 □否	
33	通信功能试验	（1）遥信：人为模拟各种故障，应能通过与监控装置通信接口连接的上位计算机收到各种报警信号及设备运行状态指示信号。 （2）遥测：改变设备运行状态，应能通过与监控装置通信接口连接的上位计算机收到装置发出当前运行状态下的数据。 （3）遥控：应能通过与监控装置通信接口连接的上位计算机对设备进行开机、关机、充电、浮充电状态的转换	现场检查	□是 □否	
九、母线调压装置检查			验收人签字：		
34	母线电压调整功能试验	检查设备内的调压装置手动调压功能和自动调压功能。采用无级自动调压装置的设备，应有备用调压装置。当备用调压装置投入运行时，直流（控制）母线应连续供电	现场检查	□是 □否	
十、备品备件检查验收			验收人签字：		
35	备品备件检查	备品备件与备品备件清单核对检查	现场检查	□是 □否	

第9章 直流系统各类型现场作业流程及注意事项

9.1 单组阀控式蓄电池核对性充放电

单组阀控式蓄电池核对性充放电工作流程及注意事项见表 9-1。

表 9-1　　　　单组阀控式蓄电池核对性充放电工作流程及注意事项

序号	关键工序	流程及要求	注意事项
1	作业前准备	(1) 编制安全措施、技术措施。 (2) 组织学习上述措施、有关说明书,熟悉作业危险点。 (3) 准备好作业所需图纸资料及工器具。 (4) 了解被试蓄电池组运行状况（如缺陷和异常情况）。 (5) 准备好工作票、现场安全措施	
2	履行工作许可手续	(1) 运维人员根据工作票"安措"履行安全措施。 (2) 工作负责人会同工作许可人检查"安措"是否合适。 (3) 按有关规定办理工作许可手续。 (4) 交代工作任务、工作范围及相关注意事项。 (5) 进行人员分工	(1) 严禁未履行工作许可手续即进入现场工作。 (2) 工作中严禁随意变更安全措施
3	现场布置	(1) 作业现场应设置工器具存放区、备品备件存放区和废物存放区,各区应设置合理。 (2) 工具、材料应指定位置放置	
4	蓄电池外观检查	(1) 检查蓄电池外壳有无破裂、损坏,是否有漏液现象,密封是否良好,蓄电池温度是否过高。 (2) 检查正负极端极性是否正确,有无变形。 (3) 检查安全阀是否正常、有无损伤。 (4) 检查连接板（线）、螺栓及螺母、检测线有无松动和腐蚀现象。 (5) 清扫蓄电池外壳灰尘	使用绝缘或采取绝缘包扎措施的工具
5	蓄电池电压检查	(1) 测量蓄电池总电压、单只蓄电池电压是否达到要求的浮充电压值（考虑温度补偿）。 (2) 如果浮充电压值一直偏低,在放电前应考虑补充充电	防止直流短路、接地
6	调整运行方式	(1) 不允许进行全容量核对性放电,只允许带负荷放出额定容量的 50%。 (2) 将充电装置退出运行。 (3) 检查运行直流系统是否正常	防止直流母线失压

续表

序号	关键工序	流程及要求	注意事项
7	试验接线	检查放电装置是否完好,连接好放电装置,确保极性正确	防止直流短路、接地
8	放电仪参数设置	(1) 设置放电电流值为 I_{10}(10h 额定容量的 1/10)。 (2) 设置放电终止电压 2.00NV,每组电池有 N 只。 (3) 设置放电时间 5h	
9	蓄电池放电	(1) 合上放电开关,开始放电。放电过程中保持放电电流恒定,注意观察蓄电池外观和温度有无异常。每小时记录 1 次蓄电池组端电压和单只蓄电池电压和温度。 (2) 使用巡检装置的应核对测量电压。任一单只电池电压降到以下标准时应停止放电:标称电压 2V,单只电压达到 1.95V。标称电压 6V,单只电压达到 6V。标称电压 12V,单只电压达到 12V 或参照蓄电池说明书。 (3) 计算蓄电池容量(考虑温度补偿)	(1) 注意观察母线电压,异常时及时停止。 (2) 防止蓄电池过放电
10	蓄电池充电	(1) 蓄电池放电终止后,立即断开放电开关,合上充电开关,充电装置应进入均充状态。 (2) 充电过程中,注意蓄电池温度情况,超过 40℃ 应降低充电电流。每 2h 记录 1 次蓄电池组端电压和单只蓄电池电压和温度,观察是否正常。 (3) 蓄电池充电完成后检查充电装置应进入浮充状态	(1) 防止蓄电池过充电。 (2) 开启蓄电池通风装置
11	循环充放电	(1) 放电 5h,单只蓄电池电压满足第 9 项要求,放电即结束。 (2) 上述条件不满足时,重复第 9、第 10 项,再次进行核对性充放电。若重复放电 3 次后仍不满足要求,应更换蓄电池	(1) 防止蓄电池过充电。 (2) 开启蓄电池通风装置
12	恢复正常运行方式	(1) 恢复直流系统正常运行方式。 (2) 检查直流系统是否运行正常	防止直流短路接地,防止直流母线失压
13	工作终结	(1) 组织验收,如存在问题应进行整改。 (2) 整理记录、资料。 (3) 清扫现场,清点材料和工具。 (4) 做好变电站有关记录。 (5) 办理工作终结手续	

9.2 两组阀控式蓄电池核对性充放电

两组阀控式蓄电池核对性充放电工作流程及注意事项见表 9-2。

表 9-2 **两组阀控式蓄电池核对性充放电工作流程及注意事项**

序号	关键工序	流程及要求	注意事项
1	作业前准备	(1) 编制安全措施、技术措施。 (2) 组织学习上述措施、有关说明书,熟悉作业危险点。 (3) 准备好作业所需图纸资料及工器具。 (4) 了解被试蓄电池组运行状况(如缺陷和异常情况)。 (5) 准备好工作票、现场安全措施	

续表

序号	关键工序	流 程 及 要 求	注意事项
2	履行工作许可手续	(1) 运维人员根据工作票"安措"履行安全措施。 (2) 工作负责人会同工作许可人检查"安措"是否合适。 (3) 按有关规定办理工作许可手续。 (4) 交代工作任务、工作范围及相关注意事项。 (5) 进行人员分工	(1) 严禁未履行工作许可手续即进入现场工作。 (2) 工作中严禁随意变更安全措施
3	现场布置	(1) 作业现场应设置工器具存放区、备品备件存放区和废物存放区,各区应设置合理。 (2) 工具、材料应指定位置放置	
4	蓄电池外观检查	(1) 检查蓄电池外壳有无破裂、损坏,是否有漏液现象,密封是否良好,蓄电池温度是否过高。 (2) 检查正负极端极性是否正确,有无变形。 (3) 检查安全阀是否正常、有无损伤。 (4) 检查连接板(线)、螺栓及螺母、检测线有无松动和腐蚀现象。 (5) 清扫蓄电池外壳灰尘	使用绝缘或采取绝缘包扎措施的工具
5	蓄电池电压检查	(1) 测量蓄电池总电压、单只蓄电池电压是否达到要求的浮充电压值(考虑温度补偿)。 (2) 如果浮充电压值一直偏低,在放电前应考虑补充充电	防止直流短路、接地
6	调整运行方式	(1) 将试验的一组蓄电池退出运行,进行蓄电池组全容量核对性充放电。 (2) 检查两套直流系统的电压是否一致,如果压差过大,应调整一致,压差不应超过 5V,两段直流母线并列运行。 (3) 将试验的一组充电装置、蓄电池组停止运行,退出直流系统。 (4) 检查直流系统运行是否正常	防止直流母线失压
7	试验接线	检查放电装置是否完好,连接好放电装置,确保极性正确	防止直流短路、接地
8	放电仪参数设置	(1) 设置放电电流值为 I_{10}(10h 额定容量的 1/10)。 (2) 设置放电终止电压 1.80NV,每组电池有 N 只。 (3) 设置放电时间 10h	
9	蓄电池放电	(1) 蓄电池退出后静置 30min 以后再进行放电试验,并记录放电前的单只蓄电池的端电压。 (2) 合上放电开关,开始放电。放电过程中保持放电电流恒定,注意观察蓄电池外观和温度有无异常。 (3) 每小时记录 1 次蓄电池组端电压和单只蓄电池电压和温度。 (4) 使用巡检装置时应核对测量电压。 (5) 任一单只电池电压降到以下标准时应停止放电:标称电压 2V,单只电压达到 1.8V;标称电压 6V,单只电压达到 5.4V;标称电压 12V,单只电压达到 10.8V;或参照蓄电池说明书。 (6) 计算蓄电池容量(考虑温度补偿)	(1) 注意观察母线电压,异常时及时停止。 (2) 防止蓄电池过放电

续表

序号	关键工序	流程及要求	注意事项
10	蓄电池充电	(1) 蓄电池放电终止后，立即断开放电开关，合上充电开关，充电装置应进入均充状态。 (2) 充电过程中，注意蓄电池温度情况，超过40℃应降低充电电流。 (3) 每2h记录1次蓄电池组端电压和单只蓄电池电压和温度，观察是否正常。 (4) 蓄电池充电完成后检查充电装置进入浮充状态	(1) 防止蓄电池过充电。 (2) 开启蓄电池通风装置
11	循环充放电	(1) 新安装容量达到额定容量的100%，充放电即结束。 (2) 容量达不到额定容量的100%，重复本表第9、第10项，再次进行核对性充放电，若仍达不到额定容量的100%，该蓄电池组容量不合格，应更换。 (3) 定期检验容量达到额定容量的80%，充放电即结束。 (4) 容量达不到额定容量的80%，重复本表第9、第10项，再次进行核对性充放电，核对性充放电最多3次，若3次达不到额定容量的80%，该蓄电池组容量不合格，应更换	(1) 防止蓄电池过充电。 (2) 开启蓄电池通风装置
12	恢复正常运行方式	(1) 恢复直流系统正常运行方式。 (2) 检查直流系统是否运行正常	防止直流短路接地恢复是防止直流母线失压
13	工作终结	(1) 组织验收，如存在问题应进行整改。 (2) 整理记录、资料。 (3) 清扫现场，清点材料和工具。 (4) 做好变电站有关记录。 (5) 办理工作终结手续	

9.3 蓄电池内阻测试

蓄电池内阻测试工作流程及注意事项见表9-3。

表9-3　　　　蓄电池内阻测试工作流程及注意事项

序号	关键工序	流程及要求	注意事项
1	作业前准备	(1) 编制安全措施、技术措施。 (2) 组织学习上述措施、有关说明书，熟悉作业危险点。 (3) 准备好作业所需图纸资料及工器具。 (4) 了解被试蓄电池组运行状况（如缺陷和异常情况）。 (5) 准备好工作票、现场安全措施	
2	履行工作许可手续	(1) 运维人员根据工作票"安措"履行安全措施。 (2) 工作负责人会同工作许可人检查"安措"是否合适。 (3) 按有关规定办理工作许可手续。 (4) 交代工作任务、工作范围及相关注意事项。 (5) 进行人员分工	(1) 严禁未履行工作许可手续即进入现场工作。 (2) 工作中严禁随意变更安全措施

续表

序号	关键工序	流程及要求	注意事项
3	现场布置	(1) 作业现场应设置工器具存放区、备品备件存放区和废物存放区，各区应设置合理。 (2) 工具、材料应指定位置放置	
4	测试内阻步骤	(1) 连接测试电缆。 (2) 接通测试仪电源，检查屏幕自检正常。 (3) 连接测试夹。红色夹子夹待测电池正极，红黑色夹子夹待测电池负极，黑色夹子夹待测电池负极连接线的另一端。 (4) 按"测试"按钮进行测试。按顺序逐一进行电池内阻测试，并做好记录。 (5) 拆除测试设备	(1) 测试前检查测试仪是否正常。 (2) 测试时避免误碰。带电的端子造成人员触电并危及设备运行测试内阻。 (3) 测试时应逐一测试。 (4) 测试结果有异常应重复测试
5	复查、锁门	(1) 认真检查是否有物品遗留在现场。 (2) 巡检装置内的各电池状态是否正常。 (3) 进行以上确认后方可锁好蓄电池室门或蓄电池柜门	测试完成后应注意随手关门，避免小动物进入引起短路危及设备运行
6	记录填写、作业文件归档	将内阻测试记录填写到内阻测试报告中	

9.4 蓄电池单体缺陷处理

蓄电池单体缺陷处理工作流程及注意事项见表9-4。

表9-4　　蓄电池单体缺陷处理工作流程及注意事项

序号	关键工序	流程及要求	注意事项
1	作业前准备	(1) 编制安全措施、技术措施。 (2) 组织学习上述措施、有关说明书，熟悉作业危险点。 (3) 准备好作业所需图纸资料及工器具。 (4) 了解被试蓄电池组运行状况（如缺陷和异常情况）。 (5) 准备好工作票、现场安全措施	
2	履行工作许可手续	(1) 运维人员根据工作票"安措"履行安全措施。 (2) 工作负责人会同工作许可人检查"安措"是否合适。 (3) 按有关规定办理工作许可手续。 (4) 交代工作任务、工作范围及相关注意事项。 (5) 进行人员分工	(1) 严禁未履行工作许可手续即进入现场工作。 (2) 工作中严禁随意变更安全措施
3	现场布置	(1) 作业现场应设置工器具存放区、备品备件存放区和废物存放区，各区应设置合理。 (2) 工具、材料应指定位置放置	

续表

序号	关键工序	流程及要求	注意事项
4	正确连接蓄电池更换装置	将蓄电池更换装置接在待处理蓄电池的两端（红接正极、黑接负极），应保证电池更换装置连接处在拆除极柱端子连接片的过程中不会受到影响。指示灯亮，并显示电池电压，表示连接极性正确	（1）工作中造成直流正负极短路。 （2）工作中应使用经绝缘包扎的工器具，严禁造成直流正负极短路
5	拆下待处理蓄电池极柱端子的连接片	（1）应对蓄电池更换装置接线正确无误后方可开始拆卸待处理蓄电池极柱端子的螺栓。 （2）工作中应保证蓄电池更换装置的接线端子牢固，无松动掉落	工作中严禁造成蓄电池开路
6	对拆下连接片的腐蚀部分进行打磨处理，并涂上凡士林	（1）对有爬酸、爬碱蓄电池的极柱端子用刷子进行清扫。 （2）对腐蚀的极柱端子进行打磨。 （3）必要时，在拆除蓄电池连接片后拆除旧蓄电池，更换新蓄电池	
7	装上蓄电池极柱端子连接片	安装蓄电池极柱端子连接片应确保已紧固完好	
8	装上蓄电池采集线，并紧固螺栓	确保接线端子牢固、无松动掉落	
9	拆除蓄电池更换装置的连接线	盖好蓄电池极柱端子的防尘帽	

9.5 蓄电池组整体更换

蓄电池组整体更换工作流程及注意事项见表9-5。

表9-5　　　　　蓄电池组整体更换工作流程及注意事项

序号	关键工序	流程及要求	注意事项
1	作业前准备	（1）编制安全措施、技术措施。 （2）组织学习上述措施、有关说明书，熟悉作业危险点。 （3）准备好作业所需图纸资料及工器具。 （4）了解被试蓄电池组运行状况（如缺陷和异常情况）。 （5）准备好工作票、现场安全措施	
2	履行工作许可手续	（1）运维人员根据工作票"安措"履行安全措施。 （2）工作负责人会同工作许可人检查"安措"是否合适。 （3）按有关规定办理工作许可手续。 （4）交代工作任务、工作范围及相关注意事项。 （5）进行人员分工	（1）严禁未履行工作许可手续即进入现场工作。 （2）工作中严禁随意变更安全措施
3	现场布置	（1）作业现场应设置工器具存放区、备品备件存放区和废物存放区，各区应设置合理。 （2）工具、材料应指定位置放置	

续表

序号	关键工序	流程及要求	注意事项
4	蓄电池外观检查	(1) 检查蓄电池外壳有无破裂、损坏，是否有漏液现象，密封是否良好，蓄电池温度是否过高。 (2) 检查正负极端极性是否正确，有无变形。 (3) 检查安全阀是否正常、有无损伤。 (4) 检查连接板（线）、螺栓及螺母，检测线有无松动和腐蚀现象。 (5) 清扫蓄电池外壳灰尘	使用绝缘或采取绝缘包扎措施的工具
5	蓄电池电压检查	(1) 测量蓄电池总电压、单只蓄电池电压是否达到要求的浮充电压值（考虑温度补偿）。 (2) 如果浮充电压值一直偏低，在放电前应考虑补充充电	防止直流短路、接地
6	调整运行方式	(1) 将试验的一组蓄电池退出运行，进行蓄电池组全容量核对性充放电。 (2) 检查两套直流系统的电压是否一致，如果压差过大，应调整一致，压差不应超过5V，两段直流母线并列运行。 (3) 将试验的一组充电装置、蓄电池组停止运行，退出直流系统。 (4) 检查运行直流系统是否正常	防止直流母线失压
7	旧蓄电池组拆除	(1) 退出原蓄电池组。 (2) 拆除的接线应包扎绝缘，并做好标记。 (3) 拆除原蓄电池组，清理现场	(1) 防止人员触电。 (2) 防止蓄电池短路
8	新蓄电池组安装	(1) 蓄电池放置的平台、支架及间距应符合设计要求。 (2) 蓄电池应安装平稳、间距均匀、排列整齐；蓄电池间距不小于15mm，蓄电池与上层隔板间距不小于150mm。 (3) 连接条及蓄电池极柱接线正确，螺栓紧固。 (4) 蓄电池及电缆引出线要标明序号和正、负极性。 (5) 在蓄电池组断开情况下，用1000V绝缘电阻表测量新蓄电池组的引出线正负之间及对地绝缘电阻均不低于10MΩ。 (6) 接入蓄电池巡检装置。 (7) 核对充电装置直流输出母线极性与蓄电池组极性是否一致	(1) 防止直流接地短路。 (2) 搬运电池时防止摔伤。 (3) 极柱连接时，防止用力过度损伤极柱。 (4) 当蓄电池室必须进行明火作业时，严禁向蓄电池大电流充电，并始终保持通风，还应做好消防措施
9	新蓄电池组充放电	(1) 检查制造厂充放电记录应符合相关标准或出厂要求。 (2) 修改直流监控装置参数。 (3) 对新蓄电池组进行核对性充放电，容量应达到额定容量的100%。 (4) 检查蓄电池单体电压和温度有无异常（试验步骤参照蓄电池组核对性充放电检验作业指导书）	(1) 核对性充放电应严格按制造厂规定进行。 (2) 防止蓄电池过充过放

续表

序号	关键工序	流程及要求	注意事项
10	接入新蓄电池组	（1）两组蓄电池。 1）检查新蓄电池组电压与直流母线电压差值不大于5V。 2）充电装置投入运行。 3）新蓄电池组投入运行，保证极性正确。 4）检查新蓄电池组电压。 （2）单组蓄电池。 1）检查新蓄电池组电压与直流母线电压差值不大于5V。 2）将新蓄电池组接入直流系统，保证极性正确。 3）退出临时蓄电池组。 4）检查新蓄电池组电压	（1）防止短路、接地。 （2）防止极性接错。 （3）防止直流母线失压
11	检查运行方式	检查直流运行方式正常	
12	工作终结	（1）组织验收，如存在问题应进行整改。 （2）整理记录、资料。 （3）清扫现场，清点材料和工具。 （4）做好变电站有关记录。 （5）办理工作终结手续	

9.6 蓄电池组巡检装置更换

蓄电池组巡检装置更换工作流程及注意事项见表9-6。

表9-6　　　　　　　蓄电池组巡检装置更换工作流程及注意事项

序号	关键工序	流程及要求	注意事项
1	作业前准备	（1）编制安全措施、技术措施。 （2）组织学习上述措施、有关说明书，熟悉作业危险点。 （3）准备好作业所需图纸资料及工器具。 （4）了解被试蓄电池组运行状况（如缺陷和异常情况）。 （5）准备好工作票、现场安全措施	
2	履行工作许可手续	（1）运维人员根据工作票"安措"履行安全措施。 （2）工作负责人会同工作许可人检查"安措"是否合适。 （3）按有关规定办理工作许可手续。 （4）交代工作任务、工作范围及相关注意事项。 （5）进行人员分工	（1）严禁未履行工作许可手续即进入现场工作。 （2）工作中严禁随意变更安全措施
3	现场布置	（1）作业现场应设置工器具存放区、备品备件存放区和废物存放区，各区应设置合理。 （2）工具、材料应指定位置放置	

续表

序号	关键工序	流程及要求	注意事项
4	旧巡检装置拆除	(1) 按照巡检模块顺序依次拆除蓄电池巡检模块，随后拆除连接模块和蓄电池的监测线。 (2) 拆除的接线应包扎绝缘，并做好标记。 (3) 拆除接线过程中应注意压紧蓄电池极柱间接线，严禁出现蓄电池脱开导致断路的情况	(1) 防止人员触电。 (2) 防止蓄电池短路、断路。
5	新巡检装置安装	(1) 巡检装置配置数量应满足蓄电池组的需要，确保每只蓄电池都有单独的巡检线接入，能够正确测量每只蓄电池的运行情况。 (2) 安装巡检线过程中应注意压紧蓄电池极柱间接线，严禁出现蓄电池脱开导致断路的情况。 (3) 连接条及蓄电池极柱接线正确，螺栓紧固。 (4) 接入蓄电池巡检装置，确保巡检装置与系统监控装置通信正常，信号能够正常上送	(1) 防止直流接地短路。 (2) 防止蓄电池短路、断路。 (3) 极柱连接时，防止用力过度损伤极柱。 (4) 信号核对时注意检查实发信号与监控信号是否一致
6	蓄电池组充放电	(1) 对蓄电池组进行核对性充放电，容量应达到额定容量的100%。 (2) 检查蓄电池单体电压和温度有无异常（试验步骤参照蓄电池组核对性充放电检验作业指导书）	(1) 核对性充放电应严格按制造厂规定进行。 (2) 防止蓄电池过充过放
7	工作终结	(1) 组织验收，如存在问题应进行整改。 (2) 整理记录、资料。 (3) 清扫现场，清点材料和工具。 (4) 做好变电站有关记录。 (5) 办理工作终结手续	

9.7 蓄电池单体内阻测试

蓄电池单体内阻测试工作流程及注意事项见表9-7。

表9-7　　　　　蓄电池单体内阻测试工作流程及注意事项

序号	关键工序	流程及要求	注意事项
1	作业前准备	(1) 编制安全措施、技术措施。 (2) 组织学习上述措施、有关说明书，熟悉作业危险点。 (3) 准备好作业所需图纸资料及工器具。 (4) 了解被试蓄电池组运行状况（如缺陷和异常情况）。 (5) 准备好工作票、现场安全措施	
2	履行工作许可手续	(1) 运维人员根据工作票"安措"履行安全措施。 (2) 工作负责人会同工作许可人检查"安措"是否合适。 (3) 按有关规定办理工作许可手续。 (4) 交代工作任务、工作范围及相关注意事项。 (5) 进行人员分工	(1) 严禁未履行工作许可手续即进入现场工作。 (2) 工作中严禁随意变更安全措施

续表

序号	关键工序	流程及要求	注意事项
3	现场布置	(1) 作业现场设置工器具存放区、备品备件存放区和废物存放区,各区应设置合理。 (2) 工具、材料指定位置放置	
4	测试内阻步骤	(1) 连接测试电缆。 (2) 接通测试仪电源,检查屏幕自检正常。 (3) 连接测试夹。红色夹子夹待测电池正极,红黑色夹子夹待测电池负极,黑色夹子夹待测电池负极连接线的另一端。 (4) 按"测试"按钮进行测试。按顺序逐一进行电池内阻测试,并做好记录。 (5) 拆除测试设备	(1) 测试前检查测试仪是否正常。 (2) 测试时避免误碰。带电的端子造成人员触电并危及设备运行测试内阻。 (3) 测试时应逐一测试。 (4) 测试结果有异常应重复测试
5	复查、锁门	(1) 认真检查是否有物品遗留在现场。 (2) 巡检装置内的各电池状态是否正常。 (3) 进行以上确认后方可锁好蓄电池室门或蓄电池柜门	测试完成后应注意随手关门,避免小动物进入引起短路危及设备运行
6	记录填写、作业文件归档	将内阻测试记录填写到内阻测试报告中	

9.8 直流充电屏更换

直流充电模块更换工作流程及注意事项见表9-8。

表9-8 直流充电模块更换工作流程及注意事项

序号	关键工序	流程及要求	注意事项
1	作业前准备	(1) 编制施工组织措施、安全措施和技术措施。 (2) 组织学习上述措施、有关说明书和本作业指导书,熟悉本作业危险点。 (3) 根据施工图准备施工材料,设备及施工材料运抵施工现场。 (4) 准备好作业所需图纸资料及工器具。 (5) 核对本站直流系统运行方式和运行状况(如缺陷和异常情况)。 (6) 准备好工作票、现场安全措施(危险点分析)	(1) 防止设备运输过程中设备损坏。 (2) 防止装卸设备时人力不足、配合不当。 (3) 防止使用吊车时发生人员、设备伤害
2	履行工作许可手续	(1) 运维人员根据工作票"安措"履行安全措施。 (2) 工作负责人会同工作许可人检查"安措"是否合适。 (3) 按有关规定办理工作许可手续。 (4) 交代工作任务、工作范围及相关注意事项。 (5) 进行人员分工	(1) 严禁未履行工作许可手续即进入现场工作。 (2) 工作中严禁随意变更安全措施
3	现场布置	(1) 作业现场应设置工器具存放区、备品备件存放区和废物存放区,各区应设置合理。 (2) 工具、材料应按指定位置放置	

续表

序号	关键工序	流程及要求	注意事项
4	设备开箱检查	(1) 检查外包装应无损坏。 (2) 打开包装箱检查充电柜铭牌与购置要求是否相符，检查说明书、出厂试验报告、证件是否齐全，并妥善保管。 (3) 检查配（备）件是否齐全、完好。 (4) 检查充电屏柜外壳是否齐全、完好。 (5) 填写开箱记录	(1) 拆下的木箱板放置不当，钉尖扎伤人员。 (2) 有关技术资料应妥善保管，防止遗失
5	退屏前准备	(1) 单套充电装置。 1) 将便携式充电装置的交流输入、直流输出电缆插头连接好。 2) 便携式充电装置交流电源应接于380V低压屏处，连接应紧固、可靠，断路器或熔断器符合要求，电源开关处于断开位置。 3) 所有临时接线电缆布线不应妨碍现场作业，应采取固定措施，防止意外断电。 4) 将便携式充电装置直流输出电缆经开关接入馈线屏合闸母线的适当位置，开关处于断开位置。 5) 合上便携式充电装置交流输入开关。 6) 检查便携式充电装置直流输出与直流母线极性一致，电压差小于5V。 7) 合上便携式充电装置直流输出开关。 (2) 双套充电装置。改变直流系统运行方式，两段母线并列运行	(1) 两人以上一起工作。 (2) 临时电源接线应有专人负责。 (3) 防止极性接错。 (4) 使用绝缘工具防止人身触电。 (5) 在已断开关及操作把手上挂"禁止合闸，有人工作"标示牌
6	停运充电装置	(1) 断开原充电装置直流输出开关、交流输入开关。 (2) 断开380V低压屏处充电装置交流电源开关。 (3) 检查便携式充电装置工作正常	(1) 严禁误合交流输入、直流输出开关。 (2) 在直流输出、交流输入开关把手上挂"禁止合闸，有人工作"标示牌
7	拆除旧充电屏	(1) 确认电源开关在断开位置，拆除交流电源，所拆电缆做好标记并记录。 (2) 确认电源开关在断开位置，拆除直流电源，所拆电缆做好标记并记录。 (3) 拆除屏内二次及通信电缆。 (4) 用万用表测量各电缆芯对地电位，确认原充电屏与外部连接线都已断开，屏内不带电。 (5) 拆除原充电屏屏间连接螺钉，拆除固定屏位的地脚螺钉，将屏间所有连接电缆完善固定后退出屏柜。 (6) 使用手持电动工具除去槽钢上焊点，使之平整	(1) 防止带电拆除电缆，防止直流短路接地。 (2) 退屏时防止人员受伤。 (3) 防止较大振动避免影响相邻运行设备

续表

序号	关键工序	流程及要求	注意事项
8	新充电屏安装	（1）按屏位固定充电屏，屏柜之间水平倾斜度、垂直倾斜度均应符合要求（＜1.5mm/m），屏柜可靠固定，不宜焊接。 （2）按照施工图纸进行屏内及外部连线，核对图纸正确性，如需修改，做好记录。 （3）屏封堵，屏内有关标示完善，电缆挂牌。 （4）检查充电装置交直流回路绝缘正常后（1000V绝缘电阻表检查交流回路—地，交流回路—直流输出回路，直流输出—地之间绝缘电阻不小于10MΩ），接入交流电源	（1）两路电源相序正确且一致。 （2）检查绝缘时，防止器件损坏
9		新充电屏调试	
9.1	电压调整功能试验	手动、自动调整控制母线电压，电压调整范围应保持控制母线电压波动小于220V×（1±5%）。	
9.2	稳流精度试验	（1）试验在充电装置与运行直流系统完全脱离的状态下进行且微机监控的电池管理在"手动"控制方式下进行。 （2）充电电流的稳流精度不超过±1%	（1）至少由两人进行此项工作，以确认参数正确。 （2）防止直流短路，防止直流接地
9.3	稳压精度试验	（1）试验在充电装置与运行直流系统完全脱离的状态下进行且微机监控的电池管理在"手动"控制方式下进行。 （2）充电电压的稳压精度不超过±0.5%	（1）至少由两人进行此项工作，确认参数正确。 （2）防止直流短路，防止直流接地
9.4	纹波系数试验	纹波系数的测试可在稳压精度测试的同时进行，纹波系数不超过1%	（1）至少由两人进行此项工作，以确认参数正确。 （2）防止直流短路，防止直流接地
9.5	并机均流试验	（1）试验在充电装置与运行直流系统完全脱离的状态下进行。 （2）均流测试在半载下进行，均流不平衡度不超过±5%	（1）至少由两人进行此项工作，以确认参数正确。 （2）防止直流短路，防止直流接地
9.6	报警功能试验	当交流电源失压（包括断相）、充电装置故障时，设备应能发出报警信号	
9.7	控制程序试验	（1）结合蓄电池充放电进行试验（首选试验方法），观察自动转换程序是否正常。 （2）将程序转换时间设为较小值（按装置使用说明书要求），观察监控装置自动转换程序的功能是否正常	（1）带蓄电池做试验时应防止电池过放电。 （2）防止直流短路，防止直流接地。 （3）试验完毕后，恢复原定值
9.8	显示测试功能试验	监控装置应能正确显示交流输入电压、直流动力母线电压、充电装置电流等参数	

续表

序号	关键工序	流程及要求	注意事项
10	充电装置投入运行	(1) 充电装置调试正常,参数按装置说明书和有关规程输入正常。 (2) 装置停运,恢复有关二次接线,直流输出电缆接入充电装置和直流母线。 (3) 确认新充电屏所有开关处于断开位置。 (4) 启动充电装置,直流输出开关不投,测量充电装置输出电压,并在开关两端核对极性且两者相差不超过5V。 (5) 确认直流系统运行方式正确,各表计指示正常,合上充电装置直流输出开关,充电装置加入运行	(1) 防止误整定。 (2) 恢复接线时严禁充电屏带电。 (3) 严防直流回路短接地
11	恢复正常运行方式	(1) 单套充电装置。 1) 断开便携式充电装置直流输出电源。 2) 断开便携式充电装置交流电源。 3) 拆除便携式充电装置所有连线。 4) 检查直流充电装置运行正常,所有信号显示正常,如存在问题应进行整改。 (2) 双套充电装置。 1) 恢复直流系统正常运行方式,两段母线分列运行。 2) 检查直流充电装置运行是否正常,所有信号显示是否正确,如存在问题应进行整改	(1) 拆除交流电源时应先拆电源端,再拆充电装置端。 (2) 带电作业时,严防人身触电
12	工作终结	(1) 组织验收,如存在问题应进行整改。 (2) 整理记录、资料。 (3) 清扫现场,清点材料和工具。 (4) 做好变电站有关记录。 (5) 办理工作终结手续	
13	填写质量报告	(1) 填写安装报告。 (2) 填写质量报告。 (3) 整理图纸。 (4) 移交相关技术资料(合格证、直流系统图、使用说明书、竣工图纸等)	

9.9 直流系统改造

直流系统改造工作流程及注意事项见表9-9。

表9-9 直流系统改造工作流程及注意事项

序号	关键工序	流程及要求	注意事项
1	作业前准备	(1) 编制施工组织措施、安全措施和技术措施。 (2) 组织学习上述措施、有关说明书和作业指导书,熟悉本作业危险点。 (3) 根据施工图准备施工材料,设备及施工材料运抵施工现场。	危险点及安全控制措施清楚

9.9 直流系统改造

续表

序号	关键工序	流程及要求	注意事项
1	作业前准备	(4) 准备好作业所需图纸资料及工器具。 (5) 核对本站直流系统运行方式和运行状况（如缺陷和异常情况）。 (6) 准备好工作票、现场安全措施（危险点分析）	危险点及安全控制措施清楚
2	履行工作许可手续	(1) 运维人员根据工作票"安措"履行安全措施。 (2) 工作负责人会同工作许可人检查"安措"是否合适。 (3) 按有关规定办理工作许可手续。 (4) 交代工作任务、工作范围及相关注意事项。 (5) 进行人员分工	(1) 严禁未履行工作许可手续即进入现场工作。 (2) 工作中严禁随意变更安全措施
3		现场布置工具、材料按指定位置放置	
4	安装临时直流系统	(1) 在要新安装的直流系统附近安装临时蓄电池充电装置、临时直流屏。 (2) 连接交流电源使充电装置正常运行。 (3) 确保更换期间的直流供电。 (4) 调试临时直流系统，保证直流系统的正常运行和临时蓄电池的容量充足	(1) 要设置安全区，防止误碰旁边的带电设备。 (2) 临时电池使用前应充足电量，充电装置运行可靠。 (3) 对临时屏上的断路器或熔断器使用要正确，确保安全供电
5	迁移保护、控制、合闸回路等负荷至临时直流系统	(1) 拆除二次电缆要做好标记，标记要醒目，相位要正确，防止标号套缺少。 (2) 核对图纸做好记录，用自粘带对电缆接头进行包扎。 (3) 配合相关专业将其出线移至直流屏，再将所有出线、合闸回路等负荷移至临时直流系统	(1) 防止绝缘外层损坏，与相关专业配合要保护出线、合闸回路分别接至临时屏上，并与调度联系好才可移接。 (2) 合闸回路要分开迁移，做好绝缘安全措施以防止短路。 (3) 拆除连接的各种接头，应认真核对做好标记，恢复时正、负极不得接错
6	拆除旧直流屏	(1) 直流屏拆除使用撬棍，注意旧直流屏与槽钢是否有螺钉焊点连接。 (2) 在工作负责人的统一指挥下，用绳子将交流屏慢慢抬走	防止直流屏歪斜压坏运行电缆
7	安装新直流屏、放置新电缆，安装新蓄电池组	(1) 要求新安装的直流屏和旁边屏对齐靠紧，屏就位后要接地。 (2) 就位时要注意不要碰伤、划伤屏面。屏体要直，屏头要水平，要用螺钉固定。 (3) 电缆接头要连接牢固，不可进行铝铜直接连接。 (4) 按标记或按图纸要求恢复搭接，接线正确、可靠，密封良好，与图纸相符合。 (5) 安装后检查新屏开关拉合转换是否灵活，检查接地绝缘是否良好。 (6) 对新的蓄电池组还要采取防振加固措施，对蓄电池组进行固定	(1) 放置过程中要防止拖拽电缆时造成电缆外护层损伤。 (2) 电缆过分弯曲会造成电缆内部损坏，电缆应固定牢固，做好防振加固工作。 (3) 要注意防火措施和蓄电池室内通风措施。 (4) 焊接工器具要通过严格检查，电焊机要有明显接地点，焊接由具有专业技术资格的人员进行，焊接表面要涂刷防锈漆和银粉漆
8	直流系统带电调试	(1) 符合设计图纸、运行要求。 (2) 检查开关、指示灯是否正常，仪表指示是否正确无误发出	(1) 须对相位进行严格核对，防止相间短路。 (2) 电池电压先进行测量，和熔断器上桩头充电设备电压、极性相符才可送熔断器投蓄电池组

续表

序号	关键工序	流程及要求	注意事项
9	迁移负荷与合闸回路至新直流柜	(1) 根据原有的标号记录和图纸核对，二次电缆要做好标记，标记醒目，相位要正确，防止标号套缺少。 (2) 核对图纸做好记录，用自粘带对电缆接头进行包扎。 (3) 配合相关专业将其移至新直流屏，再将所有出线、合闸回路迁移到新安装的直流柜上	(1) 与更换工作无关的人员不得进入围栏。 (2) 连接后须专人检查，防止相间短路。 (3) 电缆的最大负荷与开关、熔断器的最大负荷要符合规定。 (4) 电缆排列整齐，电缆放好后要悬挂标示牌
10	移除临时直流屏	在确保负荷和保护、控制出线都移走的情况下移除临时屏	防止电池接头短路，由专门工作人员处理
11	作业班组自验收，检查现场安全措施	(1) 对每道工序从头至尾自验收一遍，严把质量关。 (2) 确认临时保护线已拆除，现场安全措施已恢复，设备具备投运条件	须专人检查
12	设备状态恢复	恢复到工作许可时状态	

9.10 馈电屏指示灯更换

馈电屏指示灯更换工作流程及注意事项见表 9-10。

表 9-10　　　　馈电屏指示灯更换工作流程及注意事项

序号	关键工序	流程及要求	注意事项
1	作业前准备	(1) 编制施工组织措施、安全措施和技术措施。 (2) 组织学习上述措施、有关说明书和本作业指导书，熟悉本作业危险点。 (3) 根据施工图准备施工材料，设备及施工材料运抵施工现场。 (4) 准备好作业所需图纸资料及工器具。 (5) 核对本站直流系统运行方式和运行状况（如缺陷和异常情况）。 (6) 准备好工作票、现场安全措施（危险点分析）	危险点及安全控制措施应清楚
2	履行工作许可手续	(1) 运维人员根据工作票"安措"履行安全措施。 (2) 工作负责人会同工作许可人检查"安措"是否合适。 (3) 按有关规定办理工作许可手续。 (4) 交代工作任务、工作范围及相关注意事项。 (5) 进行人员分工	(1) 严禁未履行工作许可手续即进入现场工作。 (2) 工作中严禁随意变更安全措施
3	现场布置	工具、材料按指定位置放置	
4	打开屏门或盖板		防止走错间隔

续表

序号	关键工序	流程及要求	注意事项
5	解开指示灯的电源接线	(1) 直流馈线屏更换指示灯前应先使用万用表测试指示灯两端的电压是否正常，若电压正常方可确认指示灯损坏，进行更换指示灯的工作。 (2) 更换指示灯不得断开低压断路器。解开的电源线应立即包扎，记录安装位置	
6	逆时针旋转指示灯固定螺栓，拆下损坏的指示灯	工作中所有解开的电源接线必须拆除一根包扎一根	(1) 工作中应使用经绝缘包扎的工器具。 (2) 不得造成直流短路或接地
7	装上新的指示灯并固定		
8	恢复接线，紧固接线螺栓，检查指示灯是否正常亮	更换指示灯后，应使用万用表测试指示灯两端的电压是否正常	
9	关闭屏门或盖板		

9.11 直流系统定值整定、修改

直流系统定值整定、修改工作流程及注意事项见表9-11。

表9-11　　　　直流系统定值整定、修改工作流程及注意事项

序号	关键工序	流程及要求	注意事项
1	作业前准备	(1) 编制施工组织措施、安全措施和技术措施。 (2) 组织学习上述措施、有关说明书和本作业指导书，熟悉本作业危险点。 (3) 核对本站直流系统运行方式和运行状况（如缺陷和异常情况）。 (4) 准备好工作票、现场安全措施（危险点分析）	危险点及安全控制措施清楚
2	履行工作许可手续	(1) 运维人员根据工作票"安措"履行安全措施。 (2) 工作负责人会同工作许可人检查"安措"是否合适。 (3) 按有关规定办理工作许可手续。 (4) 交代工作任务、工作范围及相关注意事项。 (5) 进行人员分工	(1) 严禁未履行工作许可手续即进入现场工作。 (2) 工作中严禁随意变更安全措施
3	现场布置	工具、材料按指定位置放置	
4	工作负责人在接到定值通知单后，应核对通知单所列项目有无问题	有疑问应及时询问定值整定人员	仔细核对定值单

续表

序号	关键工序	流程及要求	注意事项
5	定值整定、更改步骤	(1) 定值数据录入、更改。 (2) 核对定值单上数据是否与现场定值录入、更改后的数据一致	(1) 定值整定、更改时要仔细核对定值,不得漏项。 (2) 防止走错间隔
6	复查、锁门	(1) 认真检查是否有物品遗留在现场。 (2) 直流系统设备状态是否正常。 (3) 进行以上确认后方可锁好直流系统充电屏、馈线屏柜门	(1) 检查直流系统设备运行正常。 (2) 定值整定、更改完应注意随手关门,避免小动物进入引起短路危险及设备运行
7	记录填写、作业文件归档	将定值整定、整改记录填写到相关记录中	

9.12 充电装置双电源定期切换试验

充电装置双电源定期切换试验工作流程及注意事项见表 9-12。

表 9-12　　　充电装置双电源定期切换试验工作流程及注意事项

序号	关键工序	流程及要求	注意事项
1	作业前准备	(1) 编制施工组织措施、安全措施和技术措施。 (2) 组织学习上述措施、有关说明书和作业指导书,熟悉本作业危险点。 (3) 核对本站直流系统运行方式和运行状况(如缺陷和异常情况)。 (4) 准备好工作票、现场安全措施(危险点分析)	危险点及安全控制措施清楚
2	履行工作许可手续	(1) 运维人员根据工作票"安措"履行安全措施。 (2) 工作负责人会同工作许可人检查"安措"是否合适。 (3) 按有关规定办理工作许可手续。 (4) 交代工作任务、工作范围及相关注意事项。 (5) 进行人员分工	(1) 严禁未履行工作许可手续即进入现场工作。 (2) 工作中严禁随意变更安全措施
3	现场布置	工具、材料按指定位置放置	
4	试验时注意检查各接触器动作是否正常	试验时应认真检查各接触器是否正确动作,监控信号是否正确	
5	试验步骤	(1) 检查备用电源正常。 (2) 将充电装置交流输入主电源断开,检查交流输入是否会自动切换至备用电源。 (3) 恢复充电装置交流输入主电源,若切换装置有自复功能,检查交流输入是否会自动切换回主电源,再恢复备用电源。	试验时误碰直流屏后直流母线造成人员伤害

续表

序号	关键工序	流程及要求	注意事项
5	试验步骤	（4）若切换装置没有自动恢复功能，将备用电源断开，检查交流输入是否会自动切换回主电源，再恢复备用电源。 （5）检查直流系统工作正常，并复归信号。 （6）对能具备自动切换试验功能的装置，可以按装置上的试验按钮进行切换	试验时误碰直流屏后直流母线造成人员伤害
6	复查	（1）电源试验后，应对直流充电屏和馈线屏进行巡视检查，确认运行正常。 （2）应检查监控系统是否有相关异常信号。 （3）进行以上确认后方可锁好直流充电屏柜门	试验完成应注意随手关门，避免小动物进入引起短路危及设备运行
7	记录填写、作业文件归档	将维护内容记录到相关记录中	

9.13 馈电低压断路器电流互感器故障处理

馈电低压断路器电流互感器故障处理流程及注意事项见表9-13。

表9-13　　馈电低压断路器电流互感器故障处理流程及注意事项

序号	关键工序	流程及要求	注意事项
1	作业前准备	（1）编制施工组织措施、安全措施和技术措施。 （2）组织学习上述措施、有关说明书和本作业指导书，熟悉本作业危险点。 （3）核对本站直流系统运行方式和运行状况（如缺陷和异常情况）。 （4）准备好工作票、现场安全措施（危险点分析）	危险点及安全控制措施清楚
2	履行工作许可手续	（1）运维人员根据工作票"安措"履行安全措施。 （2）工作负责人会同工作许可人检查"安措"是否合适。 （3）按有关规定办理工作许可手续。 （4）交代工作任务、工作范围及相关注意事项。 （5）进行人员分工	（1）严禁未履行工作许可手续即进入现场工作。 （2）工作中严禁随意变更安全措施
3	现场布置	工具、材料按指定位置放置	
4	打开馈电屏低压断路器前面板	打开馈电屏低压断路器前面板	工作中戴手套，防止低压触电
5	断开馈电低压断路器	若故障电流互感器有负荷，要先对负荷做安全措施，并接一路电源，然后断开低压断路器。若故障电流互感器没有负荷，直接断开馈电低压断路器	防止负荷侧失电
6	拆除电流互感器固定螺钉和电流互感器信号线	将电流互感器信息输送线用绝缘胶带包好	防止螺钉掉落引起直流母线短路
7	拆下故障电流互感器，更换新电流互感器	注意电流互感器安装方向，最后安装馈电屏低压断路器前面板	
8	记录填写、作业文件归档	将维护内容记录到相关记录中	

第 10 章

直流系统典型缺陷及故障处理

10.1 蓄电池电压偏低

1. 缺陷现象

运行中的蓄电池通过数字万用表校对测量，或通过蓄电池在线监测仪、蓄电池巡检装置发现部分蓄电池单个电池电压低于浮充电压值。

2. 缺陷处理

（1）当运行中的蓄电池出现下列情况之一者应及时进行均衡充电：

1）被确定为欠充的蓄电池组。

2）蓄电池放电后未能及时充电的蓄电池组。

3）交流电源中断或充电装置发生故障使蓄电池组放出近一半容量且未及时充电的蓄电池组。

4）运行中因故停运时间长达两个月及以上的蓄电池组。

5）单体电池端电压偏差超过允许值的电池数量达总电池数量 3%～5% 的蓄电池组。

（2）对整组蓄电池进行均衡充电或对单只电池进行充放电。

10.2 蓄电池内阻偏大

1. 缺陷现象

测量蓄电池内阻时，发现单个蓄电池内阻与制造厂提供的内阻基准值偏差大。

2. 缺陷处理

（1）单个蓄电池内阻与制造厂提供的内阻基准值偏差超过 10% 及以上的蓄电池应加强关注。

（2）对于内阻偏差值达到 20%～50% 的蓄电池，应进行活化修复。

（3）对于内阻偏差值超过 50% 的蓄电池则应立即退出或更换。

（4）如超标电池的数量达到总组的 20% 以上时，应更换整组蓄电池。

（5）如蓄电池组中发现个别落后电池时，不允许长时间保留在蓄电池组内运行，应进行个别蓄电池活化或更换处理。

10.3　蓄电池容量不合格

1. 缺陷现象

运行中的蓄电池浮充电压正常，但一放电电压很快下降，甚至很快下降到终止电压值。

2. 缺陷处理

（1）不带充电装置情况下，蓄电池放电时，电压很快下降，甚至很快下降到终止电压值。一般原因是充电电流过大、温度过高等造成蓄电池内部失水干涸、电解物质变质，用反复充放电方法恢复容量。

（2）用反复充放电方法恢复容量。

（3）若连续3次充放电循环后，仍达不到额定容量的100%，应加强监视，缩短单个电池电压普测周期。

（4）若连续3次充放电循环后，仍达不到额定容量的80%，应更换蓄电池。

10.4　蓄电池漏液

1. 缺陷现象

（1）蓄电池极柱四周有白色结晶体（爬酸）。

（2）安全阀周围有电解液溢出（爬酸）。

（3）电池帽有电解液溢出（爬酸）。

2. 缺陷处理

（1）将蓄电池置于干燥的环境中使用，有蓄电池漏液（爬酸）时，将其擦拭干净并涂以凡士林进行处理。

（2）对漏液的蓄电池，采用防酸密封胶进行封堵。

（3）如经处理后还是漏液（爬酸），则应予以更换。

（4）对电池开裂的应予以更换。

10.5　蓄电池壳体鼓胀（热失控）

1. 缺陷现象

整组蓄电池壳体鼓胀或个别电池鼓壳。

2. 缺陷处理

阀控式蓄电池壳体鼓胀（热失控），主要原因为蓄电池环境温度过高、电池过充电（充电电压过高、充电电流过大或高电压、大电流充电时间过长）、开关电源故障、参数设置错误，也有可能是阀控式蓄电池安全阀开启失灵造成的。

（1）整组电池壳体鼓胀。

1）减小充电电流，降低充电电压，检查安全阀是否堵死，严格控制蓄电池运行参数。

2）针对整组蓄电池壳体鼓胀情况，应尽快更换整组蓄电池。

(2) 个别电池鼓壳。

1）减小充电电流，降低充电电压，检查安全阀是否堵死，严格控制蓄电池运行参数。

2）针对蓄电池壳体鼓胀情况，应尽快更换该蓄电池。

10.6 蓄电池组熔断器熔断或直流断路器跳闸

1. 缺陷现象

(1) 监控系统发出蓄电池组熔断器熔断或蓄电池组断路器跳闸故障告警信号。

(2) 现场充电装置监控单元发出蓄电池熔断器熔断或蓄电池组断路器跳闸故障告警信号。

2. 缺陷处理

(1) 现场检查蓄电池组熔断器、辅助信号熔断器或蓄电池组断路器未跳闸（直流断路器事故跳闸同正常合闸位置略有明显区别，一定要确认清楚）均正常，则为误报。

(2) 现场检查蓄电池组熔断器正常，辅助信号熔断器熔断，更换辅助信号熔断器。

(3) 现场检查蓄电池组熔断器熔断或蓄电池组断路器跳闸时，应检查蓄电池组、直流母线及相应元器件有无短路现象，并更换同型号、同容量熔断器，如再次熔断或合上直流断路器再次跳闸，需进一步查明原因，原因查明前不得再次合直流断路器。

(4) 同时迅速采取措施将直流负载投入运行或由另一组直流电源带全部直流负载。

(5) 注意更换熔断器时做好相应安全措施。

10.7 蓄电池组自燃或爆炸、开路

1. 缺陷现象

蓄电池内部有严重异响或爆炸、整组蓄电池电压异常。

2. 缺陷处理

(1) 应迅速将蓄电池总熔断器或低压断路器断开，投入备用蓄电池组或采取其他措施及时消除故障，恢复正常运行方式。两组蓄电池系统可将联络断路器或隔离开关合上，单组蓄电池和充电装置带全部直流负荷。

(2) 应立即更换同型号、同容量蓄电池。检查和更换蓄电池时，必须注意核对极性，防止发生直流失压、短路、接地。

10.8 直流母线电压异常

1. 缺陷现象

(1) 直流母线电压异常告警，母线电压过高或过低。

(2) 现场检查发现母线电压异常，超出电压上下限告警值。

2. 缺陷处理

直流母线电压过高或过低可能是由于监控单元故障后参数设置错误或充电模块故障造成的。

(1) 用万用表测量直流母线电压，综合判断直流母线电压是否异常。

(2) 检查监控单元参数设置是否正确。

(3) 如直流母线电压低，则是监控单元参数设置错误造成，需将监控单元参数设置正确，使直流母线电压和浮充电流恢复正常。

(4) 若直流母线电压异常，则是充电模块故障引起，应立即更换该充电模块。

10.9 直流母线电压调整装置故障

1. 缺陷现象

控制母线电压上下波动频繁。

2. 缺陷处理

将电压调整装置自动挡改为手动挡，并调整到设定的控制母线电压值（挡位开关有自动挡切换至合格的手动挡，一般在1~7挡之间的挡位，每挡间差值3V左右），使控制母线电压恢复正常，并尽快更换该电压调整装置。

10.10 充电装置通信中断故障

1. 缺陷现象

监控系统发出充电装置通信中断故障告警，运行中的某一充电模块输出无显示或输出电压电流正常。

2. 缺陷处理

(1) 若充电模块输出无显示，检查交流输入电源是否正常，如交流电源输入正常，则表示该模块故障，应尽快更换该模块。

(2) 若充电模块输出电压电流均正常，则检查模块后端的通信线是否接触不良，对各模块通信线及端子进行紧固。

(3) 若处理后仍频繁出现通信中断故障，则对该模块进行更换。

10.11 充电装置各模块均流故障

1. 缺陷现象

充电模块输出电流不一致，各充电模块输出电流差别过大，均流超标。

2. 缺陷处理

(1) 分别将各充电模块输出电压精确调整到浮充电压值。

(2) 如果还是达不到各充电模块输出电流一致，应是充电模块内部均流问题。

(3) 可将最大或最小的充电模块退出，再一次将各充电模块输出电压精确调整到浮充电压值，如果输出电流一致，则是退出的充电模块均流有故障，应尽快更换该充电模块。

10.12 充电装置内部短路故障

1. 缺陷现象

监控系统发出充电装置故障告警信号。运行中某一充电装置交流断路器跳闸，该充电模块运行指示灯不亮、电压和电流无指示。

2. 缺陷处理

(1) 检查充电装置该模块和交流回路有无短路，有无烧黑或烧糊痕迹，有无异常情况。

(2) 若检查该模块无明显故障，可试送一次，手动合上后即跳闸，将故障模块交、直流电源断开，并尽快更换该充电模块。

(3) 若发现其充电模块有明显故障，将故障模块交、直流电源断开，并尽快更换该充电模块。

10.13 充电装置交流电源故障

1. 缺陷现象

(1) 监控系统发出交流电源故障等告警信号。

(2) 充电装置直流输出电流为零。

(3) 蓄电池带直流负荷。

2. 缺陷处理

(1) 一路交流开关跳闸，检查备自投装置及另一路交流电源是否正常。低压交流屏的两路充电装置电源是否正常。

(2) 充电装置报交流故障，应检查充电装置交流电源开关是否正常合闸，进出两侧电压是否正常，不正常时应向电源侧逐级检查并处理。

(3) 交流电源故障较长时间不能恢复时，应尽可能减少直流负载输出（如事故照明 UPS，在线监测装置等非一次系统保护电源）并尽可能采取措施恢复交流电源及充电装置的正常运行，并外接备用直流系统。

(4) 当交流电源故障较长时间不能恢复时，应调整直流系统运行方式，用另一台充电装置带直流负荷，并外接备用直流系统。

(5) 当交流电源故障较长时间不能恢复，使蓄电池组放出容量超过其额定容量 20％及以上时，在恢复交流电源供电后，应立即手动或自动启动充电装置，按照制造厂或按恒流限压充电—恒压充电—浮充电方式对蓄电池组进行补充充电。

10.14 监控装置无显示

1. 缺陷现象

监控装置无显示，无法判断监控装置是否工作。

2. 缺陷处理

（1）检查监控装置的电源是否正常，电源开关是否在开位、熔断器是否熔断，并应逐级向电源侧检查。

（2）检查液晶屏的电源是否正常，若电源正常可对其进行重启，重启后仍无显示可判断为液晶屏损坏，应尽快更换。在此期间应加强对直流电源系统的巡视检查或投入备用充电装置运行。

10.15　监控装置显示值与实测值不一致

1. 缺陷现象

监控装置显示值与合格的数字万用表实测值不一致。

2. 缺陷处理

（1）用合格的数字万用表进行实测，确认实测值与监控装置显示值是否不一致。

（2）调校监控装置内部电位器，确认显示值是否正常，若调整无效应尽快更换相关部件。

10.16　监控装置死机

1. 缺陷现象

监控装置操作任何按键或触摸屏菜单，显示器均无变化。

2. 缺陷处理

（1）按复位键重启或拉开监控装置电源后，再等待几秒开启电源开关，恢复正常后要检查各参数是否正确。

（2）若按复位键或重新开机仍显示异常，应尽快更换。在此期间加强对直流电源系统的巡视检查或投入备用充电装置运行。

10.17　监控装置与后台监控系统（上位机）通信失败

1. 缺陷现象

后台监控系统（上位机）监测不到直流数据、信息。

2. 缺陷处理

（1）检查监控装置数据采集电缆和接线是否正常、监控装置显示是否正常。

（2）对监控装置进行复位或重启，若后台监控系统（上位机）还是监测不到直流数据、信息，应尽快更换。在此期间应加强对直流电源系统的巡视检查或投入备用充电装置运行。

10.18　绝缘监测装置异常

1. 缺陷现象

绝缘监测装置开机无显示、装置显示异常或显示值与实测值不一致。

2. 缺陷处理

(1) 针对绝缘监测装置开机无显示的情况，应检查装置的电源是否正常，若不正常应逐级向电源侧检查。检查液晶屏的电源是否正常，若电源正常可判断为液晶屏损坏，应尽快更换。

(2) 针对显示值与用合格的万用表实测不一致的情况，通过调校监测装置内部各测量值的电位器，若调整无效后应重新开机后再校对。

(3) 针对装置显示异常的情况，按复位键或重新开启电源开关，若按复位键或重新开机仍显示异常时，应进一步进行内部检查处理，无法修复时应尽快更换。

10.19　绝缘监测装置误报直流接地

1. 缺陷现象

(1) 监控系统发出直流接地告警信号。

(2) 绝缘监测装置发出直流接地告警信号，并显示 1 个支路或 2 个接地支路。

2. 缺陷处理

(1) 对于 220V 直流系统两极对地电压绝对值差超过 40V 或绝缘阻值降低到 25kΩ 以下、110V 直流系统两极对地电压绝对值差超过 20V 或绝缘阻值降低到 15kΩ 以下，应视为直流系统接地。

(2) 检查绝缘监测装置显示的支路泄漏电流和对地绝缘电阻值。

(3) 用万用表测量正、负对地电压偏差不满足电压差报警值时，应检查装置的相关部件。

(4) 对于显示一个支路的告警信号，检查绝缘监测装置该支路的泄漏电流和对地绝缘电阻值的变化。当测量其正、负对地电压偏差不满足电压差报警值时，判断是该支路的零序电流互感器故障误发报警，应尽快更换。

(5) 对于显示两个支路的告警信号，对应检查绝缘监测装置该两个支路的泄漏电流和对地绝缘电阻值的变化。当测量其正、负对地电压偏差不满足电压差报警值时，判断是该两个直流支路造成环路运行，使其零序电流互感器误发报警。应将该两个直流支路开环运行（辐射状供电），直流接地告警信号即可消失。

(6) 若绝缘监测装置中各支路参数设置不正确，应对其进行重新设定。

10.20　交流窜入直流

1. 缺陷现象

(1) 监控系统发出直流系统接地、交流窜入直流告警信息。

(2) 绝缘监测装置发出直流系统接地、交流窜入直流告警信息。

(3) 不具备交流窜入直流监控功能的变电站发出直流系统接地告警信息。

2. 缺陷处理

(1) 应立即检查交流窜入直流时间，支路、各母线对地电压和绝缘电阻等信息。

（2）发生交流窜入直流时，若正在进行倒闸操作或检修工作，则应暂停操作或工作，并汇报调控人员。

（3）根据选线装置指示或当日工作情况、天气和直流系统绝缘状况，找出交流窜入的支路。

（4）确认具体的支路后，停用窜入支路的交流电源，并尽快进行屏蔽处理。

10.21 直流接地

1. 缺陷现象

（1）监控系统发出直流接地告警信号。

（2）绝缘监测装置发出直流接地告警信号并显示接地支路。

（3）绝缘监测装置显示接地极对地电压下降、另一级对地电压上升。

2. 缺陷处理

（1）对于220V直流系统两极对地电压绝对值差超过40V或绝缘阻值降低到25kΩ以下，110V直流系统两极对地电压绝对值差超过20V或绝缘阻值降低到15kΩ以下，48V直流系统任一极对地电压有明显变化或绝缘阻值降低到1.7kΩ时，应视为直流系统接地。

（2）直流系统接地后，运维人员应记录时间、接地极、绝缘监测装置提示的支路号和绝缘电阻及正负极对地电压等信息。用万用表测量直流母线正对地、负对地电压，与绝缘监测装置核对。

（3）当采用短时停电法拉开接地支路时，如接地信号消失（不能只以接地信号消失为准），并且绝缘检测装置显示正、负极对地电压恢复正常，则说明接地点在该回路上。

（4）对于直流接地现场无直流电压表计可观察的情况下，可用内阻不应低于2000Ω/V的电压表检查。将电压表的一根引线接地，另一根接于接地的一极（即对地电压降低的极），然后采用短时停电法拉开接地支路时，如拉开后电压表指示恢复（正极或负极）对地电压正常，则说明接地点在该回路上。

（5）对于不允许短时停电的重要直流负荷，可采用转移负荷法查找接地点。

（6）采用短时停电法拉开直流支路电源时，应密切监视该支路的电气设备一次、二次运行情况。

（7）出现直流系统接地故障时应及时消除，同一直流母线段，当出现两点接地时应立即采取措施消除，避免造成继电保护或开关误动故障。

（8）直流接地查找方法及步骤如下：

1）发生直流接地后，应分析是否是天气原因或二次回路上有工作，如二次回路上有检修试验工作，应立即拉开直流试验电源看是否为检修工作所引起。

2）比较潮湿的天气，应首先重点对端子箱和机构箱直流端子排做一次检查，对凝露端子排用干抹布擦干或用电吹风烘干，并将驱潮加热器投入。

3）对于非控制及保护回路可使用拉路法进行直流接地查找。按事故照明、防误锁装置回路、户外合闸（储能）回路、户内合闸（储能）回路的顺序进行。其他回路的查找应在检修人员到现场后，配合进行查找并处理。

4) 保护及控制回路宜采用便携式仪器带电查找的方式进行,如需采用拉路的方法,应汇报调控人员,申请退出可能误动的保护。

5) 无论回路有无接地,断开直流的时间不得超过 3s。如有回路接地,也应先合上,再设法处理。

6) 当用拉路法检查未找出直流接地回路时,则接地故障点可能出现在母线、充电装置蓄电池等回路上,也可认为是两点以上多点接地或一点接地通过寄生回路引起的多个回路接地,此时可用转移负荷法进行查找。将所有直流负荷转移至一套充电屏,用另一套充电屏单供某一回路,检查其是否接地,所有回路均做完试验检查后,则可发现发生接地故障的回路。

查找直流接地注意事项:查找接地点禁止使用灯泡寻找的方法;用仪表检查时,所用仪表的内阻不应低于 2000Ω/V;当直流发生接地时,禁止在二次回路上工作;处理时不得造成直流短路和另一点接地;查找和处理必须由两人进行;拉路前应采取必要措施防止直流失电可能引起的保护自动装置误动。

10.22　直流屏屏内开关故障

1. 缺陷现象

(1) 直流屏屏内某一支路负载开关跳闸,其运行灯灭、现场监控装置和后台监控装置发出直流回路故障跳闸信号,或其报警辅助开关误报警。

(2) 直流屏屏内某一支路负载开关运行灯灭,其开关在合位。

2. 缺陷处理

(1) 开关故障。

1) 触点接触不良应进行检查处理,无法处理时应更换。

2) 直流开关跳闸时,应查明原因后试送或更换。

3) 报警辅助触点动作失灵或接触不良,无法修复时应更换。

4) 若低压断路器不能正确脱扣,无法起到保护作用时,应更换。

(2) 接线松动或断线。发现接线松动或断线的应紧固或处理。

10.23　直流屏屏内某一运行灯不亮

1. 缺陷现象

直流屏屏内某一运行中的灯不亮,其直流开关在运行中。

2. 缺陷处理

(1) 灯具损坏。

1) 用万用表测量负载侧电压正常。

2) 用万用表测量灯具两侧电压正常,判断为灯具损坏(现灯具和灯泡均为一体化节能灯具)。

3) 灯具损坏无法修复时应更换。

(2) 接线松动或断线。检查发现灯具接线松动或断线时，应紧固或处理。

10.24　直流电源消失

1. 缺陷现象

(1) 直流电压消失伴随有直流电源指示灯灭，发出"直流电源消失""控制回路断保护直流电源消失"或"保护装置异常"等告警信息。

(2) 直流负载部分或全部失电，保护装置或测控装置部分或全部出现异常并失去功能。

2. 缺陷处理

(1) 直流部分消失。应检查直流消失设备的熔断器熔丝是否熔断（低压断路器是否跳闸）、接触是否良好。如果熔丝熔断，则更换满足要求的合格熔断器（熔丝）。如果更换熔断器后熔丝仍然熔断，应在该熔断器供电范围内查找有无短路、接地和绝缘击穿的情况。查找前应做好防止保护误动和断路器误跳的措施，保护回路检查应联系调度停用保护出口连接片，断路器跳闸回路禁止引入正电或造成短路。

(2) 直流屏低压断路器跳闸。应对该回路进行检查，在未发现明显故障现象或故障点的情况下，允许合低压断路器试送一次，试送不成功则不得再强送。处理前应做好防止保护误动和断路器误跳的措施，保护回路检查应联系调度停用保护出口连接片。

(3) 直流母线失压。首先检查该母线上蓄电池总熔断器是否熔断（低压断路器是否跳闸）、充电装置低压断路器是否跳闸。再重点检查直流母线上分支设备，找出故障点，设法隔离，采取措施及时恢复对直流负载的供电。

(4) 由于站用电失去造成充电装置交流电源消失，应采取措施尽快恢复充电装置供电。

(5) 如因充电装置或蓄电池本身故障造成直流一段母线失压，应将充电装置或蓄电池退出。确认失压直流母线无故障后，方可合上直流联络开关，由另一套直流系统供电。或由非故障的充电装置或蓄电池供电，并尽快恢复正常运行方式。

10.25　直流电源系统全停

1. 缺陷现象

(1) 监控系统发出直流电源消失告警信息。

(2) 直流负载部分或全部失电，保护装置或测控装置部分或全部出现异常并失去功能。

2. 缺陷处理

(1) 直流部分消失。应检查直流消失设备的低压断路器是否跳闸、接触是否良好。跳闸低压断路器试送。

(2) 直流屏低压断路器跳闸。应对该回路进行检查，在未发现明显故障现象或故障点情况下，允许合闸试送一次，试送不成功则不得再强送。

(3) 直流母线失压。首先检查该母线上蓄电池总熔断器是否熔断，充电装置低压断路器是否跳闸；再重点检查直流母线上设备，找出故障点，并设法消除。更换熔丝，如再次熔断，应联系检修人员来处理。

(4) 全站直流消失。应首先检查直流母线有无短路、直流馈电支路有无越级跳闸。如果母线未发现故障，应检查各馈电直流是否有低压断路器拒跳或熔断器熔丝过大的情况。

(5) 各馈线支路低压断路器拒动、越级跳闸，造成直流母线失压。应拉开该支路低压断路器，恢复直流母线和其他直流支路的供电；然后再查找、处理故障支路故障点。

(6) 充电装置或蓄电池本身故障造成直流一段母线失压。应将故障的充电装置或蓄电池退出，并确认失压直流母线无故障后，用无故障的充电装置或蓄电池试送，正常后对无蓄电池运行的直流母线合上直流母联断路器，由另一段母线供电。

(7) 直流母线绝缘检测良好，直流馈电支路没有越级跳闸的情况，蓄电池低压断路器没有跳闸（熔丝熔断）而充电装置跳闸或失电。应检查蓄电池接线有无短路，测量蓄电池无电压输出，断开蓄电池低压断路器，合上直流母联断路器，由另一段母线供电。

第11章

直流系统典型缺陷处理案例

11.1 案例一：110kV××变直流系统蓄电池鼓包

1. 缺陷描述

110kV××变直流系统年检过程中，检修人员发现多只蓄电池存在鼓包情况。已发现其他4个变电站蓄电池存在鼓包情况，且为同一生产厂家。

蓄电池出厂日期为2015年3月1日。图11-1为蓄电池铭牌。

2. 处理过程

检修人员在直流系统年检过程中对蓄电池进行检查发现，部分蓄电池存在鼓包、安全阀帽子被冲开、电压偏低等异常情况。图11-2为蓄电池鼓包和安全阀异常情况。

发现上述情况后，检修人员立即将异常情况汇报管理科室，并建议尽快对整组蓄电池进行更换，避免因蓄电池故障导致系统安全运行失去保障。

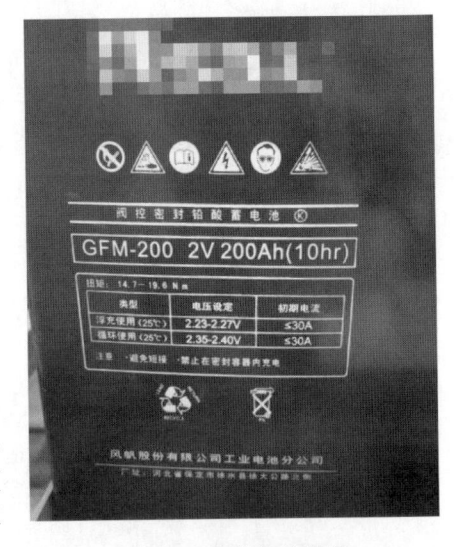

图11-1 蓄电池铭牌

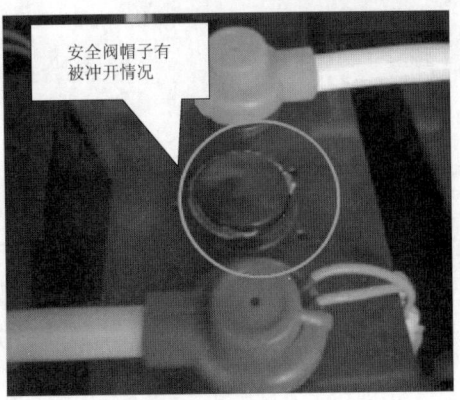

图11-2 蓄电池鼓包和安全阀异常

后续，检修人员对出现蓄电池异常的所有变电站的整组蓄电池进行了更换，并完成充放电确保容量合格后，将新电池投入运行。

3. 原因分析及防范措施

3.1 原因分析

蓄电池变形鼓包不是突发的，往往是有一个过程。阀控式密封铅酸蓄电池在充电运行中，特别是在串联电池组中，若蓄电池品质不良，常会出现由于内部气体复合不良而导致蓄电池鼓包现象，内部气体逐步积蓄，压力增大，将蓄电池外壳向外撑开，引起"鼓包"，压力继续增大到一定值即会将安全阀冲开。另外蓄电池鼓包现象在目前在运的其他厂家蓄电池上极少出现，因此认为该厂家的蓄电池存在质量问题的概率较大，并且可能存在家族性缺陷。

若浮充电压设得过高，充电电流大，导致正极板上的氧析出的速度过快，而来不及在负极复合，在排气不及时、压力达到一定值时，蓄电池出现鼓包变形。根据调查情况，4个变电站蓄电池浮充电压均在正常范围，未超出厂家设定浮充电压范围，因此判断主要原因为蓄电池制造不良。

3.2 防范措施

（1）发现蓄电池异常（如蓄电池鼓包、渗液、漏液、电压异常等）时，应尽快安排更换。

（2）加强对在运该厂家的蓄电池的跟踪监视，如发现故障及时采取措施。

（3）已将更换下来的该厂家的蓄电池送至电科院解体检查，分析鼓包具体原因，判断是否存在家族性缺陷。

11.2 案例二：110kV××变直流系统蓄电池电压异常

1. 缺陷描述

运维人员在对110kV××变进行巡视时，发现蓄电池电压巡检装置发出告警，显示 #41、#42 蓄电池电压分别为 2.54V、1.89V，与正常电压相差较大。

图 11-3 为蓄电池电压采集模块。

2. 处理过程

检修人员首先查阅了资料，查看了当年蓄电池容量核对性试验报告，发现报告上蓄电池电压、容量均合格。

如图 11-4 所示，检修人员到现场后，首先在蓄电池电压巡检装置液晶显示屏上查看了 #41、#42 蓄电池的电压，发现电压已经恢复正常，但 #50 蓄电池电压显示为2.12V，存在偏低情况。

图 11-3 蓄电池电压采集模块

#41、#42蓄电池的电压正常

#50蓄电池电压显示为2.12V，偏低

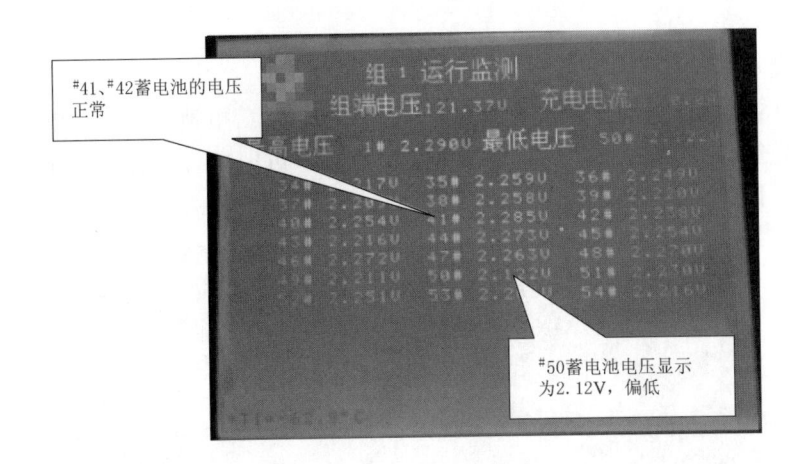

图 11-4　蓄电池电压巡检装置显示的电压情况

为了确认实际电压，首先用万用表测量了蓄电池的实际电压，发现#41、#42、#50蓄电池电压均在正常范围内，#50蓄电池实际电压为2.23V。根据以上现象，判断为蓄电池电压巡检装置电压测量不准确。对蓄电池电压采集模块进行更换后，蓄电池电压巡检装置显示正常，告警消失。图11-5为更换后的蓄电池电压采集模块。

3. 原因分析及防范措施

3.1　原因分析

该厂家的蓄电池电压巡检系统由蓄电池电压巡检装置、蓄电池电压采集模块组成，每台采集模块可采集10只蓄电池的电压，并汇总到蓄电池巡检装置上，巡检装置可以实现显示、分析、告警功能。

蓄电池电压巡检装置属于长期运行的设备，时间长了后由于发热、元器件老化等原因，容易发生故障，这样的故障在采用该厂家的蓄电池巡检装置的直流系统中发生较多。

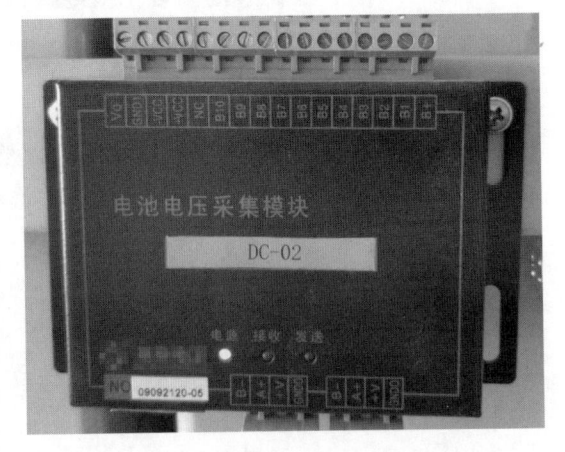

图 11-5　更换后的蓄电池电压采集模块

3.2　防范措施

(1) 及时更换故障蓄电池电压采集模块，确保巡检装置测量的蓄电池电压正确。

(2) 该型号电压采集模块故障较多，宜适当增加此型号模块的备品数量。

11.3　案例三：220kV××变直流系统蓄电池频繁均充

1. 缺陷描述

××变报该直流系统频繁进入蓄电池均充状态，且蓄电池长期处于放电状态，与实际情况不符。

2. 处理过程

如图 11-6 所示，现场检查发现监控装置显示 #1、#2 蓄电池组处于放电状态，但实际蓄电池组电流为 0，并未对外放电，如图 11-7 所示。初步判断为监控装置采集到的蓄电池组电流出现了零位漂移情况，导致蓄电池组被监控装置误判为放电。

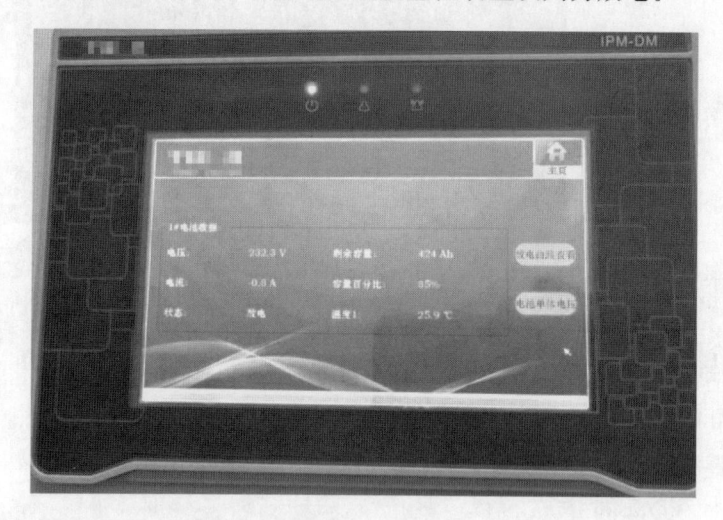

图 11-6　监控装置显示 #1、#2 蓄电池处于放电状态

图 11-7　#1、#2 蓄电池组电流表显示为 0

如图 11-8 所示，使用工具对蓄电池组电流采样电流互感器进行调整，使监控装置内蓄电池电流显示恢复正常浮充状态，和现场实际相对应，如图 11-9 所示。

3. 原因分析及防范措施

3.1　原因分析

直流系统频繁进入均充状态是由于监控装置误判了蓄电池组状态，认为蓄电池组一直在对外放电，当放电容量达到额定容量的 80% 后开始进行均充。监控装置是通过加装在蓄电池熔断器上方的电流互感器进行采样，当零位漂移后，监控装置上蓄电池电流一直显示为对外放电（-0.8A 左右），而实际状态为正值，是浮充状态。监控装置基于该放电电流计算蓄电池剩余容量（$Q=It$），从而导致监控装置内蓄电池剩余容量一直下降至 80% 后启动均充，因此会出现频繁均充的情况。

图 11-8 对蓄电池组电流采样电流互感器进行调整

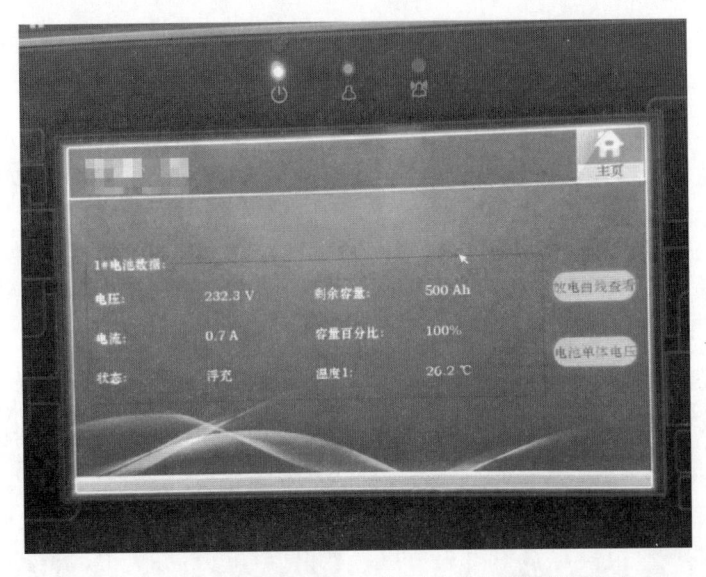

图 11-9 调整后监控装置显示#1、#2蓄电池组为浮充状态

3.2 防范措施

后续结合直流系统年检工作，对该直流系统监控装置进行检查，同时加强对该直流系统的跟踪管理。

11.4 案例四：220kV××变直流系统蓄电池电压异常

1. 缺陷描述

××变当地后台报"蓄电池欠压"，#2蓄电池巡检系统显示 $U_{77}=0.011\text{V}$，$U_{78}=0.010\text{V}$，实际测量电压正常。

2. 处理过程

如图 11-10 所示,现场检查发现蓄电池巡检装置显示#77、#78 电池电压已经恢复正常,#78 蓄电池电阻偏大,为正常电阻数值的 3~4 倍。查看历史记录显示,#77、#78 蓄电池电压也存在问题。

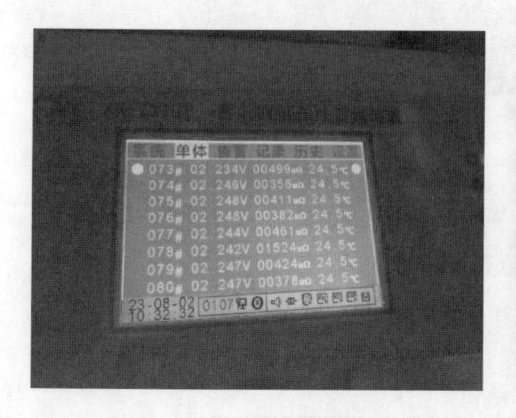

图 11-10 蓄电池巡检装置显示情况

如图 11-11 所示,对#2 蓄电池组各只蓄电池巡检线接头进行检查,发现接头压接面处存在压接不牢靠、有轻微松动的问题。对#77、#78 蓄电池巡检线接头进行重新压接紧固,电阻值恢复正常。为保险起见,对#2 蓄电池所有巡检线接头进行重新压接、紧固,防止再次出现类似情况。

图 11-11 蓄电池巡检线接头压接部位

3. 原因分析及防范措施

3.1 原因分析

蓄电池巡检线接头压接部位连接不牢靠、易松动,导致监测装置信息采集电压不正常以及电阻偏大。

3.2 防范措施

蓄电池巡检装置安装时,应着重注意回路中各连接处的连接头,确保连接可靠,无松动、虚接。同时做好压接头的备件管理。

11.5 案例五：220kV××变直流系统母线电压异常

1. 缺陷描述

监控告 220kV××变#2 直流系统Ⅱ段母线电压异常，现场后台#2 直流充电装置母线电压异常动作，#2 充电装置系统屏#2 主监控器显示系统电压 200.7V，告警灯亮，降压硅链异常，实际量出控母电压 218V，后台显示Ⅱ段控母电压 220.12V。

2. 处理过程

如图 11-12 所示，现场检查#2 监控装置发现系统发"控制母线欠压、降压硅链异常"信号，且系统电压显示为 200.9V，蓄电池电压显示为 241.2V。进一步对控制母线电压、蓄电池电压进行测量，发现系统实际测量电压正常，因此判断为控制母线的电压采样盒内部出现故障，导致输出读数不准确，与主监控器上显示数值不对应。

随后，检修人员对控制母线的电压采样盒进行了更换，并对更换后的采样盒的测量电压进行测试，发现与#2 主监控器上的数值能够对应，控制母线欠压报警信号自动复归，Ⅰ段母线电压正常。现场通过手动调挡测试降压硅链的工作挡位，挡位切换正常，降压硅链异常信号复归。更换的控制母线电压采样盒型号为 PFU-3。图 11-13 为该直流系统控制母线电压采样盒型号。

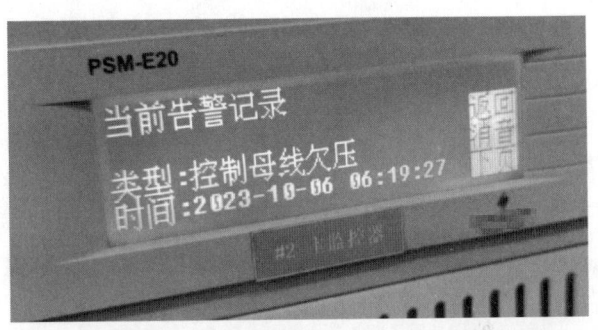

图 11-12 监控装置报警信息

3. 原因分析及防范措施

3.1 原因分析

该直流系统 2008 年投运，至缺陷发生时已运行 15 年之久，主要原因为采样盒内部元器件老化，导致测量数据失准，引发直流系统电压异常信号。

3.2 防范措施

补充该型号采样盒备品，确保该种类型缺陷出现时能够及时应对。

11.6 案例六：220kV××变直流系统蓄电池组电压异常

1. 缺陷描述

监控告 220kV××变#1 充电系统屏#1 监控器显示蓄电池组电压 217.5V，蓄电池监

图 11-13 控制母线电压采样盒型号

测装置显示#1 蓄电池组端电压 242.53V，两者电压不一致。现场检查#1 蓄电池组端电压 243V，#1 蓄电池组各蓄电池电压正常。

2. 处理过程

检修人员到达现场后，检查#1 监控器发现蓄电池组电压显示为 217.5V，经过测量，蓄电池组对应采样盒上的实际测量电压正常，为 243V，与监控器上显示数值不对应。因此判断为蓄电池组的电压采样盒内部出现故障，导致输出读数不准确。图 11-14 为该直流系统直流电压采样盒型号。

图 11-14 直流系统直流电压采样盒型号

随后，检修人员对该蓄电池组电压采样盒进行了更换，并对更换后的采样盒的测量电压进行测试，发现与#1 监控器上的数值能够对应，蓄电池电压恢复正常，报警信号复归。

3. 原因分析及防范措施

3.1 原因分析

该直流系统 2008 年投运，至缺陷发生时已运行 15 年之久，主要原因为采样盒内部元器件老化，导致测量数据失准，引发直流系统电压异常信号。

3.2 防范措施

补充该型号采样盒备品，确保该种类型缺陷出现时能够及时应对。

11.7 案例七：110kV××变直流系统控母模块保护动作

1. 缺陷描述

××变报直流系统控母模块 1 保护动作告警，现场检查控母模块 1 告警灯亮。

2. 处理过程

检修人员到达现场检查发现：合母模块电压 121V，控母模块 1 电压 116V，控母模块 2 电压 112V；控母模块 1 输出电流 10.8A，控母模块 2 输出电流 0A。图 11-15 为合母模块和控母模块输出电压，图 11-16 为控母模块 1 和控母模块 2 输出电流。

图 11-15　合母模块和控母模块输出电压　　　　图 11-16　控母模块 1 和控母模块 2 输出电流

检修人员初步判断为控母模块 1 与控母模块 2 电压差值过高，导致两者并联在直流母线上时，负载电流全部由控母模块 1 提供，而控母模块 2 无电流输出。此外因模块有限流和过温保护，当输出电流超过限流值或温度过高时，系统会报模块保护动作，且模块"保护 ALM 灯"亮。

如图 11-17 所示，检修人员现场将控母模块 1 的输出电流调整至 112V 后，观察模块输出电流情况：控母模块 1 输出 5.9A，控母模块 2 输出 5.1A，且模块告警信号消失。

图 11-17　控母模块 1 和控母模块 2 输出电压、电流

3. 原因分析及防范措施

3.1 原因分析

控母模块 1、控母模块 2 以及合母模块经硅链降压后，三者一起并联在控制母线上，且合母经硅链降压后的电压值小于控母模块输出电压，导致负载全部由控母模块提供。同时，因为控母模块 1 和控母模块 2 的电压差值过大，造成控母上的负载全部由模块 1 提供，进而导致模块 1 输出电流越限，出现保护告警。

3.2 防范措施

（1）出现直流充电模块故障情况时，更换故障模块后应保证模块的输出电压与其他并联模块的电压一致（电压差不大于 2V），且应观察各模块的输出电流是否均流。

（2）充电模块属于高频电子设备，长期工作比较容易发热，虽然有风扇对其进行降温，但长期的积灰会降低散热效果，建议更换故障模块时，对其他模块的风扇面板积灰进行处理。

11.8 案例八：220kV××变直流系统蓄电池巡检模块通信中断

1. 缺陷描述

××变报直流系统故障，#2 蓄电池组电池巡检模块 1 通信中断，如图 11-18 所示。

2. 处理过程

如图 11-19 所示，现场查看发现该电池巡检模块故障灯亮，测量发现该模块工作电源不稳定。现场插拔#1 电池巡检模块连接件并重启后确定是由连接件接触不良导致通信中断。经与厂家沟通后，推测该批次电连接存在工艺不良的问题，随后对该模块的其他连接件进行更换并紧固后，该缺陷消除。

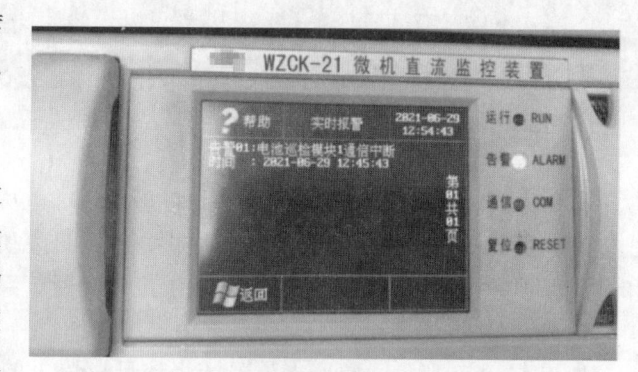

图 11-18 监控装置显示#2 蓄电池组电池巡检模块 1 通信中断

图 11-19 #2 蓄电池组电池巡检模块和电源连接件

3. 原因分析及防范措施
3.1 原因分析
蓄电池内阻巡检模块的连接件工艺不佳，端子卡槽深度不够，端子容易产生无法有效接触的情况，导致巡检模块通信中断，监控装置发模块通信中断告警。
3.2 防范措施
该厂家蓄电池巡检模块通信中断属于易发故障，主要处理方法为更换该模块或更换连接件；在备品备件方面应做好该型号蓄电池巡检模块和连接件的管理。

11.9 案例九：220kV××变直流系统充电模块通信中断

1. 缺陷描述
××变报#1充电模块通信中断报警，随后自行复归。
2. 处理过程
现场首先查看了直流系统监控装置的报警记录，如图11-20所示，发现该直流系统曾多次出现#1充电模块通信中断报警随后自行复归。初步判断，该报警可能原因为#1充电模块通信回路接触不良。

进一步，将直流系统#1充电模块与#2充电模块位置进行对换，并将模块地址码一并进行了更改。更换后数分钟后，发现监控装置出现#2充电模块通信中断报警（此时#2充电模块为原#1充电模块），且所有负载电流均由#2充电模块提供（#2充电模块输出电流16.3A，其余6个模块输出电流为0），该现象短时出现后又自行恢复。现场确定为原#1充电模块内部故障导致系统出现通信中断报警，将故障模块更换后系统正常，监控装置及充电模块显示正常，如图11-21所示，且运行后未再次出现通信中断报警。

图11-20 直流系统监控装置报警记录

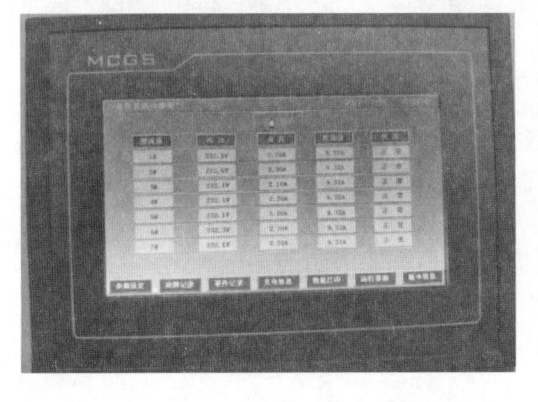

图11-21 直流系统监控装置及充电模块显示正常

3. 原因分析及防范措施

3.1 原因分析

充电模块内部通信元件存在问题或芯片程序错乱,造成其与监控装置以及其他6个充电模块之间交流出现问题,导致所有负载电流全部由#1充电模块提供,同时监控装置识别该模块通信中断。

3.2 防范措施

(1) 模块通信中断故障的可能原因有模块本身故障、内部程序故障、通信回路接线接触不良等原因,现场应结合具体情况具体分析。

(2) 做好充电模块的日常维护,确保模块运行环境良好、散热良好。

(3) 做好充电模块备品备件管理,出现同类故障时及时更换故障模块。

11.10 案例十:110kV××变直流系统充电模块通信中断

1. 缺陷描述

××变报#1充电模块通信中断,该充电模块显示黑屏。

2. 处理过程

如图11-22所示,现场检查确认#1充电模块显示为黑屏,且断电重启后仍未恢复。进一步测量#1充电模块交流输入侧电压值为220V,数值正常。

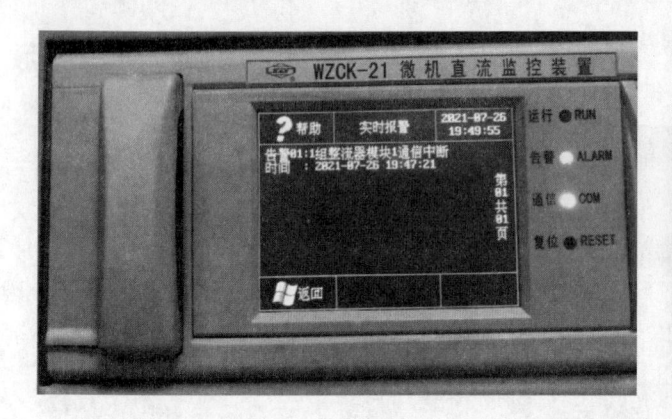

图11-22 直流系统监控装置及充电模块显示异常

判断为#1充电模块本身内部元器件故障,造成模块通信中断。更换该充电模块后,微机直流监控装置告警信号消除,且各充电模块显示电压、电流数值正常,如图11-23所示。

3. 原因分析及防范措施

3.1 原因分析

充电模块内部某个元件(如电子元件、风扇或接线不良等)出现故障导致通信中断和屏幕不显示。

图 11-23 直流系统监控装置及充电模块显示正常

3.2 防范措施
(1) 做好充电模块的日常维护，确保模块运行环境良好、散热良好。
(2) 做好充电模块备品备件管理，出现同类故障时及时更换故障模块。

11.11 案例十一：110kV××变直流系统充电模块通信故障频发

1. 缺陷描述
××变报直流系统#3、#4、#5充电模块通信中断故障频发。

2. 处理过程
现场检查历史故障发现，#3、#4、#5充电模块通信中断故障间歇性出现，一段时间后自动消失，且这3个充电模块故障几乎同时出现同时消失，如图11-24所示。因此初步判断是由于通信信号传输线路断线导致该故障。

如图11-25所示，检查充电柜后柜门确认该直流系统充电模块的通信线为串联连接，且充电模块1在首端，充电模块5在末端。若前端充电模块通信线发生断线或接触不良，后端充电模块的通信也会出现断线。

因此推断为#3充电模块通信进线或#2充电模块通信出线断线。检查发现#2模块的通信出线连接端子虚接，导致了#3、#4、#5充电模块的通信全部断线。对该处接线紧固后#3、#4、#5充电模块通信中断报警故障消除。

3. 原因分析及防范措施
3.1 原因分析
充电模块通信线连接端子虚接，导致串联的后端充电模块出现通信中断告警。

3.2 防范措施
向厂家提出改进意见，优化充电模块通信线的连接方式，各模块之间采用并联连接。

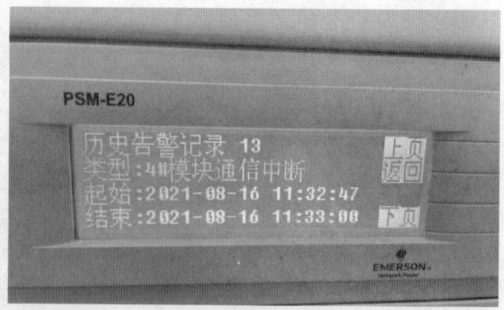

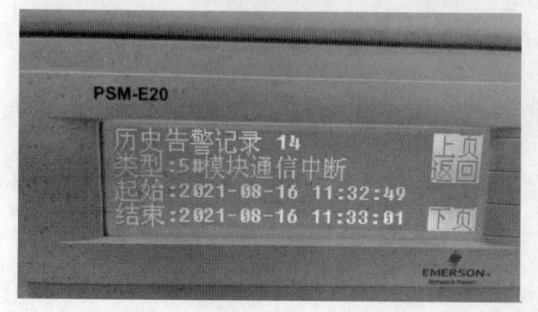

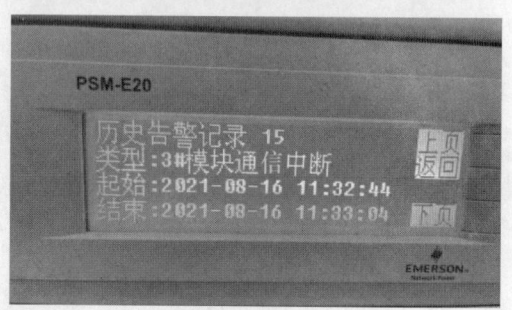

图 11-24 直流系统监控装置历史故障显示

图 11-25 直流系统充电柜后柜充电模块

11.12 案例十二：220kV××变直流系统绝缘故障频发

1. 缺陷描述

××变直流电源系统绝缘故障信号频发，现场检查发现正母对地电压下降且伴随持续性波动，对地电阻在 20~300kΩ 之间浮动，当天天气为雷雨天，且降雨量较大。

2. 处理过程

如图 11-26 所示，现场检查发现正母电压显示为 +108.7V，负母电压显示为 -116.7V，且现场故障信号已经复归。通过绝缘监测装置巡检发现 #1~#16 出现了绝缘电阻仅为 1.4kΩ 的情况，且还有其他许多支路出现 20kΩ 左右的绝缘电阻，但直流母线并没有明显电压偏差，因此判断为信号采集模块出现故障，巡检结果并非真实数据而是受到系统环流或交流窜入影响。

如图 11-27 所示，从 #1 信号采集模块开始逐一将出现绝缘电阻过低支路所连接的模块进行拉开处理，拉开 #1 模块后相应支路显示为××.×kΩ，其余支路均为正常值 99.9kΩ，怀疑为 #1 模块损坏，但当把新模块换上后又再次出现了 #1~#16 绝缘电阻为 1.4kΩ 的现象，因此判断故障模块并非为 #1 模块。

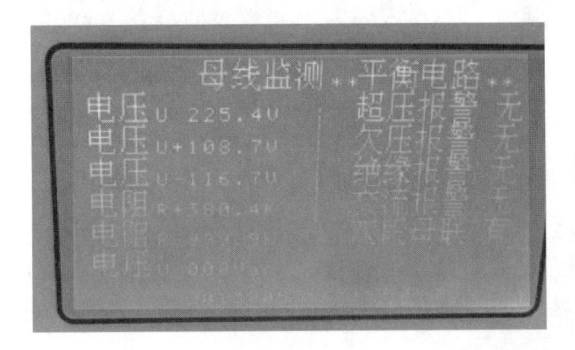

图 11-26 绝缘监测装置显示情况

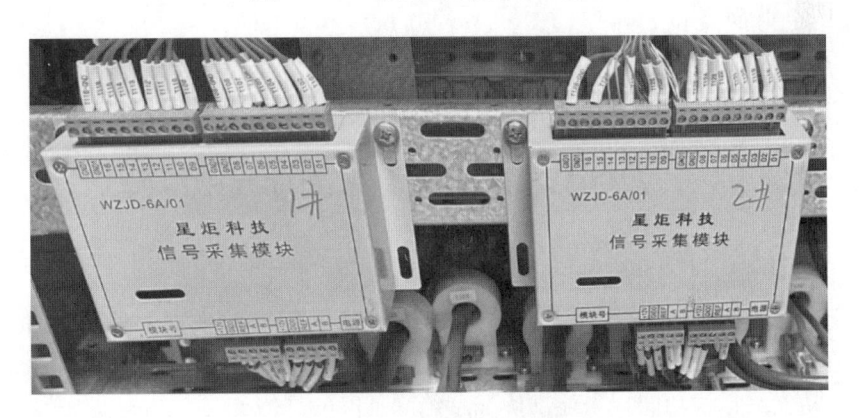

图 11-27 信号采集模块

随后对各个模块的工作电压进行测量，发现在末尾的模块工作电压为 11.3V，相较正常 12V 的电压略微低了一些，在将各个模块都逐一拆除换上新模块后，发现 #3 模块在完成更换后，#1~#16 绝缘电阻恢复正常，且末端模块电压也恢复至 11.7V。但 #13、#14 支路仍只有 20kΩ 左右的绝缘电阻，说明这两个支路下端的直流电源存在环网。为防止后续误报信号，将 #13、#14 支路的电流互感器采集线脱开，再次进行绝缘巡检时未有支路异常。但此类处理方式无法将环网问题根治，且接地巡检过程中有较多支路无法测量，对后续进行绝缘降低缺陷处理有一定影响。

后期将 #13、#14 支路的电流互感器采集线恢复，并将所有的信号采集模块和绝缘监测装置更换为最新一代产品，如图 11-28 所示。更换后，采取接入大电阻接地的方式对其进行测试，发现在出现绝缘不良后，新的绝缘监测装置会将受环网影响的支路和绝缘不良支路同时报出,但稍后受环网影响支路能够自行复归,仅显示绝缘不良支路。

图 11-28 更换后的绝缘监测装置和信号采集模块

3. 原因分析及防范措施

3.1 原因分析

××变直流系统因存在环网,其运行方式为一组充电装置、一组蓄电池带两段母线,母联开关合位,另一组充电装置单独带另一组蓄电池。这种运行方式会导致系统内的环流,从而影响支路电流互感器的测量结果,同时在绝缘巡检过程中,由于电压不稳导致模块数据异常,双重影响下导致了绝缘故障频发。

3.2 防范措施

后续结合直流工作,在××变直流系统的绝缘监测装置上增设电源模块,以此来稳定对模块的供电。此外,后续结合保护改造将该变电站环网进行解环。

11.13 案例十三:220kV××变直流系统母线绝缘降低

1. 缺陷描述

××变直流Ⅰ段母线绝缘降低、正负母线对地电压偏差大:Ⅰ段母线正对地电压151.3V,负对地电压82.8V,母线负对地电阻34.2kΩ。现场检查发现该直流系统绝缘监测装置未启动支路选线功能,未能准确显示绝缘下降的具体支路。

2. 处理过程

如图11-29所示,现场发生直流接地告警后,查看直流Ⅰ段绝缘监测装置告警信息发现显示Ⅰ段母线正对地电压151.3V,母线负对地电压82.8V,母线负对地电阻34.2kΩ,点击界面上"支路查看"未显示绝缘降低的具体支路。查看监控装置和一体化电源监控装置,均未显示绝缘不良的支路情况。

采用"拉路法"进行支路查

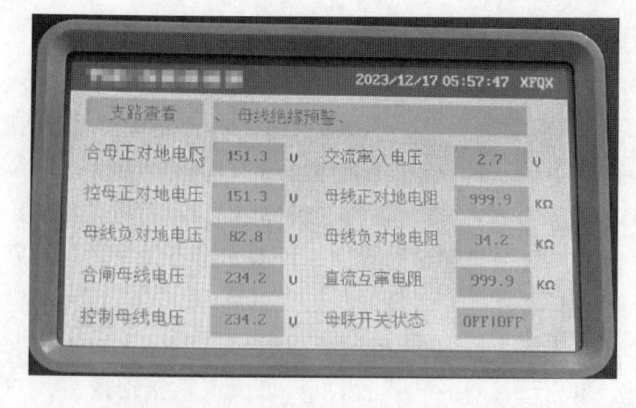

图 11-29 直流系统绝缘监测装置参数显示

找。通过逐级拉合空开,最终确定为"××××线路接地开关分合闸指示灯电源开关"下端存在绝缘降低问题,如图 11-30 所示。进一步,对该空开下端的指示灯电源负极逐一进行拆线排查,发现为线路接地闸刀分合闸指示灯故障(且该指示灯显示状态异常:红绿灯同时亮起),更换该故障指示灯后直流系统恢复正常。

图 11-30　××××线路接地开关分合闸指示灯电源开关及指示灯

随后,针对该直流系统绝缘降低时装置未进行支路选线并正确显示绝缘降低支路问题进行排查。如图 11-31 所示,查看直流 I 段绝缘监测装置告警门限设定值情况:母线绝缘电阻限值 25kΩ,支路绝缘电阻限值 25kΩ,正负母线电压偏差 60V。

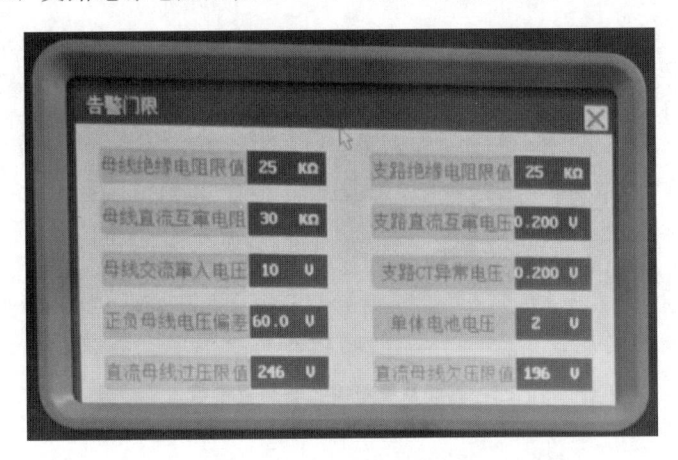

图 11-31　直流系统绝缘监测装置参数设置情况

通过在备用支路负端依次接入阻值 10kΩ、20kΩ 和 30kΩ 的对地电阻并观察装置告警和支路选线情况得到结论:只有当对地电阻低于设定的门限值 25kΩ 时,该装置的支路选线功能才能正常启动并显示绝缘降低的具体支路;当对地电阻高于门限值 25kΩ 时,该装置只能显示母线对地电阻值,不能启动支路选线功能。

3. 原因分析及防范措施

3.1　原因分析

(1) 直流系统末端的用电设备(分合闸状态指示灯)故障,造成直流接地告警。

(2) 该厂家的绝缘监测装置支路选线功能只有当对地电阻低于门限值时才启动,高于门限值时只发出告警，无法显示具体的绝缘降低支路；案例中母线负对地电阻为34.2kΩ，大于绝缘电阻限值25kΩ，因此绝缘监测装置未启动支路选线功能，无法查看绝缘降低的具体支路。

3.2 防范措施

(1) 做好直流系统末端用电设备的检修维护和日常巡视。

(2) 出现直流系统绝缘降低时，应结合绝缘监测装置和拉路法进行支路查找，缩短检修时间。

(3) 针对该厂家及同类问题，可根据母线对地电阻实际值对告警门限值进行修改，人为创造出启动支路选线条件，实现装置对绝缘降低支路的精确定位。检修完成后应及时将门限值恢复。

11.14 案例十四：220kV××变直流系统母线电压不平衡

1. 缺陷描述

××变#1直流系统母线电压不平衡。如图11-32所示，现场检查母线正对地电压为174.2V，负对地电压为-60.4V，正对地电阻为999.9kΩ，负对地电阻为52.28kΩ。告警发出前，该站所在地天气晴好。

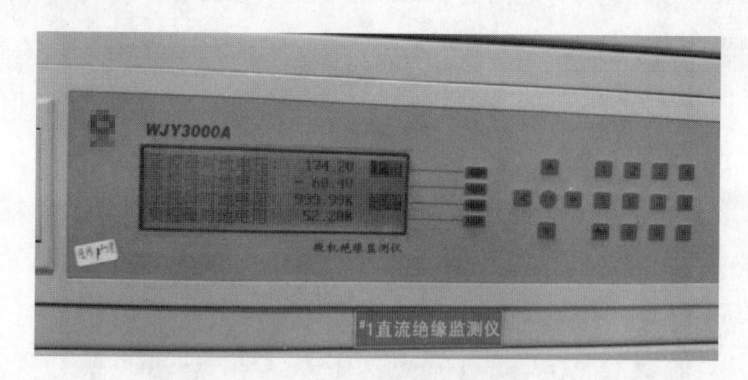

图11-32 直流系统绝缘监测装置参数显示情况

2. 处理过程

现场检查发现，该直流系统蓄电池在线监测仪电池电压显示异常，如图11-33所示。且修改监控装置参数进行支路接地选线时，选线结果无显示。

进一步对充电屏、馈电屏和#1蓄电池室进行检查，发现#1蓄电池室潮气较重，且电池外壳附有较多水珠，蓄电池电压采集模块也出现明显受潮和锈蚀，如图11-34所示。

将蓄电池外壳、接线柱上的水珠擦干，并将蓄电池电压采集模块进行更换，系统恢复正常。后续蓄电池容量核对性试验表明蓄电池容量合格，可以继续使用。

3. 原因分析及防范措施

3.1 原因分析

蓄电池室内防潮措施不完善，造成蓄电池及巡检装置受潮严重，造成直流母线电压不

图 11-33　直流系统蓄电池在线监测仪电池电压显示异常

图 11-34　蓄电池室内潮气较重，设备附着水珠

平衡告警。

3.2　防范措施

（1）做好蓄电池室温度的日常监测，确保蓄电池室的运行温度不应超出 5～30℃，宜保持在 25℃。

（2）梅雨季节和阴雨天气时加强对蓄电池室的巡视，重点关注蓄电池运行环境，如蓄电池室门窗是否关闭，房屋有无渗、漏水现象。

11.15　案例十五：220kV××变直流系统直流母线绝缘降低

1. 缺陷描述

××变#2直流母线绝缘降低告警。现场检查该母线正对地电压为 169.5V，负对地电压为 −52.5V，正对地电阻为 999.9kΩ，负对地电阻为 22.4kΩ，且对地电压和电阻值不稳定，波动较大。告警发出前，该站所在地天气晴好。

2. 处理过程

如图 11-35 所示，现场对绝缘监测装置进行设置后进行支路接地选线，结果显示支路#20、#21、#23、#55、#80、#172、#258 接地告警。

图 11-35 直流系统绝缘监测装置告警显示情况

摸排发现支路#20、#21、#23、#55、#80、#172均在接在#1直流系统母线上,#1直流系统运行正常,支路#258接在#2直流系统,且在多次接地选线结果中,支路#258接地告警时有时无。经确认,该#258支路为"#3主变测控装置直流电源空开",怀疑接地点在该支路下端。

如图11-36所示,该空开下端#3主变测控屏上共计有直流电源空开8个。汇报监控后,按照先信号后装置的顺序进行拉合,拉合至#3主变110kV测控装置信号电源空开时发现,系统负对地电压由-52.5V恢复至-90.6V,虽未完全恢复,但已有明显升高,如图11-37所示。

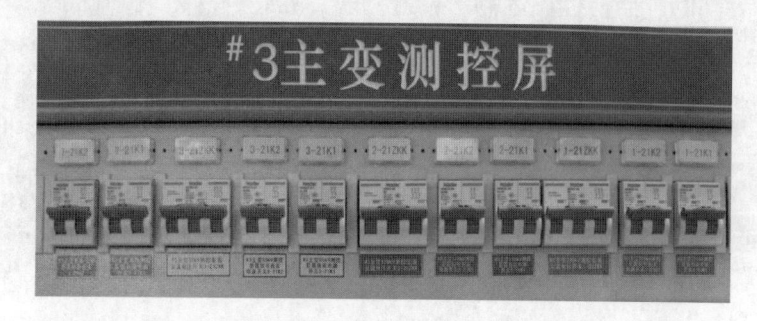

图 11-36 直流系统绝缘监测装置告警显示情况

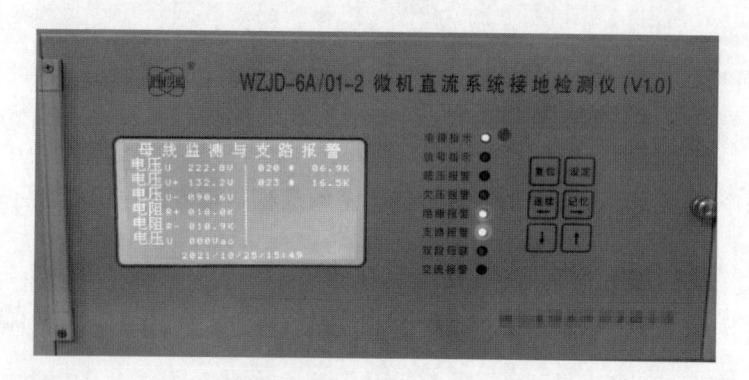

图 11-37 直流系统绝缘监测装置参数显示情况

进一步依次拆除#3主变110kV测控信号电源到#3主变110kV测控装置内部线,发现拆除直流开入插件5的负电源时,系统对地电压基本恢复正常。如图11-38所示,检查开入插件5无烧坏、短路、煳味等故障现象,内部线也未破损,但该插件边缘存在裸露的金属毛刺且与交流插件相邻。因此怀疑,相邻的交流插件对该直流插件电路板裸露的金属毛刺放电,造成直流负极对地绝缘不良。

如图11-39所示,对该柜内与交流插件相邻的直流插件板进行处理,将插件板裸露

图 11-38 开入插件 5 内部电路板情况

图 11-39 对开入插件 5 内部电路板金属毛刺进行绝缘屏蔽

的金属毛刺进行绝缘屏蔽后，系统母线电压、对地电阻均恢复正常，告警消失。

3. 原因分析及防范措施

3.1 原因分析

交流电源与直流电源距离过近，且直流插件存在金属毛刺，导致交流对直流产生干扰，造成直流接地。

3.2 防范措施

（1）要求厂家对插件板进行优化，避免交直流互相干扰，出现直流接地。

（2）严格执行国网十八项反措要求：①变电站内端子箱、机构箱、智能控制柜、汇控柜等屏柜内的交直流接线，不应接在同一段端子排上；②交直流回路不得共用一根电缆，控制电缆不应与动力电缆并排铺设。

11.16 案例十六：220kV××变直流系统母线电压不平衡

1. 缺陷描述

××变直流系统Ⅱ段母线电压不平衡。如图 11-40 所示，现场检查发现Ⅱ段母线正对地电压为 142.8V，负对地电压为 -88.2V。该站直流系统两段母线分列运行，Ⅰ段母线电压正常。告警发出前，该站所在地已持续多天阴雨天气。

2. 处理过程

现场检查系统无其他异常，修改监控装置参数设置后，查看各馈线柜输出开关状态，发现#4馈线柜 2FQ15 馈出线、#1馈线柜 2KQ17

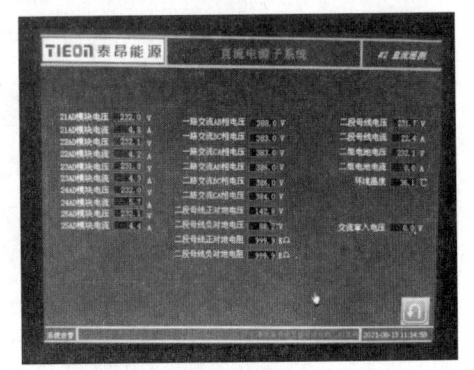

图 11-40 直流系统一体化监控装置告警显示情况

馈出线输出电流异常，较其他馈出线偏大数十倍，如图 11-41 所示。

图 11-41 直流系统监控装置各馈出线开关状态显示情况

检查馈线柜上馈出线空开，2FQ15 为×××线智能控制柜直流电源开关、2KQ17 为#3 直流分电屏Ⅱ段电源开关，如图 11-42 所示。经确认，馈出线 2FQ15 为 2KQ17 下一级空开，因此怀疑绝缘薄弱点在馈出线 2FQ15 下端。得到监控许可后，对馈出线 2FQ15 空开进行拉合，同时安排人员测量Ⅱ段母线的负对地电压。

图 11-42 馈出线 2FQ15、2KQ17 所对应支路

当拉开馈出线 2FQ15 空开后，Ⅱ段母线的正对地电压恢复至 117.9V，负对地电压恢复至 -114.3V，如图 11-43 所示。上述电压值表明，×××线智能控制柜直流电源开关拉开后直流系统恢复正常。

图 11-43 馈出线 2FQ15 空开拉开后Ⅱ段母线正负对地电压值

随后对处于户外场地的×××线智能控制柜进行检查,打开控制柜后柜门发现,柜内受潮严重,元器件表面附有较多水珠,如图 11-44 所示。进一步对柜内元器件进行干燥处理,经过长时间烘干后再次测量Ⅱ段母线对地电压,发现负对地电压为 -102.3V,该数值表明直流系统未完全恢复正常。因此怀疑该间隔内存在别的接地故障点。

图 11-44　×××线智能控制柜内元器件表面受潮

继续排查,对柜内直流电源进行拉合。依次拉开柜内照明电源、机构加热器电源、空调电源、信号报警电源后,发现在拉合信号报警电源时,系统恢复正常,如图 11-45 所示。通过查看图纸确定信号报警主要为间隔内各 SF_6 气室气压低报警。进一步检查,发现断开线路闸刀气室的 SF_6 气室信号电源后,正负母线电压恢复正常。进一步,打开线路闸刀气室的 SF_6 气室表计接头后发现内部进水锈蚀严重,如图 11-46 所示。

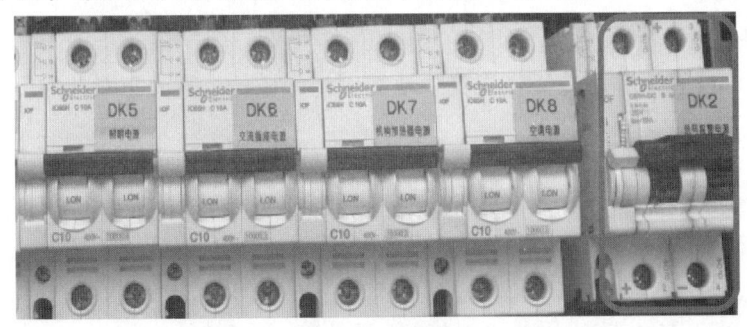

图 11-45　×××线智能控制柜内元器件表面受潮

图 11-46　线路闸刀气室的 SF_6 气室表计接头进水锈蚀

当天，检修人员对锈蚀的表计进行了更换。如图11-47所示，对 SF_6 气室信号回路的电缆防护管（U型部位）底部的排水孔进行了扩大，将U型管内的泥沙、积水排除干净。

3. 原因分析及防范措施

3.1 原因分析

（1）室外设置的智能控制柜驱潮能力不足，持续阴雨天气下柜内受潮严重。

（2）电缆防护管（U型部位）底部排水孔过小造成污泥堵塞，导致U型管内部积水并漫至表计接点，造成接点锈蚀直流系统绝缘降低。

3.2 防范措施

（1）做好室外设备的防潮和驱潮工作，保证二次回路绝缘良好。

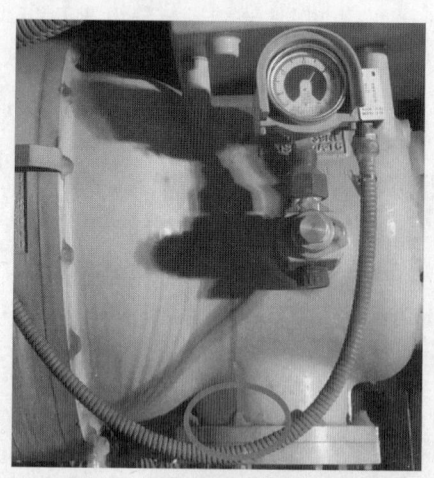

图11-47 SF_6 气室信号回路电缆U型管

（2）户外设置的电缆防护管（U型部位）底部增设排水孔，保证U型管内部无积水情况出现。

11.17 案例十七：220kV××变直流系统接地故障

1. 缺陷描述

监控告××变直流系统故障，直流接地故障，现场检查直流正对地电压为2V左右。

2. 处理过程

如图11-48和图11-49所示，运维人员现场检查直流巡检装置，装置报单元2支路6、单元3支路3故障，#3直流分屏上显示支路6故障，正对地电阻0.3kΩ。向调度监控申请汇报后，拉开支路220kV第一套负荷转供装置直流电源空开后直流系统恢复正常。进一步检查220kV第一套负荷转供装置屏内，拉开#2从机电源空开后直流系统恢复正常。初步判断为#2从机装置内部存在正极接地。

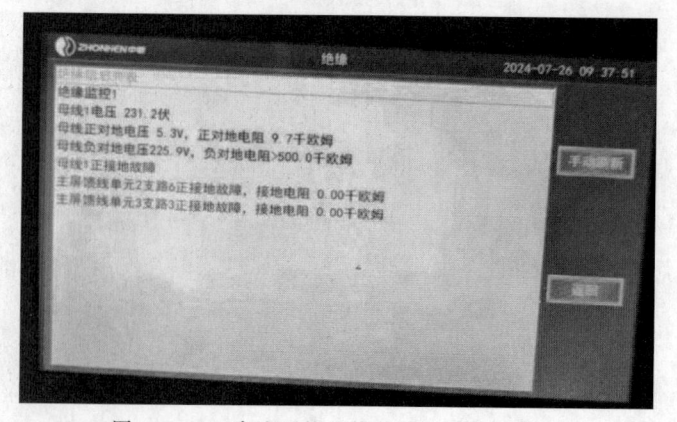

图11-48 直流系统监控装置显示告警信息

图 11-49 直流系统绝缘巡检装置显示支路电阻

检修人员达到现场后,在 220kV 第一套负荷转供装置屏内测得 #2 从机直流电源正对地电压为 21.67V,负对地电压为 -176.2V,如图 11-50 所示。在 2-36QD 处断开 #2 从机开入回路接线,发现 #2 从机的××线 HWJ 开入回路正电端电缆芯 WK101、负电端 WKHW4 对地电位均为 -115V,如图 11-51 所示。××线为热备用状态,开关处于分闸位置,判断电缆芯的对地电位不正常。

图 11-50 220kV 第一套负荷转供装置 #2 从机对地电位测量

进一步在××线开关端子箱内断开开关侧电缆芯回路,测量断口两侧电缆芯对地电位,发现开关机构箱侧电缆芯 WK101、WKHW4 对地电位为 -115V,而第一套负荷转供装置屏侧电缆芯 WK101、WKHW4 对地绝缘良好(电缆芯已拆除)。进一步在开关机构箱内断开回路,发现开关机构箱至开关端子箱的电缆芯 WK101、WKHW4 在两头悬空的情况下对地电位仍为 -115V。现场同时发现该回路与第二组控制回路共用一根电缆,如图 11-52 所示。

将所有接线恢复至初始状态后,在进一步检查时发现直流系统 #1、#2 监控装置均有告警信号发出。如图 11-53 所示,查看告警信号发现,#1 监控装置告直流母线正接地故障,母线正对地电压 23.5V,正对地电阻 10.1kΩ,母线负对地电压 207.8V,负对地电阻大于 500kΩ;#2 监控器告直流母线负接地故障,母线正对地电压 197.1V,正对地电阻大

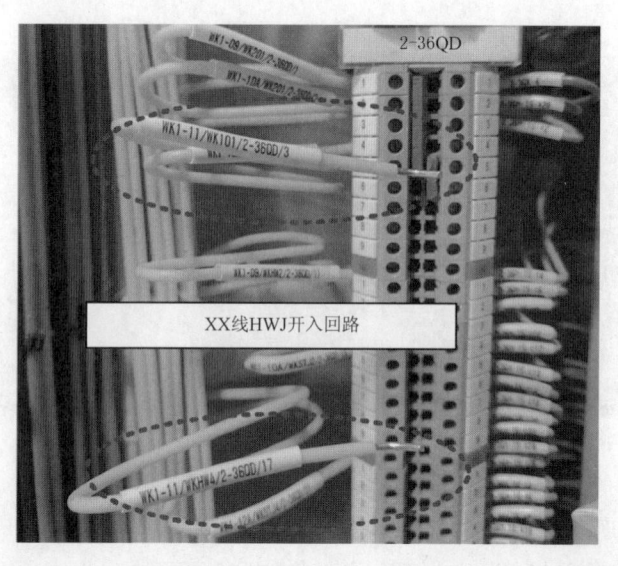

第 11 章 直流系统典型缺陷处理案例

图 11-51 负荷转供装置屏内××线 HWJ 开入回路电缆芯

图 11-52 ××线开关端子箱端子排

于 500kΩ，母线负对地电压 34.1V，负对地电阻大 0.0kΩ。分析知该站#1、#2 直流系统同时出现接地故障，且为#1 系统正接地、#2 系统负接地。

图 11-53 直流系统#1、#2 监控装置告警信息

结合负荷转供回路与第二组控制回路共用一根电缆且两个回路所用的直流电源分别为#1、#2 直流电源的情况分析，检修人员判断为××线开关端子箱至开关机构箱的负荷

• 168 •

转供回路正电源电缆与第二组控制回路负电源电缆之间绝缘不良，导致直流系统#1、#2监控装置同时发出告警信号，且接地电极为一正一负。同时导致在拉开负荷转供回路电源后，开关机构箱至开关端子箱的电缆芯 WK101、WKHW4 在两头悬空的情况下对地电位仍为 −115V。

在初步确认故障原因后，检修人员将第一套负荷转供装置在开关机构箱至开关端子箱的两根电缆更换为备用电缆芯，如图 11-54 所示。将所有接线恢复正常接线方式后，#1、#2 直流系统接地告警信号均消失，系统恢复正常。

图 11-54 负荷转供回路电缆更换为备用电缆芯

3. 原因分析及防范措施

3.1 原因分析

在开关端子箱至机构箱之间的电缆处，存在#1 直流电源正极电缆与#2 直流电源负极电缆绝缘不良情况，导致#1、#2 直流系统串电，两套直流监控装置同时发出接地告警信号，且接地极为一正一负。

3.2 防范措施

（1）施放电缆时做好电缆外绝缘保护，防止电缆绝缘层破损，造成直流系统接地告警或系统误动作等。

（2）两套直流系统同时出现接地告警且接地极不同时，应考虑两套直流电源正负极之间串电原因，对可能存在的电缆芯、用电装置进行排查。出现直流接地告警时，应及时安排人员进行查找并处理。

附 录

附录A 直流系统台账编制模板

表A-1 直流电源设备基本情况统计表

序号	地区	变电站名称	直流电源设备数量/套	直流母线电压等级	充馈电屏			监控装置			直流电源设备装置		充电装置		绝缘监测装置			蓄电池组				蓄电池巡检		
				电压等级/kV	组屏型号	厂家	投产日期	型号	制造商	投运日期	负载电流	配置型号(合+控)	制造商	投运日期	型号	制造商	数量/套	单体电压型号与容量	只数	制造商	投运日期	数量/组	型号	制造商	投运日期	数量/套

附录 B 直流系统年检记录卡

国网浙江省电力有限公司金华供电公司
直流系统年检记录卡

变　电　站：＿＿＿＿＿＿＿＿＿＿＿＿＿＿＿＿＿＿＿＿＿＿＿＿＿

地　　　区：＿＿＿＿＿＿＿＿＿＿＿＿＿＿＿＿＿＿＿＿＿＿＿＿＿

蓄电池型号：＿＿＿＿＿＿＿＿＿＿＿＿＿＿＿＿＿＿＿＿＿＿＿＿＿

生　产　厂　家：＿＿＿＿＿＿＿＿＿＿＿＿＿＿＿＿＿＿＿＿＿＿＿＿＿

投　产　年　月：＿＿＿＿＿＿＿＿＿＿＿＿＿＿＿＿＿＿＿＿＿＿＿＿＿

工　作　日　期：＿＿＿＿＿＿＿＿＿＿＿＿＿＿＿＿＿＿＿＿＿＿＿＿＿

工　作　人　员：＿＿＿＿＿＿＿＿＿＿＿＿＿＿＿＿＿＿＿＿＿＿＿＿＿

结　　　论：＿＿＿＿＿＿＿＿＿＿＿＿＿＿＿＿＿＿＿＿＿＿＿＿＿

1. 直流电源系统运行数据表

蓄电池	实测值/V		显示值/V	
蓄电池电压				
母线	直流Ⅰ段		直流Ⅱ段	
	实测值/V	显示值/V	实测值/V	显示值/V
母线电压			/V	/V
母线电流值			/A	/A

直流监控装置设置参数			
项目名称	设定值	项目名称	设定值
充电装置浮充电压值		充电装置均充电压值	
均充电流		转浮充计时电流	
浮充计时时间		蓄电池限流点	
合母上限		合母下限	
控母上限		控母下限	
电池组过压点		电池组欠压点	
交流电压过压		交流电压欠压	
交流电压缺相		蓄电池容量	
蓄电池只数		温度补偿系数	
绝缘告警值/kΩ		支路绝缘告警值/kΩ	
Ⅰ段母线绝缘数据		Ⅱ段母线绝缘数据	
母线对地电阻 R_+		母线对地电阻 R_+	
母线对地电阻 R_-		母线对地电阻 R_-	
母线正对地电压 U_+		母线正对地电压 U_+	
母线负对地电压 U_-		母线负对地电压 U_-	

2. 直流电源系统设备检查表

变电站名称	××变电站			
检修时间：			检修人员：	
交流电压	A对N：	B对N：	C对N：	输入输出线接头是否紧固：
	A对B：	A对C：	B对C：	
屏柜厂家：		监控装置型号：	整流器型号：	整流器数量： 配置情况： 合/ 控
绝缘仪厂家：		绝缘仪型号：		出线路数： 路 配置情况： 合 控
电池巡检装置厂家：	电池巡检装置主机型号：		电池巡检装置采集模块型号：	
电池品牌：		电池容量：		电池组数：
电池单体电压：		电池节数：		有无腐蚀：
电池的壳体是否完好无损：		极柱、呼吸器情况：		壳体有无变形：

续表

电池连接螺丝是否紧固：		电池运行年数：		电池外壳温度：
表计显示是否正常：		馈线按钮、指示灯是否完好：		
监控温度：	电池温度：	开关、闸刀、熔断器是否正常：		馈线开关告警：
负载电流：	合母过压值：	合母欠压值：	控母过压值：	控母欠压值：
浮充电压值：	均充电压值：	控母电压值：	交流过压值：	交流欠压值：
充电限流值：	充电延时：	定期均充时间：	均充触发值：	浮充触发值：
充电模块指示灯是否正常：		均浮充能否正常转换：		防雷器是否正常：
母线绝缘告警功能测试：		馈线绝缘告警功能测试：		硅链挡位测试：
交流高低压告警测试：		合母、控母过欠压告警测试：		闪光回路测试：
交流一、二路能否切换：		直流屏清扫：		
电池巡检是否正常：		纹波系数：		
并机均流试验（额定电流 50% 以上）是否不大于±5%：			交流失电直流电压波动是否不大于±10%：	
通道开通或断开是否与实际相符：			回路故障开关是否报警：	
闪光装置是否完好，动作是否正确：				

检查发现缺陷记录：

3. 蓄电池充放电试验记录表

试验负责人：　　　　　　　记录：　　　　　　　审核：

试验性质		终止电压限值		放电电流	
蓄电池温度		开始时刻		终止时刻	
放电时间		放出容量		放电日期	
蓄电池容量		蓄电池型号		蓄电池厂家	

电池序号	记录时刻及蓄电池电压/V						
	浮充时	放电1h	放电2h	放电3h	放电4h	放电5h	恢复运行
总电压							
1							
2							
3							
4							
5							
6							
7							
8							
9							
10							
11							
12							
13							
14							
15							
16							
17							
18							
19							
20							
21							
22							
23							
24							
25							
26							
27							
28							

续表

电池序号	记录时刻及蓄电池电压/V						
	浮充时	放电 1h	放电 2h	放电 3h	放电 4h	放电 5h	恢复运行
29							
30							
31							
32							
33							
34							
35							
36							
37							
38							
39							
40							
41							
42							
43							
44							

(1) 单体端电压

1) 最高电压：放电前_____V，放电中期_____V，放电后_____V

2) 最低电压：放电前_____V，放电中期_____V，放电后_____V

(2) 放电时蓄电池电压变化曲线

蓄电池编号：_____

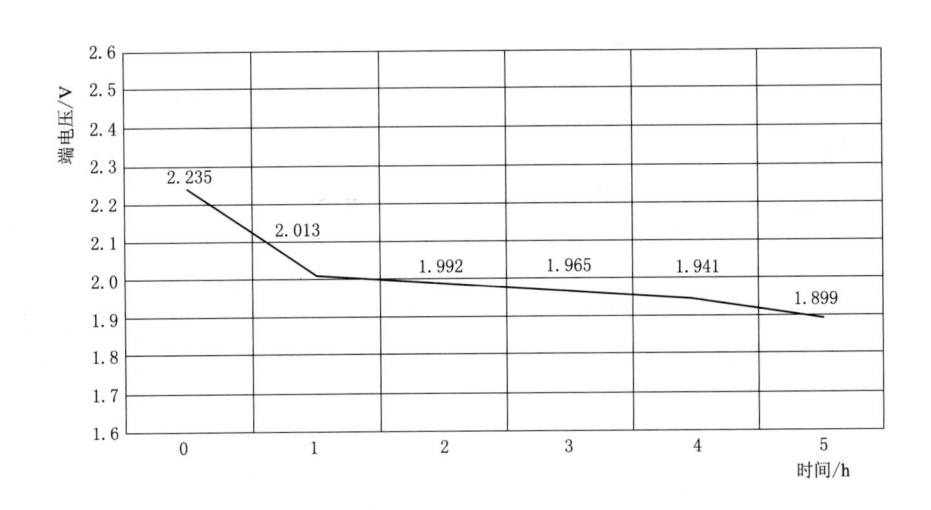

（3）结论

本次核对性充放电试验放出_____ A·h，占额定容量的_____%。

4. 检修结论

序号	检修内容	检修情况
1	蓄电池柜内温度	
2	外观检查记录	
3	蓄电池及柜是否已清扫	
4	整定参数检查情况记录	
5	查阅蓄电池历史记录及检查处理情况	
6	蓄电池组放电活化处理和均充情况	
7	测试蓄电池动态内阻情况	
8	蓄电池容量核对性放电试验情况	

检修发现问题：

附录C 直流系统故障处理分析报告

××故障处理分析报告

1. 故障概述

变电站概况、故障发生前后运行方式变化、导致的后果及恢复情况等。

2. 检查处理情况

相关信号及现场检查情况，处理的主要过程和结果。

3. 原因分析

故障发生的原因分析及发展机理，附相关图片。

4. 下一步工作安排

下一步工作计划及安排。

5. 暴露问题

找出故障暴露出的各类问题。

6. 反措及建议

针对故障暴露出的问题，提出防止同类故障发生的组织措施和技术措施。

7. 附件

故障设备铭牌参数、上次检修时间、缺陷记录、时间记录、相关检查试验报告等。

附录 D 直流系统蓄电池带载试验操作卡

蓄电池带载试验作业卡（110V）

1. 作业信息

设备名称		工作时间	年 月 日 时 分 至 年 月 日 时 分	作业卡编号	

2. 工序要求

序号	关键工序	标准及要求	风险辨识与预控措施	执行完打√ 或记录数据
1	试验准备	（1）开工前准备蓄电池在线监测装置完好，如蓄电池在线监测装置精度存在缺陷的，以蓄电池万用表端电压实测为准 （2）工作变电站无保供电任务 （3）工作变电站无直流系统异常等直流故障信号		
2	带载试验	（1）检查直流系统无异常信号，告告知地调调控中心和通信调度进行直流系统带载试验 （2）通过直流监测装置查看第一组蓄电池电压是否正常并拍照记录。 单节蓄电池电压在 2.15～2.35V 为正常 （3）检查直流系统无异常信号。 直流电压：　　V；电流：　　A （4）在电池管理中调整均浮充设置值（浮充值调整为102V，均充值调整为102V） （5）5min 后检查直流系统无异常信号。 直流电压：　　V；电流：　　A （6）通过直流监测装置查看第一组蓄电池电压是否正常并拍照记录。 单节蓄电池电压在 2.03～2.15V 为正常 （7）在监控器电池管理中将均浮充值调整至工作前参数值 （8）检查直流系统无异常信号。 直流电压：　　V；电流：　　A （9）检查蓄电池在线检测装置单节蓄电池电压 2.5V 以上，如有，按说明执行 （10）工作结束前，与地调调控中心和通信调度核对无异常信号后结束工作	（1）若带载试验过程中，直流输出电压降至102V，应停止带载试验，并立即告知运检部专职，安排蓄电池更换。 （2）第（2）、第（5）步：当蓄电池在线监测装置显示值超出正常限值时，首先通过万用表实测蓄电池组端电压；若实测数据正常，则上报蓄电池在线监测装置缺陷；若实测数据超出正常限值，则上报蓄电池缺陷。 （3）第（8）步，蓄电池在线检测装置单节蓄电池电压 2.5V 以上，首先通过万用表实测蓄电池端电压进行校验；如实测数据仍然超过 2.5V，必须通过内阻仪对此单节蓄电池进行内阻实测；如数据高于蓄电池内阻均值的20%，上报单节蓄电池重要缺陷	
3	检测结果汇报及记录	（1）将检测结果汇报给当值值长 （2）做好 PMS 相关记录		
	备注			

3. 签名确认

开工前确认签名	
完工后确认签名	

4. 执行评价

工作负责人签名：

蓄电池带载试验作业卡（220V）

1. 作业信息

设备名称		工作时间	年 月 日 时 分 至 年 月 日 时 分	作业卡编号	

2. 工序要求

序号	关键工序	标准及要求	风险辨识与预控措施	执行完打√或记录数据
1	试验准备	（1）开工前准备蓄电池在线监测装置完好，如蓄电池在线监测装置精度存在缺陷的，以蓄电池万用表端电压实测为准 （2）工作变电站无保供电任务 （3）工作变电站无直流系统异常等直流故障信号		
2	带载试验	（1）检查直流系统无异常信号，告知地调调控中心和通信调度进行直流系统带载试验 （2）通过直流监测装置查看第一组蓄电池电压是否正常并拍照记录。 单节蓄电池电压在2.15~2.35V为正常 （3）检查直流系统无异常信号。 直流电压：　　V；电流：　　A （4）在电池管理中调整均浮充设置值（浮充值调整为205V，均充值调整为205V） （5）5min后检查直流系统无异常信号 直流电压：　　V；电流：　　A （6）通过直流监测装置查看第一组蓄电池电压是否正常并拍照记录。 单节蓄电池电压在2.03~2.15V为正常	（1）若带载试验过程中，直流输出电压降至205V，应停止带载试验，并立即告知运检部专职，安排蓄电池更换。 （2）第（2）、第（5）步：当蓄电池在线监测装置显示值超出正常限值时，首先通过万用表实测蓄电池组端电压；若实测数据正常，则上报蓄电池在线监测装置缺陷；若实测数据超出正常限值，则上报蓄电池缺陷。 （3）第（9）步，蓄电池在线检测装置单节蓄电池电压2.5V以上，首先通过万用表实测蓄电池端电压进行校验；如实测数据仍然超过2.5V，必须通过内阻仪对此单节蓄电池进行内阻实测；如数据高于蓄电池内阻均值的20%，上报单节蓄电池重要缺陷	

续表

序号	关键工序	标准及要求	风险辨识与预控措施	执行完打√或记录数据
2	带载试验	(7) 在监控器电池管理中将均浮充值调整至工作前参数值	(1) 若带载试验过程中，直流输出电压降至205V，应停止带载试验，并立即告知运检部专职，安排蓄电池更换。 (2) 第（2）、第（5）步：当蓄电池在线监测装置显示值超出正常限值时，首先通过万用表实测蓄电池组端电压；若实测数据正常，则上报蓄电池在线监测装置缺陷；若实测数据超出正常限值，则上报蓄电池缺陷。 (3) 第（9）步，蓄电池在线检测装置单节蓄电池电压2.5V以上，首先通过万用表实测蓄电池端电压进行校验；如实测数据仍然超过2.5V，必须通过内阻仪对此单节蓄电池进行内阻实测；如数据高于蓄电池内阻均值的20%，上报单节蓄电池重要缺陷	
		(8) 检查直流系统无异常信号。 直流电压：　　V；电流：　　A		
		(9) 检查蓄电池在线检测装置单节蓄电池电压2.5V以上，如有，按说明执行		
		(10) 工作结束前，与地调调控中心和通信调度核对无异常信号后结束工作		
3	检测结果汇报及记录	(1) 将检测结果汇报给当值值长		
		(2) 做好PMS相关记录		
备注				

3. 签名确认

开工前确认签名	
完工后确认签名	

4. 执行评价

工作负责人签名：

附录 E 直流系统检修标准作业卡

1. 作业信息

设备双重编号		工作时间		作业卡编号	任务单编号（或工作票编号）＋设备双重编号＋专业代码＋001

2. 工序要求

序号	关键工序	标准及要求	风险辨识与预控措施	执行完打√或记录数据
1	充电模块检查	（1）交流输入电压、直流输出电压和电流显示正确。 （2）充电装置工作正常、无告警。 （3）风冷装置运行正常，滤网无明显积灰	（1）严禁造成直流短路、接地。 （2）严禁造成直流母线失压，造成系统事故。 （3）使用绝缘工具，不能造成人身触电。 （4）严禁误动、误碰运行设备	已执行□ 模块交流电压： 模块直流电压： 模块总电流：
2	母线调压装置检查	（1）在动力母线（或蓄电池输出）与控制母线间设有母线调压装置的系统，应采用严防母线调压装置开路造成控制母线失压的有效措施。 （2）直流控制母线、动力母线电压值在规定范围内，浮充电流值符合规定	严禁误动、误碰运行设备，不能造成人身触电	已执行□ 控制母线电压： 动力母线电压： 浮充电流：
3	电压、电流监测检查	（1）充电装置交流输入电压、直流输出电压、电流正常，表计指示正确，保护的声、光信号正常，运行声音无异常。 （2）直流电压表、电流表精度不低于1.5级，数字显示仪表精度不低于0.1级。 （3）电池监测仪应实现对每个单体电池电压的监控，其测量误差应不大于2‰	（1）严禁误动、误碰运行设备 （2）使用绝缘工具，不能造成人身触电	已执行□
4	充电装置的保护及声光报警功能检查	（1）充电装置应具有过流、过压、欠压、交流失压、交流缺相等保护及声光报警功能。 （2）额定直流电压220V系统过压报警整定值为额定电压的115%、欠压报警整定值为额定电压的90%、直流绝缘监察整定值为25kΩ。 （3）额定直流电压110V系统过压报警整定值为额定电压的115%、欠压报警整定值为额定电压的90%、直流绝缘监察整定值为15kΩ	严禁误动、误碰运行设备，不能造成人身触电	已执行□

续表

序号	关键工序	标准及要求	风险辨识与预控措施	执行完打√或记录数据
5	直流屏（柜）检查	（1）各支路的运行监视信号完好，指示正常，熔断器应无熔断，直流断路器位置正确。 （2）柜内母线、引线应采取硅橡胶热缩或其他防止短路的绝缘防护措施。 （3）直流系统的馈出网络应采用辐射状供电方式，严禁采用环状供电方式。 （4）直流屏（柜）通风散热良好，防小动物封堵措施完善。 （5）柜门与柜体之间应经截面积不小于4mm²的多股裸体软导线可靠连接。 （6）直流屏（柜）设备和各直流回路标识清晰正确、无脱落。 （7）各元件接线紧固，无过热、异味、冒烟，装置外壳无破损，内部无异常声响。 （8）引出线连接线夹应紧固，无过热。 （9）一个接线端子上最多接入线芯截面相等的两芯线	严禁误动、误碰运行设备，不能造成人身触电	已执行□ 屏（柜）内温度： 元器件最高温度： 元器件最低温度：
6	直流系统绝缘监测装置检查	（1）直流系统正对地和负对地的（电阻值和电压值）绝缘状况良好，无接地报警。 （2）装有微机型绝缘监测装置的直流电源系统，应能监测和显示其各支路的绝缘状态。 （3）直流系统绝缘监测装置，应具备交流窜直流故障的测记和报警功能。 （4）220V直流系统两极对地电压绝对值差不超过40V或绝缘未降低到25kΩ以下，110V直流系统两极对地电压绝对值差不超过20V或绝缘未降低到15kΩ以下	（1）严禁误动、误碰运行设备。 （2）使用绝缘工具，不能造成人身触电	已执行□ 正对地电阻值： 正对地电压值： 负对地电阻值： 负对地电压值：
7	直流系统微机监控装置检查	（1）三相交流输入、直流输出、蓄电池以及直流母线电压正常。 （2）蓄电池组电压、充电模块输出电压和浮充电的电流正常。 （3）微机监控装置运行状态以及各种参数正常	严禁误动、误碰运行设备	已执行□
8	直流断路器、熔断器检查	（1）直流回路中严禁使用交流空气断路器。 （2）直流断路器位置与实际相符、熔断器无熔断，无异常信号、电源灯指示正常。 （3）各直流断路器标识齐全、清晰、正确。	严禁误动、误碰运行设备	已执行□

续表

序号	关键工序	标准及要求	风险辨识与预控措施	执行完打√或记录数据
8	直流断路器、熔断器检查	(4) 各直流断路器两侧接线无松动、断线。 (5) 直流断路器、熔断器接触良好，无过热。 (6) 使用交直流两用空气断路器应满足开断直流回路短路电流和动作选择性的要求。 (7) 蓄电池组、交流进线、整流装置直流输出等重要位置的熔断器、断路器应装有辅助报警触点。 (8) 除蓄电池组出口总熔断器以外，其他地方均应使用直流专用断路器。 (9) 直流电源系统同一条支路中熔断器与直流断路器不应混用，尤其不应在直流断路器的下级使用熔断器	严禁误动、误碰运行设备	已执行□
9	电缆检查	(1) 蓄电池组正极和负极的引出线不应共用一根电缆。 (2) 蓄电池组电源引出电缆不应直接连接到极柱上，应采用过渡板连接，并且电缆接线端子处应有绝缘防护罩。 (3) 两组蓄电池的电缆应分别铺设在各自独立的通道内，尽量避免与交流电缆并排铺设，在穿越电缆竖井时，两组蓄电池电缆应加穿金属套管。 (4) 电缆防火措施完善。 (5) 电缆标识牌齐全、正确。 (6) 电缆接头良好，无过热	严禁误动、误碰运行设备	已执行□
10	蓄电池组检查	(1) 蓄电池室通风、照明及消防设备完好，温度符合要求，无易燃、易爆物品。 (2) 蓄电池组外观清洁，无短路、接地。 (3) 各连片连接可靠无松动。 (4) 蓄电池外壳无裂纹、无鼓肚、漏液，呼吸器无堵塞，密封良好，电解液液面高度在合格范围。 (5) 蓄电池极板无龟裂、弯曲、变形、硫化和短路，极板颜色正常，极柱无氧化、生盐。 (6) 无欠充电、过充电，蓄电池壳体温度不超过35℃。 (7) 典型蓄电池电压、密度在合格范围内。 (8) 蓄电池室的运行温度宜保持在5~30℃，最高不应超过35℃	(1) 严禁误动、误碰运行设备。 (2) 使用绝缘工具，不能造成人身触电，严禁造成直流短路、接地。 (3) 现场严禁烟火，做好消防措施，保持通风良好，并应配置足够数量的防护用品	已执行□ 蓄电池室（柜）温度： 蓄电池壳体温度： 蓄电池组电压： 浮充状态下最高单体电压蓄电池及其电压值： 浮充状态下最低单体电压蓄电池及其电压值：

续表

序号	关键工序	标准及要求	风险辨识与预控措施	执行完打√或记录数据
11	蓄电池内阻试验	(1) 单体蓄电池内阻测试值应与蓄电池组内阻平均值比较，允许偏差范围为±10%。 (2) 蓄电池连接螺栓紧固，表面清洁，无漏液	(1) 工作过程中注意加强监护，人身及工具不得同时碰触蓄电池（组）正、负极柱或电池柜（架）。 (2) 按照说明正确设置内阻测试仪参数并接入，接入时检查核对极性无误	已执行□
12	阀控式蓄电池组容量检验	(1) 阀控式蓄电池组在验收投运时以后每两年应进行一次核对性放电，运行了四年以后应每年进行一次核对性放电。 (2) 防酸蓄电池组在新安装或检修中更换电解液的运行第一年，宜每6个月进行一次核对性放电；运行一年后的1～2年应进行一次核对性放电。 (3) 蓄电池组经过3次放充电循环达到蓄电池额定容量的80%以上，否则应安排更换。 (4) 在原直流系统不断电的条件下，正确的把临时充电装置及蓄电池组并入系统，将原直流系统退出后再进行蓄电池核对性放电。注意并入和退出临时充电装置及蓄电池组时输出电压与原蓄电池组电压差应不大于5V（该方法存在问题，建议单组蓄电池采用带负荷半容量放电，两组蓄电池采用全容量放电）。 (5) 将蓄电池放电仪、蓄电池组经直流断路器正确连接	(1) 严禁造成直流短路、接地。 (2) 注意观察直流母线电压，严禁电压过高、过低。 (3) 严禁造成蓄电池过放电，造成蓄电池不可恢复性故障。 (4) 严禁造成直流母线失电压，造成系统事故。 (5) 严禁造成极性接错。 (6) 开启蓄电池室通风装置。 (7) 使用绝缘或采取绝缘包扎措施的工具。 (8) 现场严禁烟火，做好消防措施，保持通风良好，并应配置足够数量的防护用品。 (9) 作业完毕后应恢复相应设备状态	已执行□ 蓄电池放电前期端电压： 蓄电池放电终期端电压： 放电终期最高单体电压蓄电池及其电压值： 放电终期最低单体电压蓄电池及其电压值： 放电电流： 放电时间： 蓄电池组平均温度： 25℃标准容量 C_{25}： 占额定容量的%

3. 签名确认

工作人员确认签名	

4. 执行评价

工作负责人签名：

附录 F 直流系统竣工（预）验收及整改记录

表 F.1 直流系统竣工（预）验收及整改记录

序号	设备类型	安装位置/运行编号	问题描述（可附图或照片）	整改建议	发现人	发现时间	整改情况	复验结论	复验人	备注（属于重大问题的，注明联系单编号）
1										
2										
3										
4										
5										
6										
7										
8										
9										

习 题

试 卷 一

1. 单选题

(1) 直流负母线的颜色为（　　）。
　　(A) 黑色　　　(B) 绿色　　　(C) 蓝色　　　(D) 赭色

(2) 在直流电压监察装置中，过电压继电器的动作值一般选取（　　）U_N。
　　(A) 1.1　　　(B) 1.15　　　(C) 1.2　　　(D) 1.25

(3) 铅酸蓄电池负极板边片厚度（　　）。
　　(A) 比中间片的厚度大　　　(B) 比中间片的厚度小
　　(C) 与中间片厚度相等　　　(D) 没有明确规定

(4) 蓄电池安培小时的效率一般是（　　）。
　　(A) 大于1　　　(B) 小于1　　　(C) 等于1　　　(D) 不一定

(5) 熔断器在电路中的作用是保护（　　）。
　　(A) 过负荷　　(B) 短路　　(C) 过负荷与短路　　(D) 漏电

(6) 蓄电池1h放电率比10h放电率放出的容量（　　）。
　　(A) 大　　　(B) 小　　　(C) 相等　　　(D) 大小不一定

(7) 阀控式密封铅酸蓄电池的气密性：蓄电池除安全阀外，应能承受（　　）kPa的正压或负压而不破裂、不开胶，压力释放后壳体无残余变形。
　　(A) 30　　　(B) 20　　　(C) 50　　　(D) 70

(8) 当故障蓄电池数量达到整组蓄电池的（　　）及以上时，应更换整组蓄电池。
　　(A) 10%　　　(B) 15%　　　(C) 20%　　　(D) 25%

(9) 充电设备额定电压的上限电压值可按（　　）确定。
　　(A) 全部蓄电池充电终止电压　　　(B) 蓄电池组的额定电压
　　(C) 蓄电池组的最低运行电压　　　(D) 单个蓄电池的放电终止电压

(10) 铅酸蓄电池极板在数量上（　　）。
　　(A) 正极板比负极板多一片　　　(B) 负极板比正极板多一片
　　(C) 正负极板数量相等　　　(D) 没有明确规定

(11) 在变电所常用的直流电源中，最为可靠的是（　　）。

(A) 硅整流　　　　　　　　　　(B) 电容器储能式硅整流
  (C) 复式整流　　　　　　　　　(D) 蓄电池

(12) 铅酸蓄电池最外边的两块极板（　　）。
  (A) 都是正极板　　　　　　　　(B) 都是负极板
  (C) 一块是正极板，一块是负极板　(D) 没有严格规定

(13) 常用的四种充电方式中，目前国内外普遍采用的是（　　）。
  (A) 一段定电流　　　　　　　　(B) 两段定电流
  (C) 两段定电流、定电压　　　　(D) 低定电压。

(14) 铅酸蓄电池放电试验时，在（　　）电压达到终止电压时，应立即停止放电
  (A) 总电压或多数电池　　　　　(B) 多数单电池
  (C) 个别电池　　　　　　　　　(D) 总电压或个别电池

(15) 均流测试在半载下进行，均流不平衡度不超过（　　）。
  (A) ±1%　　(B) ±2%　　(C) ±5%　　(D) ±10%

(16) 直流设备正常使用的电气条件，交流输入电压波动范围不超过（　　）。
  (A) −20%～+30%　　　　　　　(B) −10%～+15%
  (C) −10%～+10%　　　　　　　(D) −5%～+5%

(17) 如果仅有一组蓄电池且不能退出时，则不允许进行全容量核对性放电，只允许放出额定容量的（　　）。
  (A) 30%　　(B) 40%　　(C) 50%　　(D) 60%

(18) 阀控式密封铅酸蓄电池在安装结束后，投入运行前应进行（　　）。
  (A) 初充电　　(B) 补充充电　　(C) 均衡充电　　(D) 浮充电

(19) 铅酸蓄电池放电电流大于 10h 放电率电流时，电池的放电容量将（　　）。
  (A) 增大　　(B) 减小　　(C) 不变　　(D) 无规律变化

(20) 直流系统接地时，对于断路器合闸电源回路，可采用（　　）寻找接地点。
  (A) 瞬间停电法　(B) 转移负荷法　(C) 分网法　(D) 任意方法

2. 判断题

(1) 事故照明属于正常直流负荷。　　　　　　　　　　　　　　　　　（　）
(2) GGF−500 型蓄电池 10h 放电率放电电流为 50A。　　　　　　　　（　）
(3) 蓄电池并联时总容量为各个电池容量之和。　　　　　　　　　　　（　）
(4) 蓄电池充电时充电装置（或整流器）的正极接蓄电池的负极，负极接蓄电池的正极，充电电流从蓄电池的负极流入，正极流出。　　　　　　　　　　（　）
(5) 不同型号不同容量的阀控式蓄电池可以混合使用于一组蓄电池中。　（　）
(6) 保护晶闸管的快速熔断器熔断后，可用普通熔断器代替。　　　　　（　）
(7) 蓄电池串联时，总容量为各个电池容量之和。　　　　　　　　　　（　）
(8) 直流柜内母线、引线应采取硅橡胶热缩或其他防止短路的绝缘防护措施。（　）
(9) 当电解液密度过高时，会显著影响蓄电池的容量。　　　　　　　　（　）
(10) 铅酸蓄电池电解液温度超过规定限度，易使极板弯曲变形。　　　　（　）
(11) 蓄电池组的电池总个数由单个电池的额定电压来确定。　　　　　　（　）

(12) 铅酸蓄电池在放电过程中，正、负极板上都产生硫酸铅。（　）
(13) 蓄电池室内照明必须采用防爆灯具。（　）
(14) 在电路计算中，电流为负值时，说明电流的实际方向与参考方向相反。（　）
(15) 阀控电池个数的选择：一般220V系统选用103～104个电池，110V系统选用51～52个电池。（　）

3. 填空题

(1) 交流电源电压波动范围不超过_____的标称电压。
(2) 降压装置宜由硅元件构成，应有防止硅元件_____的措施。
(3) 蓄电池组正、负极引出电缆_____同一根电缆，在穿越电缆竖井时，应分别加穿金属套管。
(4) 制造厂提供的蓄电池内阻值应与实际测试的蓄电池内阻值一致，允许偏差范围为_____。
(5) 高频充电装置中一般应选择_____个充电模块（包括冗余）。
(6) 多台高频开关电源模块并机工作时，其均流不平衡度应不大于_____。
(7) 恒流限压充电是先以恒流方式进行充电，当蓄电池组端电压上升到限压值时，充电装置自动转换为_____，直到充电完毕。
(8) 直流回路中保护电器主要包括直流空气断路器和_____两类。
(9) 阀控式蓄电池组在正常运行中以浮充电方式运行，浮充电压值宜控制为_____。
(10) 新装阀控式蓄电池组容量试验在3次充放电循环之内，若达不到额定容量值的_____，此组蓄电池为不合格。

4. 多选题

(1) 蓄电池内部短路的原因（　　）。
　　(A) 极板间有短路　　　　(B) 隔板损坏
　　(C) 电解液不纯　　　　　(D) 大电流充放电
(2) 高频开关电源系统通常由以下部分组成（　　）。
　　(A) 交流配电模块　　　　(B) 整流模块
　　(C) 集中负控模块　　　　(D) 直流配电模块　　(E) 蓄电池组
(3) 蓄电池内阻大的处理方法（　　）。
　　(A) 均衡充电　　　　　　(B) 检查连接处
　　(C) 保持电解液面　　　　(D) 增大浮充电流
(4) 下列哪些不属于高频开关的特点（　　）。
　　(A) 体积大不便安装　　　(B) 适应性强
　　(C) 生产成本高　　　　　(D) 对同频率的交流电网电压质量影响大
(5) 直流电源监控系统的基本功能是完成被监控设备与监控中心的信息交流，是对被监控的直流设备实施（　　）。
　　(A) 遥信　　　　　　　　(B) 遥测　　　　　　(C) 遥控
　　(D) 监控　　　　　　　　(E) 遥调

(6) 蓄电池的浮充电压与电池的（　　）有关。
   (A) 电解液密度　　　　　　　(B) 容量
   (C) 温度　　　　　　　　　　(D) 自放电率
(7) 蓄电池充电设备要求的技术参数有（　　）。
   (A) 交流输入额定电压　　　　(B) 直流标称电压
   (C) 直流输出额定电流　　　　(D) 直流输出额定功率
(8) 高频开关整流模块应具有（　　）性能，并具有软启动特性。
   (A) 限压　　　　　　(B) 稳压　　　　　(C) 均流
   (D) 限流　　　　　　(E) 稳流
(9) 当直流系统发生一点接地时，应首先判断是否是（　　）。
   (A) 正极接地　　　　　　　　(B) 负极接地
   (C) 直流系统绝缘电阻降低　　(D) 充电设备是否正常
(10) 充电装置的输出电压调节范围，应满足（　　）要求。
   (A) 蓄电池浮充电压　　　　　(B) 蓄电池放电末期电压
   (C) 直流负荷电压　　　　　　(D) 蓄电池充电末期电压

5. 分析题

(1) 高频开关电源模块应满足哪些要求？
(2) 恒流充电法和恒压充电法各有哪些缺点？
(3) 蓄电池浮充电的目的和方法是什么？
(4) 蓄电池极板在组合时为什么正极板要夹在两片负极板之间？
(5) 已知由 GFM-300 型蓄电池和高频开关电源组成的直流系统，其最大经常性负荷 $I_j=5A$。高频开关选用 20A 电源模块，试计算选用的模块数量。

试 卷 二

1. 单选题

(1) 蓄电池室内照明灯具应设在走道上方,灯具高度应在（　　）m 以上。

  (A) 距地面 1　　(B) 距地面 1.5　　(C) 距地面 2　　(D) 距电池槽 1

(2) 铅酸蓄电池容量与温度的关系为 $C_t = [1+0.008(t-25)]C_{25℃}$,在温度 t 为（　　）℃情况下适用。

  (A) 0～40　　(B) 5～35　　(C) 10～40　　(D) 任意温度

(3) 铅酸蓄电池的容量试验应在（　　）进行。

  (A) 安装结束后　　　　　　　(B) 初充电的同时

  (C) 初充电完成后　　　　　　(D) 首次放电时

(4) 浮充运行时浮充电装置输出电流应等于（　　）。

  (A) 正常负荷电流　　　　　　(B) 蓄电池浮充电流

  (C) 正常负荷电流和蓄电池浮充电流两者之和

  (D) 正常负荷电流和蓄电池浮充电流两者之差

(5) 铅酸蓄电池在初充电开始后,在（　　）h 内不允许中断充电。

  (A) 10　　(B) 20　　(C) 30　　(D) 40

(6) 阀控蓄电池 10h 放电率终止电压为（　　）V。

  (A) 1.75　　(B) 1.80　　(C) 1.85　　(D) 1.90

(7) 在寻找直流系统接地时,应使用（　　）。

  (A) 绝缘电阻表　　　　　　　(B) 低内阻电压表

  (C) 高内阻电压表　　　　　　(D) 验电笔

(8) 蓄电池容量用（　　）表示。

  (A) 放电功率与放电时间的乘积　　(B) 放电电流与放电时间的乘积

  (C) 充电功率与时间的乘积　　　　(D) 充电电流与电压的乘积

(9) 在均衡充电运行情况下,对控制负荷和动力负荷合并供电的直流系统,直流母线电压应不高于直流系统标称电压的（　　）。

  (A) 105%　　(B) 107.5%　　(C) 110%　　(D) 115%

(10) 纹波系数的测试可以在（　　）测试的同时进行。纹波系数不超过 1%。

  (A) 稳流精度　　　　　　　　(B) 稳压精度

  (C) 模块并机均流　　　　　　(D) 充电装置特性

(11) 阀控式密封铅酸蓄电池充电设备必须具有限流、恒压功能,且恒压波动范围应保持在（　　）。

  (A) ±1%　　(B) ±2%　　(C) ±3%　　(D) ±5%

(12) 蓄电池的充电设备过电流限制的电流整定值一般为充电设备额定电流的（　　）倍。

  (A) 1.05～1.1　　(B) 1.1～1.2　　(C) 1.2～1.25　　(D) 1.25～1.5

(13) 直流引下线排列顺序（从设备前正视）是（   ）。
    (A) 正负由左向右   (B) 正负由右向左
    (C) 由设计人员决定   (D) 顺序没有规定，由颜色来加以区别
(14) 浮充电运行的铅酸蓄电池单只电池的电压应保持在（   ）。
    (A) (2.00±0.05)V   (B) (2.05±0.05)V
    (C) (2.10±0.05)V   (D) (2.15±0.05)V
(15) 交流母线垂直布置时从上向下（面向设备）的安装顺序是（   ）。
    (A) 黄绿红   (B) 黄红绿   (C) 红黄绿   (D) 可以任意
(16) 直流电源装置出厂应提供产品安装使用说明书、图纸、试验报告、产品合格证等资料；蓄电池组还应提供（   ）和内阻值。
    (A) 出厂试验报告   (B) 初充电试验报告
    (C) 产品合格证   (D) 充放电曲线
(17) 铅酸蓄电池的电势高低与蓄电池的（   ）无关。
    (A) 极板上的活性物质的电化性质   (B) 电解液的浓度
    (C) 极板大小   (D) 电解液的密度
(18) 阀控式密封铅酸蓄电池浮充电应采用（   ）充电法。
    (A) 半恒流   (B) 恒流   (C) 恒压   (D) 恒压限流
(19) 蓄电池与硅整流充电装置并联于直流母线上作浮充电运行，当断路器合闸时，突增的大电流负荷（   ）。
    (A) 主要由蓄电池承担   (B) 主要由硅整流充电装置承担
    (C) 蓄电池和硅整流充电装置各承担1/2
    (D) 无法确定
(20) 蓄电池所输出的容量与它的极板表面积（   ）。
    (A) 成正比   (B) 成反比   (C) 不成比例关系   (D) 没有关系

2. 判断题
(1) 经常不带负荷的备用铅酸蓄电池应经常进行充放电。   （   ）
(2) FM系列蓄电池在25℃以下的最佳浮充电压为2.23V/单格。   （   ）
(3) 随着放电时间的增加，铅酸蓄电池电解液的密度将降低。   （   ）
(4) 蓄电池充电设备的电压调整范围的上限电压值，应能满足蓄电池额定电压的要求。
                                                                  （   ）
(5) 典型接线的绝缘监察装置，两极绝缘电阻同时均等下降的情况下，不能发出预告信号。
                                                                  （   ）
(6) 铅酸蓄电池在25℃时以10h放电率放电的电流与时间的乘积就是蓄电池的额定容量。
                                                                  （   ）
(7) 固定型铅酸蓄电池以4h率为标准控制放电率。   （   ）
(8) 铅酸蓄电池放电电流大于10h放电率电流时，电池的放电容量将减少。 （   ）
(9) 蓄电池装设的组数与变电站的重要性和保护双重化的要求有关，同时与控制方式、自动化水平有关。
                                                                  （   ）

(10) 直流系统允许在短时间内带一点接地运行。 (　　)

(11) 蓄电池长期处于放电或半放电状态，极板上就会生成一种白色的粗晶粒硫酸铅，正常充电时不能转化为二氧化铅和绒状铅，这称为硫酸铅的硬化，简称硫化。 (　　)

(12) 浮充电运行的 CCF 型蓄电池单只电池电压应保持在（2.15±0.05）V。 (　　)

(13) 均衡充电是一种核对电池容量的充电方式。 (　　)

(14) 晶闸管元件导通以后，通过晶闸管的电流由电源电压与回路阻抗所决定。
(　　)

(15) 铅酸蓄电池正极板的数量应等于负极板的数量。 (　　)

3. 填空题

(1) 长期处于浮充电运行方式的蓄电池，应按照有关规程规定进行_____或核对性充放电。

(2) 当蓄电池室必须进行明火作业时，严禁向蓄电池_____充电。在作业前应首先通风 2h 以上，并始终保持通风良好，还应做好消防措施。

(3) 采用高频开关模块整流的充电装置，整流模块最低应满足_____的配置，并采用并列方式运行，任意充电模块发生故障，不影响直流系统运行。

(4) 蓄电池具有合格证和铭牌，蓄电池应排列整齐，编号要清晰、齐全，蓄电池间不小于 15mm，蓄电池与上板间不小于_____。

(5) 设备屏、柜的固定及接地应可靠，门与柜体之间经截面不小于_____ mm² 的裸体软导线可靠连接。外表防腐涂层应完好、设备清洁整齐。

(6) 按用电性质，控制回路的负荷可分_____和_____两类。

(7) 直流回路中严禁使用_____断路器；当使用交直流两用空气断路器时，其性能必须满足开断直流回路短路电流和动作选择性的要求。

(8) 全站（厂）仅有一组蓄电池时，不应退出运行，也不应进行全核对性放电，只允许用 I_{10} 电流放出其额定容量的_____。

(9) 元件和端子应排列整齐，层次分明，不重叠，便于维护拆装。长期带电发热元件的安装位置应在柜内_____。

(10) 装置或系统在动力母线与控制母线设有降压装置的系统，必须采取防止降压装置_____造成控制母线失压的措施。

4. 多选题

(1) 直流屏用于对全所直流电源进行（　　）。
　　(A) 调整　　　(B) 分配　　　(C) 监测　　　(D) 控制

(2) 对直流系统基本接线方式和要求是（　　）。
　　(A) 安全可靠　(B) 接线简单　(C) 供电范围明确
　　(D) 便于将交流电变成直流电　(E) 操作方便

(3) 绝缘检测装置应能测出正、负母线对地的（　　），并能测出各分支正母线回路绝缘电阻值。
　　(A) 电压值　　(B) 电流值　　(C) 绝缘电阻值　(D) 各分支正母线

(4) 阀控式蓄电池目前主要分（　　）。

(A) 防酸式　　　(B) 贫液式　　　(C) 镉镍式　　　(D) 胶体式
(5) 蓄电池的寿命与（　　）有关。
　　(A) 制造质量　　　　　　　　(B) 使用
　　(C) 维护　　　　　　　　　　(D) 过充电
(6) 阀控蓄电池壳体异常的处理方法是：（　　），检查安全阀体是否堵死。
　　(A) 增大充电电流　　　　　　(B) 减小充电电流
　　(C) 降低充电电压　　　　　　(D) 提高充电电压
(7) 蓄电池容量选择的条件（　　）。
　　(A) 应满足全所事故全停电时间内的放电容量
　　(B) 应满足事故初期直流电动机和其他冲击负荷电流的放电容量
　　(C) 应满足蓄电池组持续放电时间内随机冲击负荷电流的放电容量
　　(D) 应以正常的放电阶段来计算直流母线电压水平
(8) 阀控式密封铅酸蓄电池的主要性能有（　　）。
　　(A) 充电性能　　　　　　　　(B) 放电性能
　　(C) 自放电性能及容量保持率　(D) 排气泄压技能
(9) 阀控式蓄电池由（　　）电池槽及节流阀等组成。
　　(A) 电极　　　(B) 隔板　　　(C) 电解液　　　(D) 活性物质
(10) 阀控式蓄电池在运行中电压正常，但一放电，电压很快下降到终止电压值，原因是蓄电池内部（　　）。
　　(A) 失水干枯　　　　　　　　(B) 电解液密度大
　　(C) 电解液太多　　　　　　　(D) 电解物质变质

5. 分析题
(1) 影响阀控式密封铅酸蓄电池寿命的因素有哪些。
(2) 阀控式密封铅酸蓄电池储存应符合什么条件？
(3) 电池容量降低的特征及原因有哪些？
(4) 为什么交直流回路不能共用一条电缆？
(5) 直流系统发生正极接地和负极接地时对运行有何危害？

试 卷 三

1. 单选题

(1) 备用搁置的阀控式蓄电池,每( )个月进行一次补充充电。
　　(A) 2　　　　(B) 3　　　　(C) 4　　　　(D) 5

(2) 直流电源系统设备的检测周期为( )至少一次。
　　(A) 每半年　　(B) 每年　　(C) 每3个月　　(D) 每2年

(3) 直流屏上合闸馈线的熔断器熔体的额定电流应比断路器合闸回路熔断器熔体的额定电流大( )级。
　　(A) 1~2　　(B) 2~3　　(C) 2~4　　(D) 3~4

(4) 交流接地中性线的颜色为( )。
　　(A) 紫色　　　　　　　　(B) 紫色带黑色条纹
　　(C) 黑色　　　　　　　　(D) 黑色带白色条纹

(5) 铅酸蓄电池电解液的温度超过35℃时,电池组容量( )。
　　(A) 降低　　(B) 不变　　(C) 升高　　(D) 为零

(6) 直流系统发生负极完全接地时,正极对地电压( )。
　　(A) 升高到极间电压　　　(B) 降低
　　(C) 不变　　　　　　　　(D) 略升高

(7) 铅酸蓄电池以10h放电率放电,可放出蓄电池容量的( )。
　　(A) 100%　　(B) 90%　　(C) 80%　　(D) 70%

(8) 在下列整流电路中,( )整流电路输出的直流脉动最小。
　　(A) 单相半波　(B) 单相全波　(C) 单相桥式　(D) 三相桥式

(9) 直流控制、信号回路的馈线,一般采用截面不小于( )的铜芯电缆。
　　(A) $1.5mm^2$　(B) $2.5mm^2$　(C) $2.0mm^2$　(D) $4.0mm^2$

(10) 蓄电池组引出线为电缆时,其正极和负极的引出线不应共用一根电缆。选用多芯电缆时,其允许载流量( )按同截面单芯电缆数值计算。
　　(A) 禁止　　(B) 不宜　　(C) 可　　(D) 不可

(11) 蓄电池充电完成后检查充电装置进入( )状态。
　　(A) 均充　　(B) 浮充　　(C) 静止　　(D) 稳定

(12) 直流充电装置更换工作,退屏前应检查便携充电装置直流输出与直流母线极性一致,电压差小于( )。
　　(A) 5V　　(B) 10V　　(C) 15V　　(D) 20V

(13) 当装置或系统在动力母线与控制母线设有降压装置的系统,必须采取防止降压装置( )造成控制母线失压的措施。
　　(A) 短路　　(B) 断路　　(C) 开路　　(D) 损坏

(14) 当故障蓄电池数量达到整组蓄电池的( )及以上时,应更换整组蓄电池。
　　(A) 10%　　(B) 15%　　(C) 20%　　(D) 25%

(15) 在事故放电情况下，对控制负荷和动力负荷合并供电的直流系统，蓄电池组出口端电压宜不低于直流系统标称电压的（　　）。
　　（A）85%　　（B）87.5%　　（C）90%　　（D）95%

(16) 新安装或大修后的铅酸蓄电池进行放电容量试验的目的是为了确定其（　　）。
　　（A）额定容量　　（B）实际容量　　（C）终止电压　　（D）放电电流

(17) 铅酸蓄电池的正极板正常状态时为（　　）。
　　（A）深褐色　　（B）浅褐色　　（C）棕黄色　　（D）浅红色

(18) 造成运行中蓄电池负极极板硫化的原因是（　　）。
　　（A）过充电　　（B）过放电　　（C）欠充电　　（D）欠放电

(19) 铅酸蓄电池核对性放电，采用10h的放电率进行放电，可放出蓄电池容量的50%~60%。当电压降至（　　）V时则应停止放电，并立即进行充电。
　　（A）1.75　　（B）1.80　　（C）1.85　　（D）1.90

(20) 铅酸蓄电池首次放电完毕后，应再次进行充电，其时间间隔以不大于（　　）h为宜。
　　（A）5　　（B）10　　（C）12　　（D）20

2. 判断题

(1) 铅酸蓄电池在放电状态时是不会产生气体的。　　（　　）

(2) 铅酸蓄电池放电时，电解液的密度下降，内阻减少。　　（　　）

(3) 蓄电池组以浮充电方式运行时，浮充电装置输出的直流电流等于蓄电池的浮充电流。　　（　　）

(4) 充足电的蓄电池，放电到规定放电终止电压时，所放出的总容量即为该电池的容量。　　（　　）

(5) 电解液密度越高，极板腐蚀和隔离物损坏越快，电池使用寿命越短。　　（　　）

(6) 蓄电池与硅整流充电装置并联于直流母线上作浮充电运行，当断路器合闸时，突增的大电流负荷主要由蓄电池承担。　　（　　）

(7) 对于采用弱电控制的变电所，弱电48V可直接从蓄电池的抽头上得到。　　（　　）

(8) 直流绝缘监察装置的接地属于工作接地。　　（　　）

(9) 蓄电池出口熔断器熔体的额定电流应按蓄电池1h放电电流来选择。　　（　　）

(10) 蓄电池必须按规定充电至充足电后才能转入浮充电。　　（　　）

(11) 初充电结束后，电解液的密度和液面高度有可能变化，需要进行调整和补充，此时不允许再继续充电，否则将造成过充电。　　（　　）

(12) 蓄电池的充电设备应能在蓄电池充电的第一阶段以自动稳压方式运行，在正常运行时以自动稳流方式运行。　　（　　）

(13) 用万用表检查直流系统接地时，将电压表的一根引线接地，另一根接非接地极（对地电压较高的一极），然后断开开关，如断开后电压表指示明显降低，则说明该回路有接地。　　（　　）

(14) 固定式铅酸蓄电池隔离采用有缝的两根夹棍夹住多孔隔板，隔板上端穿有小销钉。
　　（　　）

(15) 随着放电时间的增加,铅酸蓄电池电解液的密度会降低。（　　）

3. 填空题

(1) 高频开关模块型充电装置,纹波系数应不大于_____。

(2) 为防止蓄电池极板开路造成事故,应作好蓄电池巡检、定期测量_____电压或采取其他技术手段。

(3) 为使蓄电池始终处于满容量备用状态,各组蓄电池均应采用_____方式运行,各类蓄电池的充电电压应严格按照制造厂规定进行。

(4) 直流电源装置,当安装完毕后,应进行投运前的交接验收试验,运行接收单位应派人参加试验,所试项目应达到技术要求后才能投入试运行,在_____试运行中若一切正常,接收单位方可签字接收。

(5) 在稳压方式下运行时,改变负载,使输出直流达到 0.5～1.1 倍的额定电流整定值时,应能自动_____直流输出电压,仍应正常工作。

(6) 为补偿蓄电池在使用过程中产生的电压_____现象,使其恢复到规定的范围内而进行的充电,以及大容量放电后的补充充电,通称为均衡充电。

(7) 两组蓄电池的电缆应分别铺设在各自独立的通道内,尽量避免与_____电缆并排铺设,在穿越电缆竖井时,两组蓄电池电缆应加穿金属套管。

(8) 长期使用限压限流的浮充电运行方式或只限压不限流的运行方式,无法判断阀控式蓄电池的现有容量,内部是否失水或干裂。只有通过_____,才能找出蓄电池存在的问题。

(9) 300A·h 以上的阀控式蓄电池应使用电池支架或_____。

(10) 对于配置 2 组蓄电池的变电站,2 组电池容量应相同,蓄电池容量应按_____组蓄电池运行满足全站运行的要求选择。

4. 多选题

(1) 高频开关整流器由于采用高频变换技术（PWM 脉宽调制技术）和功率因数校正技术,所以使其功率因数大大提高,接近于 1。其优点是（　　）

　　(A) 效率很高　　(B) 重量减轻　　(C) 可靠性提高　　(D) 但体积增大

(2) 蓄电池连接时的要求是（　　）。

　　(A) 正负极正确

　　(B) 接触要严密,接触电阻要小,不松动

　　(C) 将电池接线柱和连接条上氧化层用刮刀刮掉,在铅螺丝和螺丝帽上涂一层凡士林,拧紧铅螺帽后再涂一层凡士林

　　(D) 专用塑料保护帽、套应上好,并不得损伤

(3) 两组电池两套整流器、单母线分段接线特点是（　　）。

　　(A) 整个系统由两套单电源配置和单母线接线组成两段母线间设分段隔离开关

　　(B) 正常两套电源各自独立运行,安全可靠性高

　　(C) 与一组电池配置不同,充电装置采用浮充、均充以及需要时采用核对充放电的双向接线方式运行灵活性高

　　(D) 充电装置容量的选择满足两段母线的经常负荷和均充浮充的要求

　　(E) 整流模块按 1 或 2 冗余配置

(4) 蓄电池内阻增大的原因是（　　）。
　　（A）极板硫化　　　　　　　　　（B）接触不良
　　（C）没按要求添加蒸馏水　　　　（D）浮充电流小
(5) 阀控式铅酸蓄电池有（　　）三大特性。
　　（A）电解液处于不流动状态　　　（B）蓄电池不用加水
　　（C）具有自动开启、关闭的安全阀　　（D）蓄电池内氧气再化合，解决了气体的析出问题
(6) 阀控式蓄电池在（　　）情况下，必须进行均衡充电。
　　（A）个别落后电池　　　　　　　（B）定期测试放电后
　　（C）事故放电　　　　　　　　　（D）存放1个月后
(7) 直流系统中（　　）应装设保护电器。
　　（A）蓄电池出口回路　　　　　　（B）充电装置直流侧出口回路
　　（C）直流馈线回路　　　　　　　（D）蓄电池试验放电回路
(8) 铅酸蓄电池容量降低的原因（　　）。
　　（A）充电不足或蓄电池长期处于不完全浮充状态下运行
　　（B）电解液不合格　　　　　　　（C）极板硫化短路
　　（D）极板脱粉严重　　　　　　　（E）极板氧化
(9) 目前，国内外生产的充电装置主要分为（　　）三大类。
　　（A）磁放大型充电装置　　　　　（B）相控型充电装置
　　（C）高频开关模块型充电装置　　（D）晶闸管充电装置
(10) GZDW型微机控制高频开关电源系统实现了（　　）的全自动控制。
　　（A）浮充电　　　（B）恒流充电　　　（C）恒压充电　　　（D）均衡充电

5. **分析题**

(1) 蓄电池产生自放电的主要原因是什么？
(2) 铅酸蓄电池做定期充放电时为什么不能用小电流放电？
(3) 控制母线接地、绝缘监视继电器动作，判断其原因？如何排除？
(4) 为了测定蓄电池的内阻，通常用一个阻值等于额定负荷的电阻 R，接成如图所示电路，合上开关 S，由电压表读出端电压 U_1 为48V，再打开开关 S，读出电压 U_2 为50.4V，如果 R 等于 10Ω，试求蓄电池的内阻 r_0。

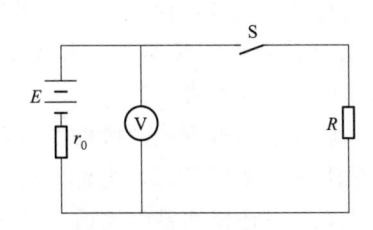

(5) 某站装有一组 GGF-300 型铅酸蓄电池电池组，冬季运行液温为17℃，夏季运行时液温为32℃，求冬、夏季蓄电池组可分别放出多少容量的电量？

参 考 答 案

试 卷 一

1. 单选题

CBBBC　BCCAB　DBCDC　BCBAA

2. 判断题

×√√×× ××√√√ ×√√√√

3. 填空题

－10%～+15%　开路　不能共用　±10%　3～4　±5%　恒压充电　熔断器　(2.23～2.28)V　100%

4. 多选题

ABC　ABCD　ABC　AD　ABCE　ACD　ABC　BCDE　ABC　BD

5. 分析题

（1）①$N+1$配置，并联运行方式，模块总数宜不小于3块；②监控单元发出指令时，按指令输出电压、电流，脱离监控单元，可输出恒定电压给电池浮充；③可带电拔插更换；④软启动、软停止，防止电压冲击。

（2）恒流充电法的缺点：在充电后期，若充电电流仍然不变，这时大部分电流用于水的分解上，会产生大量气泡，这不仅消耗电能，而且容易造成极板上活性物质脱落，影响蓄电池的寿命。

恒压充电法的缺点：在充电开始时充电电流过大，正极板上活性物质体积收缩太快，影响活性物质的机械强度；而充电后期电流又偏小，有可能使极板深处的硫酸铅不易还原，形成长期充电不足，影响蓄电池性能和寿命。

（3）充电后的蓄电池，由于电解液的电解质及极板中有杂质存在，会在极板上产生自放电。为使电池能在饱满的容量下处于备用状态，电池与充电装置并联接于直流母线上，充电装置除负担经常性的直流负荷外，还供给蓄电池适当的充电电流，以补充电池的自放电，这种运行方式称浮充电。对运行维护来说，能否管理好浮充电是决定蓄电池寿命的关键问题，浮充电流过大，会使电池过充电，反之将造成欠充电，这对电池来说都是不利的。

(4) 正极板在充电与放电循环过程中膨胀与收缩现象严重，夹在两片负极板之间，使正极板两面都起化学反应，产生同样的膨胀与收缩，减少正极板弯曲和变形，从而延长使用寿命。而负极板膨胀与收缩现象不太严重。

(5) 高频开关最大输出电流

$$I_{\max} = 0.1C_{10} + I_j = 0.1 \times 300 + 5 = 35(A)$$

$$35 \div 20 = 1.75$$

则
$$N = 2$$
$$N + 1 = 2 + 1 = 3$$

答：选用3个电源模块并联即可。

试 卷 二

1. 单选题
CCCCB　BCBCB　ABADA　DCDAA

2. 判断题
×√√×√　√××√√　√√×√×

3. 填空题
均衡充电　大电流　$N+1$　150mm　4　经常性负荷、冲击负荷　交流空气　50%　上方　开路

4. 多选题
ABCD　ABCE　AC　BD　ABC　BC　ABC　ABCD　ABC　AD

5. 分析题

(1) ①放电深度；②放电电流倍率；③浮充电；④充电电流倍率；⑤充电设备；⑥温度。

(2) ①应存放在－10～40℃的干燥、通风、清洁的仓库内；②应不受阳光直射，距离热源（暖气设备）不得少于2m；③应避免与任何有毒气体有机溶剂接触；④不得倒置，不得撞击。

(3) 特征：蓄电池不能保持全容量；充电后容量很快降低，充电时气泡发生迟缓且不强烈，充电时电压和电解液的密度都高于正常值且过早发生气泡，一经放电容量很快减少。

原因：电解液不纯，极板不良，使用年限过久，极板活性物质逐渐损耗或脱落过多。

(4) 交直流回路都是独立系统，直流回路是绝缘系统，二次交流回路是接地系统。若共用一条电缆，两者之间一旦发生短路就造成直流接地，将同时影响交直流两个系统。平常也容易互相干扰，还有可能降低对直流回路的绝缘电阻。所以，交直流回路不能共用一条电缆。

(5) 直流系统发生正极接地时，有可能造成保护误动，因为电磁机构的跳闸线圈通常都接于负极电源，倘若这些回路再发生接地或绝缘不良就会引起保护误动作。直流系统负极接地，如果回路中再有一点接地，就可能使跳闸或合闸回路短路，造成保护装置和断路

器拒动，烧毁继电器，或使熔断器熔断。

试 卷 三

1. 单选题

BBBBA　AADBC　BACCB　BACDB

2. 判断题

√××√√　√×√√√　××√√√

3. 填空题

±0.5%　单体电池　全浮充电　72h　降低　不均匀　交流　核对性放电　专用平台　1

4. 多选题

ABC　ABCD　ABCDE　ABC　ACD　ABC　ABCD　ABCD　ABC　ABC

5. 分析题

（1）产生自放电的主要原因首先是由于电解液及极板含有杂质，形成局部小电池，小电池两极又形成短路回路，短路回路内的电流引起自放电。同时，由于电解液上下密度不同，极板上下电动势的大小不等，因而在正负极板上下之间的均压电流也引起蓄电池的自放电，它随电池的老化程度而加剧。

（2）用小电流放电时能够深层反应，使极板深层的有效物质变为硫酸铅。放电电流越小，这一反应越深透。当再次用较大电流充电时，化学反应就比较激烈，极板深层的硫酸铅不能还原为二氧化铅和铅绵，这样的极板内部就留有硫酸铅晶块，时间越久越不容易还原。如果经常以这种方式充放电，就会使极板深层的硫酸铅晶块逐渐加大，造成极板有效物质脱落。

另外，定期放电还有鉴定电池容量和检查落后电池的作用，用小电流放电达不到这一目的。所以做定期充放电时要用10h放电率进行。

（3）故障原因是出线回路等部分绝缘损坏、潮湿。根据运行操作情况及气候影响，进行判别可能的接地点。查找时按先室外后室内的原则。在切断各专用直流回路时，切断时间不得超过3s。不论回路接地与否，均应合上。当发现某回路有接地时，应及时找出接地点，尽快消除。

（4）当S合上时，$I = U_1/R = 48/10 = 4.8$（A）

在内阻r_0上产生的压降，$U_{r0} = u_2 - u_1 = 50.4 - 48 = 2.4$（V）

蓄电池的内阻，$r_0 = U_{r0}/I = 2.4/4.8 = 0.5$（Ω）

答：蓄电池的内阻r_0为0.5Ω。

（5）$C_{25} = \dfrac{C_t}{1 + 0.008 \times (t - 25)}$

当$t = 17℃$时，$C_t = C_{25}[1 + 0.008(176 - 25)] = 280.8$（A·h）

当$t = 32℃$时，$C_t = C_{25}[1 + 0.008(32 - 25)] = 316.8$（A·h）

答：冬季可放出电量280.8A·h，夏季可放出电量316.8A·h。

参 考 文 献

［1］GB/T 19638.2—2014．固定型阀控式铅酸蓄电池 第2部分：产品品种和规格［S］．2014．
［2］DL/T 724—2021．电力系统用蓄电池直流电源装置运行与维护技术规程［S］．2021．
［3］DL/T 781—2021．电力用高频开关整流模块［S］．2021．
［4］徐睿．高频开关电源直流系统［D］．济南：山东大学，2008．
［5］尚敬．变电站直流电源系统的设计与可靠性研究［D］．广州：华南理工大学，2010．
［6］DL/T 1392—2014．直流电源系统绝缘监测装置技术条件［S］．2014．
［7］陈庆军．直流设备检修［M］．北京：中国电力出版社，2010．
［8］陈进．变电站直流系统维护［M］．北京：中国电力出版社，2020．
［9］国网（运检/3）831—2017．国家电网公司变电检修管理规定［S］．2017．
［10］国网（运检/3）828—2017．国家电网公司变电运维管理规定［S］．2017．
［11］国家电网设备〔2018〕979号．国家电网有限公司十八项电网重大反事故措施［R］．2018．
［12］浙电设备〔2024〕124号．国网浙江省电力有限公司关于印发变电设备反事故措施（2024版）［R］．2024．